U0156197

土木工程科技创新与发展研究前沿丛书

高烈度黄土地区跨地裂缝结构的破坏机理与控制方法

熊仲明　陈轩　韦俊　著

中国建筑工业出版社

图书在版编目（CIP）数据

高烈度黄土地区跨地裂缝结构的破坏机理与控制方法/
熊仲明，陈轩，韦俊著. — 北京：中国建筑工业出版社，
2020.9
（土木工程科技创新与发展研究前沿丛书）
ISBN 978-7-112-25296-1

Ⅰ. ①高… Ⅱ. ①熊… ②陈… ③韦… Ⅲ. ①黄土区
-地裂缝-工程结构-破坏机理②黄土区-地裂缝-工程
结构-控制方法 Ⅳ. ①TU312

中国版本图书馆 CIP 数据核字（2020）第 114906 号

　　本书以黄土地基土与跨地裂缝结构为主要研究对象，探讨了黄土与结构在地
裂缝环境下共同作用的损伤机理、动力非线性、恢复力特性、破坏行为。开展了
地裂缝场地土体模型的振动台试验、跨地裂缝结构模型的地震振动台试验和跨地
裂缝带支撑结构模型的振动台试验；获得了地裂缝环境输入地震波特性和场地结
构对地裂缝场地"上、下盘效应"的影响规律、考虑共同作用与不考虑共同作用
时上部结构位移和层间剪力的变化规律以及跨地裂缝结构在不同地震激励下的破
坏形态、动力特性和动力响应规律；并验证了跨地裂缝结构损伤累积在材料尺度、
构件尺度及结构尺度三者之间的迁移转化规律，提出了跨地裂缝结构灾变行为的
控制对策。

　　本书可作为高等院校结构工程、岩土工程和防灾减灾与防护工程的研究生的
教材和参考书，也可供从事土木工程研究设计人员和有关技术人员参考使用。

责任编辑：赵　莉　吉万旺
责任校对：张　颖

土木工程科技创新与发展研究前沿丛书
高烈度黄土地区跨地裂缝结构的破坏机理与控制方法
熊仲明　陈轩　韦俊　著

*

中国建筑工业出版社出版、发行（北京海淀三里河路 9 号）
各地新华书店、建筑书店经销
北京佳捷真科技发展有限公司制版
北京建筑工业印刷厂印刷

*

开本：787 毫米×960 毫米　1/16　印张：18　字数：359 千字
2020 年 12 月第一版　　2020 年 12 月第一次印刷
定价：**68.00** 元
ISBN 978-7-112-25296-1
（36068）

版权所有　翻印必究
如有印装质量问题，可寄本社图书出版中心退换
（邮政编码 100037）

▪ 前　言 ▪

　　我国是地震灾害多发的国家，结构抗震设计遵循"小震不坏，中震可修，大震不倒"的原则，亦即允许结构在地震作用下产生一定的损伤，然而结构的损伤无疑将对结构在后续服役期中的抗力和剩余寿命产生重大影响。结构抗连续倒塌设计方法的关键是确定因偶然作用导致局部构件失效后剩余结构的连续倒塌抗力的大小。而现有规范对连续倒塌抗力大小计算的经验系数法因缺乏理论基础，难以合理考虑结构连续倒塌过程中的非线性和动力效应的影响，其可靠性明显不足。因此，开展结构地震损伤的破坏机理与灾害控制方法研究是结构防灾减灾亟待解决的问题。

　　地裂缝灾害作为一种地质灾害，在世界许多国家都发生过，其发生频率和灾害程度逐年加剧，已成为一个新的、独立的自然灾害类型，并引起国际地学界的极大兴趣和关注。我国是地裂缝分布最广的国家之一，仅对河北、山西、山东、江苏、陕西、河南、安徽七省的不完全统计，已有 200 多个县（市）发现地裂缝，共有 700 多处。这些地裂缝穿越城镇民居、厂矿、农田，横切道路、铁路、地下管道和隧道等，造成大量建筑物破损、农田毁坏、道路变形、管道破裂，严重影响了人民生活、生产和安全。以西安为例，由于地裂缝的作用而使楼房及厂房毁坏 200 多座，破坏道路 70 多处，名胜古迹 8 处，同时使城市中的供水、供气管道破坏达 40 余次，造成的直接损失已超过 40 亿元，严重制约着西安市城市建设的发展。近年来，随着西安市的地铁建设提上议程，地裂缝场地工程建设问题引起了国内工程界和学术界的研究和探讨，并已成功地应用于西安地铁建设中。其中，现已建成并运营的 4 条地铁线路及在建的 4 条地铁线路均跨越地裂缝建设，将西安地裂缝分布图及西安地铁规划图相结合。西安地铁网络的进一步扩大，将会对地铁沿线的土地使用提出新的要求。

　　研究资料表明，在地裂缝环境下的高烈度地区隐伏地裂缝的上覆土层会产生开裂，出露地表且裂缝宽度增加，并在原有地裂缝附近引起与之相交的次生裂缝，使其成为深部土体向上运动的通道，造成地裂缝两侧输入地震波激励的初始时刻、强度、频率及相位等均存在差异，使结构的地震损伤破坏机理和相应的动力数值分析变得异常复杂，这将成为跨越活动性较弱或趋于稳定的地裂缝结构动力灾变耦合作用的诱因，其灾变行为将直接影响着既有建筑物的安全。

　　我国黄土的分布很广，面积约达 60 万 km^2。其中湿陷性黄土，约占四分之三，遍及甘、陕、晋的大部分地区及豫、宁、冀等部分地区。由于土的性态非常复杂，它不仅直接影响地基反力的分布和基础的沉降，而且影响基础和上部结构

3

的内力和变形。加之黄土具有柱状节理，大孔隙及弱胶结的特殊结构性及对水的特殊敏感性，使得黄土地区地裂缝相对其他土类要严重得多，动力、静力及浸水作用分别引起黄土震陷、压密、湿陷，加剧了地裂缝的扩展。因此，在高烈度地区，开展黄土地区跨地裂缝结构的破坏机理与控制方法研究不仅将在理论上填补建筑结构在灾害控制领域中的一些空缺，而且从本质上延缓了建筑物损伤，满足了不同设计需求的抗震技术措施，达到技术方案与经济效益的协调与平衡，具有良好的工程应用前景，将产生巨大的社会和经济效益。

本书结合作者多年在期刊发表的论文及研究成果，进行了系统的总结，其内容主要包括：（1）以西安 f_4 地裂缝（丈八路-幸福北路地裂缝）为研究对象，开展了地裂缝场地土体模型的振动台试验，研究地震动三要素，特别是 PGV/PGA、脉冲持时、谱速度对地震动总输入能量大小及其对地裂缝扩展的影响；（2）基于适用于地裂缝场地土的本构模型，研究地裂缝场地在地震作用下的动力反应规律，并获得了输入地震波特性和场地结构对地裂缝场地"上、下盘效应"的影响规律；（3）通过对高层建筑上部结构-桩-土共同作用的受力分析与数值模拟，定量地找出黄土地区上部结构与基础共同作用的分布规律；用俞茂宏统一强度理论，对于湿陷性黄土进行非线性分析，获得了考虑共同作用与不考虑共同作用时上部结构位移和层间剪力的变化规律；（4）探索了跨地裂缝结构受力性能与地震损伤累积在材料尺度、构件尺度及结构尺度三者之间的迁移转化规律，进行跨地裂缝结构受力性能研究，分析构件在整体结构严格边界条件中的损伤发展过程间的相互作用；（5）以跨地裂缝结构常用的结构形式——框架及框架-剪力墙结构为研究对象，研究了在多维多点地震激励下跨地裂缝结构地震反应精细化建模与数值模拟方法；进行了地裂缝活动周期与跨地裂缝结构寿命预测分析研究，寻找框架-剪力墙结构在地裂缝环境下的倒塌机制与其设计参数间的关系；（6）以钢筋混凝土框架结构的模型体系为研究对象，首次进行了模拟跨地裂缝结构的地震振动台试验。通过模拟跨地裂缝结构的振动台试验，验证跨地裂缝损伤累积在材料尺度、构件尺度及结构尺度三者之间的迁移转化规律；（7）采用基于整体法和加权系数法的地震损伤模型对模型结构进行损伤评估分析；运用数值方法分别建立了跨地裂缝结构模型和处于无地裂缝场地结构模型，研究地裂缝对结构构件损伤分布和结构整体损伤影响；（8）设计并完成了一个缩尺比为1：15的跨地裂缝带支撑结构振动台试验，分析了不同工况下跨地裂缝带支撑结构的抗震性能，得到了该结构在不同地震激励下的破坏形态、动力特性和动力响应规律，提出了跨地裂缝结构灾变行为的控制对策。

本书得到了国家自然科学基金面上项目（51278395）、陕西省自然科学基金重点项目（2018JZ5008）、住房和城乡建设部科学技术项目（2016-k5-044、2019-k-044）、陕西省教育厅专项科研基金项目（12JK0895）的大力支持！博士生张朝、霍晓鹏、周鹏及硕士生王军良、许健健、王永玮、钟雅琼、黄汉英、张振鹏、阳帅也做了大量工作，在此深表感谢！

希望本书的出版能够对我国从事抗震结构的研究人员和工程抗震技术人员在地裂缝环境下结构抗震原理及灾害控制措施方面有所启发和理解。同时，为有限的土地能够更好地发挥其应有的作用做出点贡献。

▪ 目　　录 ▪

第1章

绪　论

1.1　研究课题的提出

近年来，在世界范围内相继出现的几次强烈地震所造成的严重震害显示，地震作用将引起建筑结构的损伤，且损伤随着荷载循环次数不断累积而增大[1]。同时，损伤累积会造成建筑结构的材料与结构力学性能不断退化，致使结构的承载能力、刚度等性能逐步降低，且当建筑结构的损伤累积到一定程度后，最终会引起结构破坏甚至倒塌。例如，1985 年墨西哥地震中，多栋高层建筑由于局部的损伤断裂而发生整体结构的倒塌；1994 年美国 Northridge 地震和 1995 年日本阪神地震，诸多建筑结构出现了疲劳断裂破坏；2004 年 5 月 23 日巴黎戴高乐机场 2E 候机厅顶棚与圆形钢结构支柱连接处突发脆性断裂，导致候机厅顶棚坍塌，造成 4 人死亡，多名游客和机场人员受伤；2009 年 6 月 2 日，马来西亚苏丹米占再纳阿比丁体育馆顶盖损伤造成坍塌，坍塌范围约占全顶盖建筑结构的 60%，整座体育馆的建筑物超过一半成为废墟。

我国是地震灾害多发的国家，结构抗震设计遵循"小震不坏，中震可修，大震不倒"的原则，亦即允许结构在地震作用下产生一定的损伤，然而结构的损伤历史无疑将对结构物在后续服役期中的抗力和剩余寿命产生重大影响。其主要表现在结构抗连续倒塌设计方法的关键是确定因偶然作用导致局部构件失效后剩余结构的连续倒塌抗力的大小。而目前现有规范对连续倒塌抗力大小计算的经验系数法因缺乏理论基础，难以合理考虑结构连续倒塌过程中的非线性和动力效应的影响，其可靠性明显不足[2]。因此，开展结构地震损伤的破坏机理与灾害控制方法研究是结构防灾减灾亟待解决的问题。

目前，上部结构与基础和地基共同作用已成为人们关注的焦点，在理论和实践方面均已取得了很大的进展，得到了一些定性的结论[3,4]，可用于工程实践。但由于共同作用影响因素相互结合成为一个整体，进行研究确实相当复杂和困难，加之土的性态非常复杂，它不仅直接影响地基反力的分布和基础的沉降，而且影响基础和上部结构的内力和变形，理论的适用有一定的地域性[5-8]。

关于上部结构与基础和地基动力共同作用的研究，国外已进行大量的试验。研究结果表明[9,10]，在相同的软弱场地土条件下，当上部结构刚度较大时，动力相互作用的影响不容忽视。日本在 1992 年就提出了考虑桩基和基础埋深的桩-土-结构动力相互作用弹塑性简化分析方法[1]，美国建筑物抗震设计暂行条例（ATC 1978）和基于 Veletsos 和 Bielak 的研究成果的 BSSC 1997[11] 都已将结构-地基动力相互作用问题简化计算写入条例中。而我国的现行抗震设计规范仍采用建筑物基础的运动与其邻近自由场地一致的刚性地基假定，对土与结构的动力相互作用问题尚未涉及[12-16]。实际上，即使不考虑土壤液化等地基失效引起的问题，地基仍存在不少变形，尤其在软弱地基及湿陷性黄土地基上表现明显[17,18]。因此，完善抗震设计理论具有十分迫切的意义。

地裂是由于干旱、地下水位下降、地面沉降、地震构造运动或斜坡失稳等原因所造成的地面开裂。地裂作用所形成的地表裂缝是一种由内、外应力以及人类活动等因素的共同作用导致的地面破裂现象，在世界许多国家普遍存在。其灾害频率与规模逐年加剧，已成为一种主要的区域性地质灾害，它不仅对各类工程建筑、交通设施、城市生命线工程及土地资源造成灾难性的直接破坏（图 1-1），而且可能导致一系列严重的生态环境问题[19-24]。

(a) 地裂缝导致地面塌陷道路破坏

(b) 地裂缝导致城墙开裂

(c) 地裂缝引起桥梁裂缝

(d) 地裂缝引起房屋裂缝

图 1-1　地裂缝产生的破坏（一）

(e) 地裂缝引起路面失陷

图 1-1 地裂缝产生的破坏（二）

我国地裂缝灾害相当严重，已查明全国 26 个省市出现具有一定规模的地裂缝 1003 处，共 6000 多条[25]。其中主要分布在华北的几条构造断裂带附近的断陷盆地中，即汾渭地堑系、郯庐断裂系、华北平原地堑系和大别山北缘断裂带。其中以汾渭盆地地裂带最为典型[25-28]。汾渭盆地由汾河盆地和渭河盆地组成，历史上曾有许多破坏性大地震发生于此，目前仍有一定的地震活动，是我国最富代表性的正断层活动构造区域，盆地内破坏性地裂缝的运动方式以垂直剪切为主，也有水平张裂运动。许多地裂的深部与活断层的次级断裂连通，这就更加剧了地裂缝对跨越其上部结构的威胁。

西安位于渭河南岸二阶地上，黄土分类属于我国关中地区黄土。其湿陷性黄土层厚度为 5～10m。湿陷性及压缩性均为中等。黄土颗粒相对密度为 2.62～2.76，含水量为 10.0%～25.0%。液限为 26.2%～31.0%。塑性指数为 9.5%～12.0%，孔隙比为 0.94%～1.09%。压缩模量为 11～34MPa。湿陷系数为 0.04～0.07。黄土的天然土样抗剪强度平均值为：黏聚力 44kPa，内摩擦角 18°。由于西安地区表层黄土都具有湿陷性而下部黄土（地表下约 10m）一般不具有湿陷性，其高层建筑基坑开挖较深，普遍为大于 6～7m 的长桩，基础桩身一般位于非自重湿陷性黄土层内。

自 1959 年在城南小寨西路 3 号院和城西南西北大学等地零星发现地裂缝以来，西安目前已发现的、具有一定长度规模的地裂缝带达 14 条之多，出露总长度超过 120km。近年东西向横穿西安市区和郊区地裂缝的不断延伸和出现，严重制约着西安市的建设用地使用和城市规划。其中，正在建设中的西安城市地铁工程和高架桥工程，因要穿越 10 余条地裂缝带（图 1-2），一直是重大潜在地质灾害问题。由于黄土具有柱状节理，大孔隙及弱胶结的特殊结构性以及对水的特殊敏感性，黄土地区地裂缝相对其他土类要严重得多，动力、静力及浸水作用分别引起黄土震陷、压密、湿陷，加剧了地裂缝的扩展[20]。迄今为止，西安地裂缝所处区域中，由于地裂缝的作用而使楼房及厂房毁坏 200 多座（图 1-3），破坏道路 70 多处，名胜古迹 8 处，同时使城市中的供水、供气管道破坏达 40 余次（图 1-4），造成的直接损失已超过 40 亿元[29]。

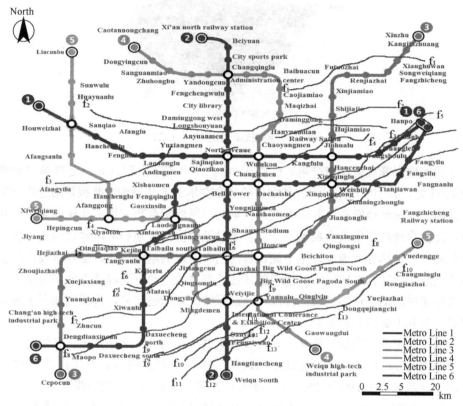

图 1-2 西安地铁线路与地裂缝分布图

图 1-3 厂房破坏

图 1-4 管道破坏

在大同，目前已出露的、具有一定长度规模的地裂缝带有 10 条之多，均呈 NNE—NE 向斜穿大同市区，总长度 30 余千米，地裂缝所经之处，楼房、道路、输水、输气管线均遭严重破坏，直接经济损失超过 10 亿元，严重威胁着这些地区的居民生活和经济建设。在榆次区，迄今已发展了 SN 向或 NNE 向纵贯榆次区的 3 条主地裂缝带，出露总长达 7.4km，每条主裂缝带均由 2～5 条次级地裂缝组成，地裂缝造成多处建筑物和工厂厂房破坏，直接经济损失上亿元。另外，在临汾，地裂缝造成临汾市中心建筑物楼房开裂变形，多处公路被切断，数十户居民因房屋破坏而被迫搬迁，地裂缝严重地制约着临汾市市政建设与经济发展。在运城地区，自 1975 年在半坡出现地裂缝以来，先后在河津、薛店、临琦、夏县、垣曲、绛县、平陆、苗城等地出现大规模的地裂缝，其延伸方向主体为 NE—NEE 向，地裂缝所到之处，造成地面建筑物破坏、公路开裂及农川灌溉大面积漏水和农田毁坏。其中万荣城关变电站因地裂缝破坏面临报废，直接经济损失达 3 千多万元[20]。由上可见，地裂缝灾害已成为目前汾渭盆地影响面最广、破坏最严重的地质灾害，使工程结构面临着严峻考验。

在地裂缝环境下的高烈度地区，目前如果都实行空间避让原则，即在城市规划建设时，按各地规定或规程所要求的最小避让距离避开地裂缝，并在地裂缝发育区划分影响带，这种做法是远离了地裂缝的活动所带来的危害，无疑是减少了在地裂缝地区建设工程的风险，但随着城市的不断发展，城市的土地也在不断地升值，这将浪费有限的土地资源，使城市规划和建设受到限制。在城市发展的进程中肯定会不可避免地遇到类似于西安地铁 1、2、3、4 号线[22]，街道马路、城市环线立交等道路设施、桥梁、市政管网工程以及一些建（构）筑物等不得不跨（穿）越地裂缝的问题，目前对于活动性很强的地裂缝是无能为力的，那么对于跨越活动性较弱或趋于稳定的地裂缝建设一般性建（构）筑物，在地震作用下，隐伏地裂缝的上覆土层会产生开裂，出露地表且裂缝宽度增加，并在原有地裂缝附近引起与之相交的次生裂缝，使其成为深部土体向上运动的通道，造成地裂缝两侧输入地震波激励的初始时刻、强度、频率及相位等均存在差异，使结构的地震损伤破坏机理和相应的动力数值分析变得异常复杂，这将成为跨越活动性较弱或趋于稳定的地裂缝结构动力灾变耦合作用的诱因，其灾变行为将直接影响着建筑物的安全。

1.2 地裂缝及其研究的现状

地裂缝自美国 1927 年亚利桑那州 Picacho 首先发现以来，各国学者对地裂缝的发生、发展进行了细致的研究。美国学者 R. C. Achens 等根据地面沉降、断层形变和地裂缝表面位移的长期观测资料，通过不同的方法来量化它们之间的关系，形成了构造与地下水开采复合成因观点。这一观点在美国加利福尼亚州的地裂缝研究中得到了广泛认可。Holzr[29] 把美国现代地裂缝分为张裂缝和剪裂缝。他认为张裂缝仅仅是地面上水平张裂开来的地裂缝，它没有剪切运动分量，剪裂缝是垂直地面做剪切运动，由地下流体被抽取后形成的差异沉降所致。同时，在美国的地裂缝研究中，美国亚利桑那大学建立了相关的地裂缝研究数据库。G. Lombardo 采用地脉动的 H/V 单点谱比法，对意大利的一条地裂缝三个剖面进行了测试。研究表明，地震波加速度幅值在地裂缝破裂面处达到最大，从地裂缝破裂面向两侧递减，但影响区主要集中在破裂面两侧几十米的范围内，超过这个范围后影响急剧减小。为了减少地裂缝灾害，美国加利福尼亚州政府于 1958 年颁布了地面沉降法，严格控制开采地下水和石油；德克萨斯州于 1975 年通过了立法，成立了限制开采地下水的地方机构；亚利桑那州成立了专门的地裂缝灾害委员会，提出了普及地裂缝减灾的科普教育、地裂缝早期监测与识别和及时处置相结合的对策。这些做法对减缓地裂缝的沉降和开裂扩展起到了较大作用。另外，墨西哥、俄罗斯、澳大利亚、土耳其、肯尼亚等国均发现地裂缝的存在，当地学者大多仅对地裂缝成因及分布规律进行了研究[30-33]，但研究都不够深入且缺乏系统性。

我国地裂缝研究是伴随着地震预报开始的，通过对损失惨重的 1966 年 3 月邢台地震调查，人们发现地震是有前兆的，恰好于同年 6 月，美国帕克菲尔德 5.3 级地震发生前 2 周，在震中附近的圣安德列斯断层上出现了地裂缝，这一震前现象引起人们的重视，从此我国地震工作者开始将其作为震兆落实工作进行常规调查。目前，我国学者重点对汾渭地堑地裂缝成因问题进行了较系统的研究，提出几种成因机理模型，并用 GIS 技术建立了简单的预测预报系统。近几年的研究成果[21,22,30-37] 初步揭示了在地裂缝区两类无法避让的地下管道、地铁隧道的变形及破坏规律，提出了这一区域的地下铁道应采取加强衬砌厚度、采用柔性接头连接的结构措施及在工程选址中尽量采用避让的方法。门玉明[19] 等对西安地裂缝研究中的重要科学问题进行了讨论，即：西安地裂缝的剖面结构特征、西安地裂缝的活动趋势与工程寿命期内的位错量预测以及地裂缝活动环境下土与结构相互作用分析方法等。这些问题对于促进地裂缝研究与工程实际相结合有着重要的意义。彭建兵等[21] 分析了汾渭盆地地裂缝成因研究中存在的主要问题，建立了构造地裂缝的地质结构模型；将现代物理数值模拟技术与高精度观测技术相结合，分析研究了构造活动启动地裂缝灾害的力学机理以及构造作用与抽水作用共同致裂机理；总结出区域内破坏性地裂缝的运动方式特征。黄强兵等[25] 通过西安典型地层环境下地裂缝活动的大型模型试验，研究了隐伏地裂缝活动引起附近土体应力与变形的规律。试验表明，地裂缝活动在上盘土体中产生负的附加应力，引起土体应力降低，而在下盘土体中产生正的附加应力，引起土体应力增强，且距离地裂缝越远由地裂缝活动引起的附加应力越小。熊田芳等[38]根据西安地铁正交地裂缝隧道的模型试验研究，提出了分缝衬砌结构是改善地裂缝区间隧道运行条件最合理的方法。

针对地裂缝场地动力响应研究也取得了不少成果。陈立伟等[39]采用有限元法对地裂缝的地震效应进行了计算分析，其结果表明：地裂缝对场地的完整性造成了一定影响，主要体现在场地土刚度的降低造成其自振特征的变化；并且不同频率的地震动作用下场地放大效应大小不同。其中，远源地震最大，中源地震次之，近源地震最小。刘妮娜等[37]以地铁穿越地裂缝区域为背景，采用振动台模型试验模拟地震荷载作用下地裂缝场地的动力响应，发现震动过程中，地裂缝场地会发生不均匀沉降，即地裂缝场地上盘沉降大于下盘，且距离地裂缝较近区域场地所产生的沉降大于较远区域。王瑞等选取西安地区地裂缝介质的等效力学模型和接触面连续条件，分析了地裂缝介质参数的变化对地震波传播规律的影响。研究发现地裂缝对透射波具有一定的高频滤波作用，且切向刚度的变化比法向刚度对透反射系数的影响更为明显。

不难发现已有成果为人们了解地裂缝成因以及地裂缝对地下结构的影响奠定了基础。而对于新生岩土体结构面存在的地裂缝的潜在次生灾害，目前国内外对该领域的研究相对较少，尚缺乏认识。其中，地震作用引发的地裂缝扩展对上部结构的破坏效应尤令工程技术人员关注。因此，开展跨越地裂缝结构的地震损伤机理与灾变防治对策研究具有重要的理论意义和实用价值。

通常地裂缝活动具有长期蠕动和单向位移累加的特征，这种蠕变不产生动力作用，但相当于静力作用下的累积变形。尽管活动速率不高，可是它对于裂缝周围的地质体而言是一种不断发展的动力源，产生局部形变场和应力场，并通过应力传递、集中、释放等方式活动，对土体施加张拉应力和剪切应力，一旦产生变形和破裂，再由土体向上传递到地表建筑物上，建筑物受自重应力和构造应力共同作用，使建筑物的地基和基础产生均匀或不均匀沉降、拉裂和错开，引起上部建筑物裂开、错位甚至坍塌，即地裂缝成灾的力源来自地裂缝及下部的断层长期活动的构造应力。但对于活动性较弱或趋于稳定的地裂缝，其灾变主要是地震作用引起的地裂缝开合，使深部土体产生了向上运动的通道。在这个力源作用下，形成由土体-基础-建筑物自下而上的能量传递、集中和释放的连续变形过程。因此，能量的输入、转化和吸收（耗散）成为跨越活动性较弱或趋于稳定的地裂缝建筑结构反应的基本特征。自20世纪50年代Housner提出能量法的概念之后，能量法在近半个世纪的研究中发展很快，但由于地震动本身的复杂性，能量与结构破坏（或反应）之间的关系仍处在探索阶段。专家们提出了形形色色计算能量以及在结构破坏乃至倒塌分析中考虑能量的方法[40-44]，但由于估计地震动输入结构的总能量包括峰值地面速度与峰值地面加速度比（PGV/PGA）、脉冲持时、谱速度、结构各部分能量的分配及建立能量破坏准则较为复杂，真正采用能量方法将跨地裂缝结构和地基结合起来进行灾变行为的评估还未见资料报道。

1.3 土与结构共同作用的研究现状

1.3.1 土与结构共同作用的研究历史和发展

土与结构共同作用学科是一门新兴学科。早在 20 世纪 50 年代 G. G. Meyerhof[45] 提出了估算框架结构等效刚度的公式以及考虑其共同作用，S. Chamecki[46]、H. Grosshof[47] 相继研究单独基础上部多层多跨框架结构的共同作用。当跨入 20 世纪 60 年代，H. Sommer[48] 提出一个考虑上部结构刚度计算基础沉降接触应力和弯矩的方法。随着有限元和计算机的发展，O. C. Zein-keiwicz 和 Y. K. Cheung[49] 应用有限元研究了地基基础的共同作用，J. S. Przemineieniecki[50] 提出了结构的分析方法，M. J. Hadddin[51] 首次利用子结构的分析方法研究地基基础与上部结构共同作用。J. T. Christian 在多层建筑的规划与设计会议上阐述了高层建筑与地基共同作用，引起了众多人关注。在第十一届国际土力学会及基础工程会议和第三、四、五届土质力学的数值方法会议中均设置一个"土与结构共同作用"组进行讨论。H. G. Poulos[52] 利用 R. D. Mindi[53] 公式，提出了桩与地基共同作用的弹性理论法，推动了桩土与上部结构基础共同作用的深入研究。1986 年 G. Price 等人，利用共同作用原理对 11 层高层建筑桩筏基础做出了设计尝试。近年来，一些学者对群桩问题进行了新的探索研究。E. Toney 对土介质，采用 M. Nogami[54] 的平面应变假设，进行了一些代表性的现场实验来研究共同作用问题。这些有益的探索开始了群桩动力特性新途径。

跨入 20 世纪 60 年代，结构在动力荷载作用下的共同作用问题逐渐引起了工程界的重视。围绕着无限地基上刚性基础的动力阻抗矩阵、振动位移和力的关系等问题展开了一系列研究，为动力共同作用的研究奠定了初步的理论基础。在 20 世纪 70 年代，共同工作的研究开始进入具体分析方法的研究阶段，在这个时期除了经典的解析方法外，各种各样的半解析方法及数值方法被引入共同工作的分析中来。同时分析方法也逐渐分成了两个比较大的类别，即子结构方法和整体方法。子结构方法的研究集中于基础的阻抗函数上。Kas、Luco 分别于 1970、1974 年得到作用在弹性半空间土层上刚性环形基础的阻抗函数，Kausel 用常边界有限元得到环形基础的阻抗函数。在整体方法方面，Waas 建立了半无限介质近似频域刚度矩阵，Lysmer 提出半无限频域的传递边界，Smith 提出无反射边界模型，Lysmer 建立了土-结构物共同工作的三维有限元近似分析模型，Cole 将边界元方法用于时域瞬态问题分析，Dominguez 用边界元方法建立了矩阵基础的动力刚度矩阵。

20 世纪 80 年代共同作用在理论方面取得了很大的发展，出现了一些耦合方法并应用到具体的分析之中。在这一阶段，共同工作的分析理论，同样遵循这两个大的主线，即子结构方法和整体方法。子结构方法仍然集中在各种形式基础阻抗函数的研究。von Estorff 建立了埋置于半空间黏弹性土层内二维条形基础的阻抗函数，H. L. Wong 提出了成层土上方形基础的阻抗函数。整体方法方面，有限元方法在共同工作计算中的应用得到了很大的发展，Mansur 建立了时间历程有限元分析方法，廖振鹏提出了倾斜角瞬态波传播的人工边界的数值计算方法，Wolf 给出在时域内求解土-结构物共同作用问题的数值有限元方法。耦合分析方法的出现，极大地丰富了共同工作的分析理论。1981 年，Beer 首先将有限元/边界元耦合方法应用于半无限域动力问题分析，Beskos 提出用有限元对基础建模、用边界元对地基建模计算的频率分析方法，Medina 首先提出将无限元方法应用于半无限域的弹性动力分析。

20 世纪 90 年代以来，世界上发生了一系列的破坏性地震，造成了巨大的经济损失。抗震工程界对现行的抗震设计理论进行了认真的总结和反思。共同作用的设计理念，得到了学术界和工程界的极大重视，尤其在数值分析理论方面取得了很大的发展[54-60]，出现了有限元、边界元耦合方法，有限元、无限元耦合组合分析方法及随机共同工作分析方法。J. P. Wolf、S. A. Savidis、von Estorff 等分别提出基于边界元/有限元耦合方法的线性及非线性土-结构物共同工作的计算方法，Chopra、Touhei、张楚汉、M. Yazdachi 分别提出基于边界元/有限元耦合方法的土-结构物共同工作计算方法，Valliappan、Khalili、C. B. Yun 建立基于无限元/有限元方法的计算模型。

同时，在这一时期，围绕结构物共同工作的特性进行了一系列大型模型试验及现场实测。主要有：Hangai、Onimaru 进行的反应堆建筑基础垫层支承模型试验，Fukuoka、Kurimoto、Ohtsuka 等人进行了模型试验研究反应堆下埋置物对其动力特性的影响。这些试验的实施，为共同工作计算理论的进一步深化和发展积累了非常宝贵的资料，大大完善了共同工作的抗震计算理论。但由于这些方法计算烦琐，适用性不强，加之现行试验方法的限制，无法验证计算结果的正确性，导致不能满足工程设计的需要。在桩基对上部结构减震效果的分析上，甚至出现了两种截然不同的观点[1]。一些研究者认为，桩和上部结构共同作用，使上部结构自振周期加长，所以建筑物的地震荷载减少；但 Minami 和 Sakiarai 的文章中却提出采用桩基增加了建筑物的刚度，振动周期倾向于减少的相反结论。

我国 20 世纪 60 年代对共同作用问题也做过一些研究。20 世纪 70 年代我国高层建筑逐渐兴起，促使高层建筑与地基基础共同研究加速发展。从 1974 年起，先后在京沪等地对十幢高层建筑箱形基础与地基共同作用进行比较全面的现场测试。在理论上进行了比较系统的探索，积累了宝贵的经验和难得的数据，为我国《高层建筑筏形与箱形基础技术规范》JGJ 6—2011 的编制创造了有利条件，使我国的箱形基础设计提高到一个新的水平。特别是在 1993 年召开的第一届结构与介质相互作用学术会议，使共同作用课题不但在岩土工程中得到了发展，而且应用到其他学科中去。赵锡宏等著的《上海高层建筑桩筏与桩箱基础设计理论》、董建和赵锡宏著的《高层建筑地基与基础——共同作用理论与实践》、宰金珉和宰金璋著的《高层建筑基础分析与设计——土与结构物共同作用的理论与应用》等，反映了 20 世纪 80 年代后期共同作用理论与实践成果。

吕西林等[61] 通过高层结构-地基动力相互作用和刚性地基上高层建筑结构的振动台模型试验，研究了相互作用对结构动力特性和地震反应的影响，提出了有价值的建议。王海东等利用有限元法进行了考虑土与结构相互作用与假定刚性地基的结构地震反应对比分析，发现采用刚性地基进行分析时结构会偏不安全。对考虑土与结构相互作用并且计入重力二阶效应的影响与刚性地基假定不考虑二阶效应结构的地震反应进行对比，得出了采用刚性地基假定偏于不安全的结论。

Durmus 等采用有限元软件对单自由度结构-土动力相互作用体系在地震作用下的动力反应进行了模拟，提出了与理论计算结果更为接近的简化模拟方法。Badry 等通过有限元软件模拟了群桩基础框架结构的高层建筑在 2015 年尼泊尔地震作用下的动力特性。研究结果表明，同种工况下，SSI（Soil-Structure Interaction）模型上部结构的动力响应小于 FB（Fix-Based）模型。

在湿陷性黄土地区，对上部结构-桩-土共同作用工作机理的研究工作开展得相对较少，研究方式主要采用工程原位测试。

1.3.2 土与结构共同作用计算理论

经过近 70 年的探索和研究，共同工作的计算理论已经初步形成了一些理论体系，按照不同的方式，可以将目前共同作用的计算理论分为两大类，即：①按照平衡方程的求解模式，大体上可以分为 3 种方法：解析方法、半解析方法和数值方法。②按照反应分析类型可以分为频域方法和时域方法两种。频域方法是将荷载展开成简谐分量项，计算结构对每个分量的反应，最后叠加各简谐反应获得结构的总反应。时域方法是将荷载作为时间的函数建立动力平衡方程，计算结构在各个时间段的反应，应用叠加原理得到整体结构的总反应。

按照对结构建模的方式可以将共同工作理论的计算方法分为子结构法和整体

法两种。

1. 子结构法

子结构法也称作阻抗函数法，该方法将上部结构和地基在基础处分为两个子结构，分别研究其反应，然后与它们的接触面相联系，使连续条件得到满足。子结构法以自由场的振动为已知条件，也就是说，当上部结构不存在时，自由场的振动满足给定的反应谱。子结构法包括 4 个基本问题，第 1 个基本问题是自由场反应问题。即根据给定的地震动条件，确定基岩的地震动输入。第 2 个基本问题是与上部结构分离后地基子结构在基岩运动作用下的反应。特别是地基与上部结构接触点的运动。第 3 个问题为阻抗问题，它分析的是地基与上部结构接触处，若在接触点的某一自由度作用一个外力时，该点上所有自由度的反应。第 4 个问题就是上部结构的反应分析。分别求得上述 4 个基本问题的解后，将它们结合起来，并在边界处满足连续条件和平衡条件，得到问题的解答。

2. 整体法

这一类方法将结构和周围地基作为一个整体，合理地考虑地基和结构非线性性质、结构与地基间的滑移等因素的影响，按照一定的方式对整个地基、基础与上部结构体系进行建模并且整体加以求解。整个方法可以按照结构建模方式的不同分为有限元法、边界元法、有限元/边界元耦合方法、有限元/无限元耦合方法等。

(1) 有限元法

有限元法是目前应用最为广泛的数值计算方法，它的特点是数学过程简单，物理概念清楚，利于编写计算程序并且具有很好的适用性和灵活性。用有限元法进行共同作用分析的步骤主要有：将波动方程简化成为以节点广义位移为基本未知量的代数方程组，然后编制计算程序求解，使用者只需对计算对象剖分单元，给出介质参数和地震动输入，就可以进行求解。用有限元进行共同作用工作分析既可在频域内求解，也可以在时域内进行求解，既可用于线性分析也可用于非线性分析，因此是一种比较理想的共同作用分析方法。但是，用有限元方法分析共同工作问题也有缺点，主要有：1) 受输入波的影响，单元往往要划分得很细，增加了计算时间和工作量。2) 没有办法直接模拟无限地基的辐射阻尼，需要引入各种人工边界，对计算的准确性会有所影响。

(2) 边界元方法

边界元方法用区域积分方程代替质点运动微分方程，经过一定的数学运算，将区域积分方程化为边界积分方程，通过对边界的离散化，化边界积分方程为代数方程组，求解代数方程组得到问题的解。边界元只需对边界进行离散化。可以使问题降低一维，同时由于边界元的基本解自动满足无穷远处的辐射条件，避免了人工边界对计算精度的影响，可以很好地模拟半无限岩石土介质，因此也是进行共同工作分析的一种非常有效的方法，但是边界元方法同样存在一定的缺陷。对于上部结构，由于结构尺寸有限、构件形式多变且分布很不均匀，用边界元方法进行分析时不但增加计算的工作量，而且会影响整体分析的速度和精度。

（3）有限元/边界元耦合方法

有限元和边界元在进行结构分析中各有其优缺点。因此在进行共同作用问题的分析时，有限元/边界元耦合方法就不失为一种很好的分析方法，该方法用有限元对上部结构和基础进行建模，用边界元进行半无限地基介质的分析。在有限元区域和边界元区域的交界处加以耦合，并保持两部分区域之间的连续性，从而更加充分地发挥两者的优点，克服各自的缺点，提高分析的速度和精度。

（4）有限元/无限元耦合方法

有限元/无限元耦合方法分析的思路和有限元/边界元耦合方法分析的思路基本一致，同样是用有限元对上部结构和基础进行建模，用无限元建立无限的地基的计算模型。

1.3.3 地基非线性

自 1947 年 G. G. Meyerhof 首次提出共同作用的概念以来，该课题得到了较为广泛的研究。但是，由于问题本身的复杂性和计算技术的局限性，系统的计算模型往往建立在对地基土及接触条件等方面的若干简化之上。地基模型一般采用线性简化如文克尔模型、弹性半空间模型、中间模型、有限压缩层模型及有限层模型。然而，岩土的应力-应变呈明显的非线性关系（实际上，均属弹塑性），所以提出了基于非线性本构关系和分层总和法的非线性地基模型。这类模型又分为非线性弹性地基模型和弹塑性地基模型两种，就目前的情况而言，非线性的 $E-\mu$ 模型研究较为成熟，应用较广。弹塑性模型由于参数较多，关系复杂，用于共同作用分析还属于探索阶段，吕西林等[61]采用另一种非线性弹性地基 K-G 模型并采用增量法进行具体计算，以研究非线性地基参数与共同作用后系统内力场和位移场所受的影响。

在强度理论的应用方面，摩尔-库仑理论被广泛应用到岩石土力学中，20 世纪是摩尔-库仑理论提出、发展和统治岩石力学的 100 年[62]。但摩尔-库仑理论只认为最大主应力和最小主应力对材料破坏有影响，忽略了中间主应力 σ_2 的效应。D. Sandel 在 1991 年提出剪应力与静水应力的组合来反映效应，即：

$$\sigma_1 - \sigma_3 + n\sigma_1 + \sigma_2 + \sigma_3 = 2\tau_0$$

而后 Hubre、Mises、Hencky、Ros 和 Eichinger 等都提出形状改变能理论。他们的表达式中也包含了 σ_2。因此，在 20 世纪四五十年代，这些表达式曾经被广泛应用到岩石力学中，特别著名力学家 Drucker 和 Prager 对它加以修正，引入静水应力效应，在 1952 年提出著名的德鲁克-普拉格准则，由于它反映了 σ_2 并具有完美的数学表达式，因而，目前在上部结构-桩-土共同作用的分析研究中得到广泛的应用。但由于它不能区分岩石的拉伸子午极限线与压缩子午线的差别，而与岩石三轴试验结果不符，在理论上是不合理的，若按德鲁克-普拉格准则的内切锥计算，则太保守；若按外接锥计算，则太危险；二者均与实际不符。若按折中锥计算则得到的计算结果在概念上是模糊的。Humpheson-Nyalor 与美国工程院两位院士 O. C. Zienkiewicz 和 W. F. Chen 都指出德鲁克-普拉格准则与实验结果符合程度很差[63,64]，它不符合岩石强度的变化规律。我国葛修润院士与李世辉先生等也指出采用德鲁克-普拉格准则是不合理的[65,66]。俞茂宏[67]通过一个实例对比指出使用德鲁克-普拉格准则得出的结果是荒谬的。

我国俞茂宏教授自 1985 年起基于双剪的概念相继提出了材料的双剪强度理论和统一强度理论，并在一些领域得到了应用[68-70]。统一强度理论是根据多滑移单元体力学模型，并考虑作用于单元上所有应力及它们对材料破坏的不同贡献，同时采用两区间的数学建模方法推导得出。它仍然具有十分简单的数学形式，但已具有十分丰富的内涵，是一种与以往各种单一强度理论和破坏准则完全不同的系列强度理论。现有的单剪理论（$b=0$）、双剪理论（$b=1$）和介于两者之间的各种破坏准则，都是统一理论的特例或线性逼近。此外，统一理论还产生了在单剪理论之内（$b<0$，非凸）、双剪理论之外（$b>1$，非凸）以及介于单剪理论和双剪理论之间的（$0<b<1$，外凸）的一系列新的准则，可以与各种具有不同中间主应力效应的材料相匹配。

1.4 地裂缝对结构的影响研究

针对地裂缝对结构的静力影响已有了一定研究基础[38,39,71-78]。熊田芳等[38]根据西安地铁正交地裂缝隧道的模型试验研究，提出了分缝衬砌结构是改善地裂缝区间隧道的运行条件最合理的方法；石玉玲[75]从地裂缝对建筑物结构破坏的力学模式入手，分析了地裂缝在建筑结构上产生的内力变化，从而得出建筑物产生裂缝破坏的原因；彭建兵等[78]基于地裂缝区地铁隧道的模型试验研究，提出了地铁隧道结构在地裂缝区的受力特性及变形规律。

另外，对于地裂缝的存在对结构的动力反应影响也进行了探索性的研究[37,79-86]。贺凯[79]等运用物理模拟及数值模拟的方法对隧道近距离平行通过活动地裂缝开展试验研究；熊仲明等[85]通过对跨地裂缝框架结构在地震作用下位移（角）和层间剪力的研究，分析了框架结构在跨地裂缝场地的最不利位置和结构动力响应规律；刘妮娜等[86] 通过振动台模型试验对穿越活动地裂缝的地铁隧道的动力响应进行研究，分析了地裂缝场地下地震作用对隧道加速度及应力的影响。

目前研究工作为地下结构在地震作用下非线性动力性能的探索提供了良好的经验，但对地下结构的尺寸考虑得都相应较小，真正在地裂缝环境下进行地下工程与地表结构相互影响的相关研究还较少，缺乏考虑地震非一致性和空间变异性影响的设计地震动输入研究等资料，至今还没有很有效的模型和方法来模拟城市地下工程结构系统在复杂场地条件下的地震反应和破坏机理。

1.5　本书所做的工作

以黄土地基土与跨地裂缝结构为主要研究对象，探讨复杂环境下土与结构的共同作用损伤机理、动力非线性、恢复力特性、破坏行为。主要做了以下工作：

1. 以西安 f_4 地裂缝（丈八路-幸福北路地裂缝）为研究对象，分别开展了地裂缝场地土体模型和跨地裂缝框架结构模型的振动台试验，并采用 ABAQUS 有限元软件分别建立地裂缝场地和跨地裂缝结构-土体多尺度数值计算模型。研究地震动三要素，特别是 PGV/PGA、脉冲持时、谱速度对地震动总输入能量大小及其对地裂缝扩展的影响。

2. 研究了输入地震波特性和场地结构对地裂缝场地"上、下盘效应"的影响规律，确定了地裂缝场地土体本构模型，对不同本构模型的地裂缝环境下的黄土的动力响应特性进行了分析研究。

3. 通过对在湿陷性黄土上部结构-桩-土共同作用地基的各种计算模型的适用条件、场地的地基特性进行分析，找出适合共同作用下的地基模型，探讨湿陷性黄土地基土模量与深度变化关系；获得了共同作用下桩基承载力群桩效应系数，提出湿陷性黄土在共同作用下群桩承载力实用计算公式。同时，建立上部结构-桩-土共同作用下计算模型，分析在湿陷性黄土地区，各弹性支撑刚度系数影响因素，建立弹性支撑的理论表达式。

4. 通过对上部结构共同作用分析，定量地找出黄土地区上部结构与基础共同作用的分布规律；同时，进行高层建筑上部结构-桩-土共同作用的受力分析与数值模拟；用俞茂宏统一强度理论，对于湿陷性黄土进行非线性分析，得出考虑共同作用与不考虑共同作用时上部结构位移和层间剪力的变化。

5. 探索跨地裂缝结构受力性能与地震损伤累积在材料尺度、构件尺度及结构尺度三者之间的迁移转化规律，进行跨地裂缝结构受力性能研究，分析构件在整体结构严格边界条件下损伤发展过程间的相互作用。

6. 以跨地裂缝结构常用的结构形式——框架及框架-剪力墙结构为研究对象，研究在地裂缝环境多维多点地震激励下框架-剪力墙结构地震损伤全过程分析的建模方法及其实施数值模拟的途径；进行地裂缝活动周期与跨地裂缝结构寿命预测分析研究，将地裂缝的活动量以初始位移的方式施加到不同工况的结构上，定量地分析地裂缝的活动对其上结构的不利影响，找出该跨地裂缝结构的危险部位，给出结构出现塑性铰的时间、位置和数量，寻找框架-剪力墙结构在地裂缝环境下的倒塌机制与其设计参数间的关系。

7. 以钢筋混凝土框架结构的模型体系为研究对象，首次进行了模拟跨地裂缝结构的地震振动台试验。通过模拟跨地裂缝结构的振动台试验，验证跨地裂缝结构损伤累积在材料尺度、构件尺度及结构尺度三者之间的迁移转化规律，分析在地裂缝环境多维多点地震激励下框架结构总输入能量在模型结构的分配规律。

8. 基于振动台试验结果，采用基于整体法和加权系数法的地震损伤模型对模型结构进行损伤评估分析；运用数值方法分别建立了跨地裂缝结构模型和处于无地裂缝场地结构模型，研究地裂缝对结构构件损伤分布和结构整体损伤影响。

9. 通过对非一致性地震激励下跨地裂缝无支撑结构和不同布置形式的带支撑结构进行数值分析对比，找出了跨地裂缝结构的薄弱位置，确定了合理的支撑布置方案，并以此为依据设计并完成了一个缩尺比为 1：15 的跨地裂缝带支撑结构振动台试验，分析了不同工况下跨地裂缝带支撑结构的抗震性能，得到了该结构在不同地震激励下的破坏形态、动力特性和动力响应规律，提出跨地裂缝结构灾变行为的控制对策。

第2章

西安地区地裂缝概况

西安地裂缝是一种典型的城市地质灾害，主要是因过量开采承压水而产生不均匀地面沉降，即临潼-长安断裂带（FN）西北侧（上盘）一组北东走向的隐伏地裂缝出现活动，在地表形成的破裂[22]。在西北大学校园内目前仍保留着西安地区第一条现代地裂缝，它于1958年出现，恰处于因抽取地下水而形成的第一个地面沉降中心附近，集中出现时间分别为1959年、1964年、1976年、1982年。

2.1 西安地区地裂缝分布

到目前为止，在西安共有14条地裂缝（由北向南编号依次为$f_1 \sim f_{14}$）和4条次生地裂缝（f_5'、f_6'、f_9'和f_{11}'），主体走向呈NE50°～NE80°，剖面上表现为裂面同步南倾、倾角相似，地裂缝两侧北升南降，基本呈平行等间距排列，它们的间距在f_9以北为1～2km不等，最近处在东二环路的f_2、f_3间，仅400余米。在f_9以南的间距较小，在0.5～1km间。分布图如图2-1所示。

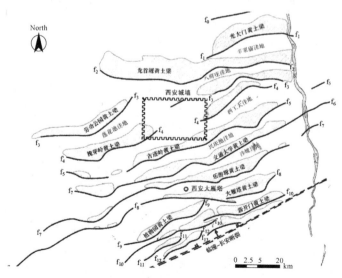

图 2-1 西安地裂缝分布图

2.2 西安地区地裂缝基本特征

2.2.1 西安地裂缝分布特征

根据《西安地裂缝场地勘查与工程设计规程》(以下简称《规程》)、王景明和彭建兵等研究资料显示，西安地裂缝平面展布特征具体如表2-1所示。

西安地裂缝分布特征 表2-1

编号	名称	长度(km)	总体走向	倾向	倾角	发育带宽度(m)	出露状态
f₁	辛家庙地裂缝	9.7	NE75°	SE	75°	15	西段出露，东段隐伏
f₂	红庙坡-米家岩地裂缝	15.0	NE70°~NE85°	SE	80°	40~60	两端隐伏，中间出露
f₃	北石桥-劳动公园-官亭西地裂缝	8.6	NE65°~NE75°	SE	80°	15~45	西段出露，东段部分隐伏
f₄	丈八路-幸福北路地裂缝	13.6	NE70°	SE	80°	22~55	西段隐伏，中段出露，东段隐伏
f₅	丈八路-和平门-灞桥热电厂地裂缝	15.8	NE70°	SE	72°~80°	55~110	西段隐伏，其余出露
f₆	丈八路-草场坡-纺渭路地裂缝	17.3	NE65°~NE75°	SE	75°~80°	35~70	西段隐伏，其余出露
f₇	北岭-小寨-国棉四厂地裂缝	22.8	NE65°~NE75°	SE	80°	55	两端隐伏，中间出露
f₈	石羊村-大雁塔-新兴南路地裂缝	25.4	NE75°~NE85°	SE	75°~80°	30	两端隐伏，中间出露
f₉	齐王村-陕师大-大唐芙蓉园地裂缝	7.2	NE75°	N	80°	30~140	西段隐伏，东段出露
f₁₀	西姜村-射击场-长鸣路地裂缝	11.8	NE70°	SE	80°	10~20	断续出露
f₁₁	南寨子-交警总队-南窑村西地裂缝	2.5	NE55°	SE	80°	10	西段隐伏，东段断续出露

续表

编号	名称	长度(km)	总体走向	倾向	倾角	发育带宽度(m)	出露状态
f_{12}	三森家居-东三爻-雁南四路地裂缝	3.2	NE55°	SE	80°	10~20	断续出露
f_{13}	雁鸣小区-新开门地裂缝	3.0	NE65°	SE	80°	10~20	断续出露
f_{14}	下塔坡村-长安路地裂缝	2.0	NE40°	SE	80°	20	断续出露

f_1（辛家庙地裂缝）：该地裂缝分布在西安市东北郊，沿光大门黄土梁的南侧发育，西起孙家湾村东，向东穿越太华路，经辛家庙、新房村，东至浐河东岸、灞河小区。该地裂缝总体走向NE75°，走向变化NE60°~NW285°，总长度约9.7km，地表最大发育带宽度达15m。总体形态为波状，主要作垂直活动，并伴随有水平张拉和左旋扭动，辛家庙重型机械厂附近地裂缝活动强烈。

f_2（红庙坡-米家岩地裂缝）：该地裂缝西段发育于龙首源黄土梁的南侧，西起白家口，途经红庙坡、三河新村、铁路东村、八府庄、西安市水泥制管厂、西安石油化工厂、电磁线厂、市锅炉二分厂、杜家街，东至米家崖。该地裂缝总体走向NE70°~NE85°，走向变化NE40°~NW300°，延伸长度约15km，地表最大发育带宽度达60m。该地裂缝总体形态为波状，由西向东活动逐渐加强。

f_3（北石桥-劳动公园-官亭西地裂缝）：该地裂缝分为东、西、中三段。西段沿劳动公园黄土梁延伸，分布于该黄土梁南侧，西起北石桥，经污水处理厂，穿越西二环、丰登南路，再向东穿越劳动路至城西人家小区后尖灭；中段从莲湖公园到西安车辆段；东段西起莲湖路，经西安市中心医院、东闸口变电站至西安农机厂，然后从东二环斜拉桥场地经秦孟街住宅小区至十里铺安置房场地。该地裂缝总体走向NE65°~NE75°，走向变化NE35°~NW295°，延伸长度约8.6km，地表最大发育带宽度达45m。总体形态为折线状，在东、西两段活动较强，城区活动较弱。

f_4（丈八路-幸福北路地裂缝）：该地裂缝西段西起丈八北路，沿槐芽岭黄土梁南侧延伸，向东经中华世纪城、西北大学新区、劳动南路，之后穿越环城南路、五星街至四府街一带尖灭，此段地裂缝总长度为6.9km；中段西起总后三四零四厂，穿越尚检路向东经中山门、第四军医大学，然后穿越康复路至金花北路胡家庙附近尖灭，此段地裂缝总长度为3.8km；东段西起正大易初莲花超市场地，向东穿越东二环兴公路经万寿北路，幸福北路后尖灭，此段总长度为2.8km。该地裂缝总体走向NE70°，走向变化NE40°~NW310°，地表最大发育带宽度达 55 m，总长度为 13.6km。总体形态为波状，西段活动较为强烈，西北大学附近破坏较严重。

f_5（丈八路-和平门-灞桥热电厂地裂缝）：沿南稍门、古迹岭、老动物园黄土梁南侧陡坡分布。西起丈八路，穿越南二环西段、太白路、黄雁东村、互助路立交，最后向东北方向延伸，穿越浐河至灞桥热电厂。该地裂缝总体走向 NE70°，走向变化 NE40°~NW295°，延伸长度约 15.8km，地表最大发育带宽度达 110m。总体形态为波状，东段活动强烈，变形量较大，灾害严重。在 f_5 地裂缝南侧还伴随发育一条次级地裂缝 f_5'，该次级地裂缝发育于西安电子科技大学，穿越南二环至天天家园后尖灭，走向与 f_5 一致，两者相距 10~30m，长度约 0.6m。

f_6（丈八路-草场坡-纺渭路地裂缝）：分布在草场坡、西安交通大学黄土梁的南侧，西起丈八北路附近，向东经西工大天虹大厦、西安文理学院、辛家坡、音乐学院、草场坡、长安大学、西北有色地质勘查局、西安建筑科技大学、铁路局家属区、沙坡村、秦川机械厂家属区、半坡路至半坡村，然后沿纺北路延伸，经城东客运站、香杨村至纺渭路。该地裂缝总体走向 NE65°~NE75°，走向变化 NE60°~NW295°，延伸长度约 17.3km，地表最大发育带宽度达 70m。该地裂缝总体形态为波状，东段连通，中西段不连通，连贯性较差，东段活动强烈，灾害严重。西工大天虹大厦至长安立交段 f_6 地裂缝南侧明显发育一条连续的次级地裂缝 f_6'，与主裂缝走向一致，两者相距 10~100m。

f_7（北岭-小寨-国棉四厂地裂缝）：沿南郊乐游塬黄土梁南侧陡坡发育，与其走向一致。西起北岭村南，东经丈八六路、丈八五路、太白南路，向南穿越小寨西路、子午路十字，再向北穿越小寨西路、长安路、雁塔路、等驾坡阳光小区，最后穿越浐河至水岸东方，再向东进入纺织城至国棉四厂。该地裂缝总体走向 NE65°~NE75°，走向变化 NE30°~NW290°，总延伸长度约 22.8km，地表最大发育带宽度达 55m。总体形态为波状，全段连通，局部出现分叉现象。北西西走向很短，连通性好，活动强烈，灾害严重。

f_8（石羊村-大雁塔-新兴南路地裂缝）：沿大雁塔至延兴门黄土梁南侧延伸，分为两段。西段西起石羊村东北侧，经训善村、东高庙丈八东路、电子二路、电子一路、西安财经学院、大雁塔大雄宝殿、大唐芙蓉园、北池头、曲江路至岳家寨附近尖灭；东段从曲江新区安置园地西侧，经西安理工大学曲江校区、西安交通大学曲江新区，过长鸣路、东等驾坡村至新兴南路处尖灭。该地裂缝总体走向 NE75°~NE85°，走向变化 NE40°~NW285°，延伸总长度约 25.4km，地表最大发育带宽度达 30m。总体形态为折线状，西段连通性差，走向变化很小，且越向西活动性越弱，地裂缝变为隐伏状态；东段走向有变化，由 NEE 变为 NWW，再转为 NEE，活动强烈。

f_9（齐王村-陕师大-大唐芙蓉园地裂缝）：发育于植物园黄土梁南侧，西起齐王庄东北侧南绕城高速附近，向东经世家新城、长安路、陕西师范大学、西安外国语学院、翠华山庄、大唐不夜城、曲江新区至大唐芙蓉园。该地裂缝总体走向NE75°，走向变化NE45°～NE80°，延伸总长度约7.2km。总体形态为波状，全段连通，从东向西，依次由南降北升段、过渡段和南升北降段组成。f_9地裂缝南侧齐王村至长安路段发育有明显连续的次级地裂缝f_9'，两者相距40～140m，走向与f_9一致，倾向N，倾角80°，长度约4.5km，f_9和f_9'组成的发育带在潘家村至长延堡宽度达140m。

f_{10}（西姜村-射击场-长鸣路地裂缝）：地裂缝西段位于吴家坟-南窑头黄土梁南侧，西起西姜村西侧，穿越绕城高速，经世家星城、西三爻村、省电视塔南侧、陕西省射击场至曲江新区雁鸣小区处尖灭；东段西起西安广电中心，经曲江新区、曲江路至长鸣路附近尖灭。该段地裂缝基本处于隐伏状态，活动较弱。该地裂缝总体走向NE70°，走向变化NE45°～NE80°，延伸总长度约11.8km，地表最大发育带宽度达20m。总体形态为波状，全段多处不连通，东段活动较强，北降南升。

f_{11}（南寨子-交警总队-南窑村西地裂缝）：发育于南窑头黄土梁南侧，西起南寨子，向东穿越绕城高速，经西三爻村、长安路、陕西交警总队、市第七医院、曲江国际会展中心至南窑村西。该地裂缝总体走向NE55°，走向变化NE20°～NE60°，延伸总长度约2.5km，地表最大发育带宽度达10m。在欧亚学院f_{11}南侧还发现一条次生裂缝f_{11}'，总体走向与f_{11}相同，倾向N，倾角80°，长度约400m。

f_{12}（三森家居-东三爻-雁南四路地裂缝）：发育于东三爻村黄土梁南侧，西起三森国际家居，向东经长安南路、东三爻村，穿过绕城高速至曲江管委会办公区。该地裂缝总体走向NE55°，走向变化NE50°～NE60°，延伸总长度约3.2km，地表最大发育带宽度达20m。

f_{13}（雁鸣小区-新开门地裂缝）：地裂缝西起曲江新区雁鸣小区，向东经曲江碧水西岸、南湖、北庄子延伸至新开门。该地裂缝总体走向NE65°，走向变化NE60°～NE80°，延伸总长度约3.0km，地表最大发育带宽度达20m。

f_{14}（下塔坡村-长安路地裂缝）：地裂缝西起长安区下塔坡村，向东穿越杜陵路，经上塔坡村过清凉山，延伸至西安工程机械专修学院。该地裂缝总体走向NE40°，走向变化NE40°，延伸总长度约2.0km，地表最大发育带宽度达20m。

14条西安地裂缝的发育、分布与西安的地形地貌有着密切的联系。在黄土梁洼地区，它们都伴随着黄土梁南侧发育，随着黄土梁洼的走向转变而变化，并沿黄土梁走向继续向两端延伸。

2.2.2　西安地裂缝一般具有的基本特征

西安地裂缝一般具有如下基本特征：

（1）西安地裂缝大多是由主地裂缝和分支裂缝组成的。少数地裂缝则由主地裂缝、次生地裂缝和分支裂缝组成。

（2）主地裂缝总体走向北东，近似平行于临潼-长安断裂；倾向南东，与临潼-长安断裂倾向相反；倾角约为80°。平面形态呈不等间距近似平行排列。次生地裂缝分布在主地裂缝的南侧，总体倾向北西，在剖面上与主地裂缝组成"Y"字形。

（3）地裂缝具有很好的连续性，每条地裂缝的延伸长度可达数公里至数十公里。

（4）地裂缝都发育在特定的构造地貌部位（现在可见的和地质年代存在过的构造地貌），即梁岗的南侧陡坡上，梁间洼地的北侧边缘。

（5）地裂缝的活动方式是蠕动，主要表现为主地裂缝的南侧（上盘）下降，北侧（下盘）相对上升。次生地裂缝则表现为北侧（上盘）下降，南侧（下盘）相对上升。

（6）地裂缝的垂直位移具有单向累积的特性，隐伏地裂缝的断距随深度的增大而增大。

2.2.3 西安地裂缝的剖面特征

图2-2是西安地裂缝剖面特征图。地裂缝将土体分成上盘和下盘两部分。

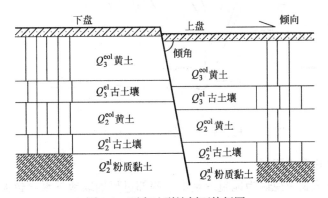

图2-2 西安地裂缝剖面特征图

2.2.4 西安地区地裂缝成因分析

西安市是我国城市地裂缝灾害中最典型、最严重的城市。前人已做了大量关于西安地裂缝成因的研究工作，取得了许多有价值的基础资料。这里以西安地裂缝为例来说明国内地裂缝的成因。

1. 构造成因说

张家明认为，西安地裂缝形成和发展的本质是以断块掀斜为主要活动形式的伸展断裂系活动（图2-3）。王兰生的构造重力扩展机制（图2-4）认为，西安地裂缝是在特定的地质和构造动力环境下，岩土介质在自身重力和引张应力作用下，由于侧向临空或潜在临空导致浅层岩土介质体的变形破裂，是土体在自身重力作用下的一种压扁伸展现象。构造成因说可以较好地解释西安地裂缝的平面分布特征、地震活动与应力场的关系等现象，但是无法解释地裂缝超常活动与地下水过量开采的对应关系。

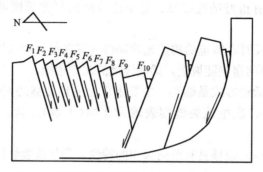

图2-3　断块掀斜成因模式图（张家明，1990）

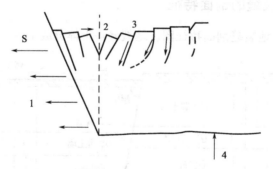

图2-4　构造重力扩展模式图（王兰生，1989）

2.地下水开采成因说

地下水开采成因说认为地裂缝是由于深部过量抽取地下水导致大面积地面沉降引起。抽水成因观点是根据西安市地裂缝活动与其抽取地下水活动之间的相互关系，认为地下水的过量开采降低了介质的孔隙压力，破坏了承压含水层的平衡状态，引起地面的差异沉降和破裂，造成地裂缝的产生。该观点可以有力地解释为何地裂缝的峰值活动期正好发生在地下水过量开采后以及西安地裂缝的快速活动与地面沉降的关系。但利用地下水开采成因说，很难解释西安地裂缝的三向变形特征，即垂直位错、水平张裂和水平扭动。

3.综合成因说

上述两种观点各自对地裂缝的成因机制做出了一定的解释，但两者单独解释地裂缝的成因都具有局限性，还不能合理地解释一些重要的地裂缝灾害特征。最新研究表明，多种因素作用决定构造地裂缝的形成和发育。按其发生、发展过程中所起作用的大小，可分为主导、诱发和影响三个因素。主导因素是控制地裂缝孕育、发展、活动性质和展布格局的决定性因素，包括新生代的构造环境、构造基础和触发地裂缝产生的动力源；诱发因素是决定和影响地裂缝发生时间、地段、强度的因素，主要有降水、干旱、重力、地震等自然因素和超采地下水甚至造成地面沉降、农灌等人为因素，诱发先存的隐伏地裂缝及地表成缝；影响因素则是只影响地裂缝发育程度，如土质、地形、气候、水体等因素。

《西安地裂缝场地勘查与工程设计规程》DBJ 61-6—2006 于 2006 年发布，其中对西安地裂缝有明确的定义：在过量开采承压水，产生不均匀地面沉降的条件下，临潼-长安断裂带（FN）西北侧（上盘）一组北东走向的隐伏地裂缝出现活动，在地表形成的破裂。这就从本质上将西安地裂缝与现代构造活动产生的全新活断层区别开来，指出了西安地裂缝的活动是西安地区过量开采地下承压水，造成不均匀地面沉降产生的，所以限制开采地下承压水，是控制西安地裂缝灾害的有效方法。

经过多年的勘察、研究资料等表明，西安地裂缝是隐伏地裂缝活动产生的地表破裂，工程勘察中找到隐伏地裂缝的位置，就可以推断出西安地裂缝的地表破裂位置。这给人们从理论和实践上预测西安地裂缝的地表破裂位置提供了可靠保证。

2.3　跨地裂缝建筑物的破坏机理及破坏模式研究

2.3.1　跨地裂缝建筑物的破坏机理

美国学者 Holzer 把美国现代地裂缝分为张裂缝和剪裂缝。张裂缝仅仅是地面上水平张裂开来的地裂缝，它没有剪切运动分量，也即没有垂直于地面的运动；剪裂缝是垂直于地面做剪切运动，由地下流体被抽取后所形成的差异沉降所致。这些介质应力随即向上传至裂缝上的建筑物基础，随着应力的积聚，继续向上传至建筑物体内。

一般来说，地裂缝活动具有长期蠕动和单向位移累加的特征，这种蠕变不产生动力作用，但相当于静力作用下的累积变形。尽管活动速率不高，可是它对于裂缝周围的地质体而言是一种不断的动力源，产生局部形变场和应力场，最终能导致地表土体破裂，并通过应力传递、集中、释放等方式活动，对土体施加张拉应力和剪切应力，变形和破裂一旦形成，再由土体向上传递到地表跨地裂缝建筑物，建筑物受自重应力和构造应力共同作用，使建筑物的地基和基础产生均匀或不均匀沉降、拉裂和错开，引起上部建筑物裂开、错位甚至坍塌，即地裂缝成灾的力源来自地裂缝及下部的断层长期活动的构造应力（包括抽取地下水产生的附加应力）。在这个力源作用下，形成由地基土体-基础-建筑物上部结构自下而上的应力传递、集中和释放的连续变形过程。

通过对西安地裂缝上已有建筑物破坏特征的分析，可以发现，当上盘（南侧）下降以及水平张裂发生小的变形时，地裂缝处的土体就会使结构受到破坏；同时，当建筑物的地基发生不均匀沉降时，也会导致地裂缝上建筑物受损。另外，由于地裂缝的活动，必定会给雨水等地表水提供了顺着地裂缝带渗入其两侧土体内部或者对地裂缝两侧土体的潜蚀作用的机会，使黄土湿陷性产生的附加不均匀沉降加剧了地裂缝上地表建筑物的破坏程度。

2.3.2 跨地裂缝建筑物的破坏模式

根据现有地裂缝的活动特性以及已有地裂缝上建筑物受损实例的理论分析，将地裂缝可能引起其上建筑物的变形破坏模式，按照建筑物跨越地裂缝的方式和位置不同论述如下。

1. 建筑物的一角跨地裂缝

破坏模式按照建筑物的主体部分所处地裂缝的上、下盘位置不同分为两种破坏模式：

（1）"地裂缝绕行"模式

图 2-5 是建筑物主体部分位于地裂缝的上盘，建筑物的一角位于地裂缝下盘的破坏模式，称为"地裂缝绕行"模式。这种破坏模式表面上是地裂缝发展沿跨在它上面的建筑物一角的外沿向前发展，绕行建筑物一角后又与原地裂缝交合。但实际上，并非是地裂缝绕建筑物一角而行。这是因为西安地裂缝上盘（南侧）下降，下盘（北侧）基本稳定，建筑物大部分是位于上盘，随上盘的下降而下沉，建筑物的一角对其下部的地基（也就是基本不发生升降运动的下盘土体）产生竖直向下的剪切作用，局部土体形成了剪切裂缝，该剪切裂缝斜向延伸，并与原有地裂缝相交。剪切裂缝与地面的夹角 α 的值约为：

$$45°<\alpha<45°+\varphi/2$$

根据黄土内摩擦角 φ 的经验值，可以推断出 α 的值小于西安地裂缝的倾角 $70°\sim80°$，所以剪切裂缝必定会和地裂缝交合。

（2）悬空破坏模式

这是建筑物主体部分位于地裂缝的下盘，建筑物的一角位于地裂缝上盘的破坏模式，如图 2-6 所示。表现为建筑物一角失去地基（上盘的土体）的支撑，处于悬空状态，以至于局部发生破坏。这是因为西安地裂缝上盘（南侧）下降，下

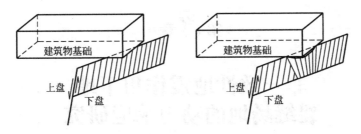

图 2-5 建筑物主体位于地裂缝上盘的地裂缝绕行破坏模式（李宝田，2005）

盘（北侧）基本稳定，建筑物大部分是位于下盘基本保持稳定，随上盘的下降，上盘部分支撑建筑物一角的土体将退出工作，使建筑物一角处于悬空状态。

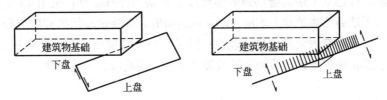

图 2-6 建筑物主体位于地裂缝下盘的地裂缝悬空破坏模式（李宝田，2005）

2. 建筑物的长轴跨地裂缝

破坏模式按照建筑物的长轴与所跨地裂缝走向的夹角不同分为两种破坏模式：

（1）剪切破坏模式

这种破坏模式对应于建筑物的长轴跨越地裂缝，并与其走向有一定的夹角，这也是最为多见的破坏模式。

（2）倾斜破坏模式

这种破坏模式对应于建筑物的长轴走向跨越地裂缝，长轴走向与地裂缝走向基本平行。

2.4 本章结论

本章介绍了西安地区地裂缝分布情况，总结了西安地区地裂缝基本特征，并对西安地裂缝成因进行了分析，研究了跨地裂缝建筑物的破坏机理及破坏模式，为进一步研究高烈度地裂缝环境下结构破坏机理和控制方法奠定基础。

■第**3**章■

非一致性地震作用下地裂缝场地的动力响应研究

本章以西安 f₄ 地裂缝（丈八路-幸福北路地裂缝）为研究对象，运用 ABAQUS 有限元分析软件建立了地裂缝场地的多尺度三维动力计算模型；采用 13 层剪切型土箱，进行了地裂缝场地动力响应振动台试验研究，并将试验结果和数值分析结果进行对比，验证了有限元模型的合理性；同时，结合数值计算与振动台试验结果，分析了地震波特性和场地地质构造对地裂缝场地地震响应的影响规律。

3.1 地裂缝场地的动力响应模拟研究

3.1.1 有限元模型的建立

1. 土层参数

参考《西安地裂缝场地勘察与工程设计规程》的有关规定[87]，以西安市唐延路地下人防工程处的 f₄ 地裂缝场地为研究对象，运用 ABAQUS 有限元软件，采用平面应变单元，考虑地裂缝影响宽度及边界效应的影响，选取尺寸为 200m（长）×96m（深），倾角为 80°的场地模拟实际地裂缝场地进行分析和计算。

关于土层厚度的划分，过去并没有严格的说法。根据以往的模拟经验及实际土层参数，对土层厚度的划分从上往下逐渐增大，共分成 13 层，最小为 2m，最大为 12m，其中底层厚度为 1m，用以模拟岩石层及更好地传播地震波。模型 20m 以内土层的材料参数根据西安唐延路地下人防工程《岩土工程地勘报告》[88] 确定，其他土层的材料参数参照陕西省信息大厦设计资料[89] 确定。土的本构模型采用线性 Drucker-Prager 模型，需定义子午面上的倾角 β，剪胀角 ψ 和屈服应力 σ，具体参数见表 3-1，建立的模型如图 3-1 所示。

土层材料参数 表 3-1

土层号	深度(m)	密度(kg/m³)	泊松比	β(°)	ψ(°)	σ(N/m²)
1	0~2	1600	0.35	38.7	9.3	33 516

续表

土层号	深度(m)	密度(kg/m³)	泊松比	$\beta(°)$	$\psi(°)$	$\sigma(N/m^2)$
2	2~9	1720	0.35	37.9	9.0	55 106
3	9~11	1680	0.34	38.4	9.2	57 131
4	11~15	1780	0.34	38.1	9.1	64 978
5	15~20	1900	0.34	37.5	8.9	74 879
6	20~25	1960	0.32	37.5	8.9	74 879
7	25~35	1990	0.27	38.3	9.2	61 864
8	35~45	1990	0.3	38.7	9.3	52 668
9	45~57	1990	0.33	42.8	11	36 512
10	57~65	1990	0.3	41.3	10.3	75 837
11	65~75	1990	0.3	42.8	11	39 8314
12	75~85	2000	0.3	43.5	11.3	108 881
13	85~95	2000	0.3	44.2	11.7	83 251

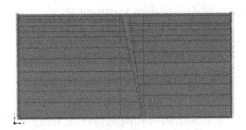

图 3-1 地裂缝场地有限元模型

2. 单元网格划分

本节有限元法的基本思路是：将连续系统分割成有限个分区或单元，对每个单元提出一个近似解，再将所有单元按标准方法组合成一个与原有系统近似的系统。但使用时域有限元分析时，常常会在体系离散化后引起两种不利的效应：一种是"低通效应"，另一种是"频散效应"。因此，必须控制划分单元网格大小以保证数值模拟的精度要求。

王松涛[90] 指出，考虑上、下方向传播的剪切波，单元高度可取为：

$$h \leqslant (1/8 \sim 1/5)\lambda_s \tag{3-1}$$

式中 λ_s——波长，$\lambda_s = v_s/f_{max}$；

v_s——剪切波速；

f_{max}——截取的最大 λ_s 波动频率。

通常，单元水平方向长度可比高度方向尺寸大一些，其主要取决于土层情况 v_s，一般取（3~5）h_{max}。根据场地及地震波的特性，本节 v_s 取为 197m/s，f_{max} 取为 30Hz。则：

$$h \leqslant (1/8 \sim 1/5) \frac{v_s}{f_{max}} = (1/8 \sim 1/5) \frac{197}{30} = 0.82 \sim 1.3 \text{m} \tag{3-2}$$

取 $h = 1$m，共划分 19 337 个单元。

3. 边界条件

用有限元软件分析场地地震反应时，需从半无限的地球介质中切取感兴趣的有限计算区域。在切取的边界上需建立人工边界以模拟连续介质的辐射阻尼，以保证在非均匀土介质中产生的散射波从有限计算区域内部穿过人工边界而不发生反射。本节模型按刘晶波研究成果[91]确定黏弹性人工边界，其基本思想是在人工边界上设置弹簧-阻尼器系统。法向与切向的弹簧刚度和阻尼系数按下式取值：

$$K_{BN} = \alpha_N \frac{G}{R}, \quad C_{BN} = \rho c_p \tag{3-3}$$

$$K_{BT} = \alpha_T \frac{G}{R}, \quad C_{BT} = \rho c_s \tag{3-4}$$

式中　K_{BN}、K_{BT}——分别为弹簧法向与切向刚度；

　　　　C_{BN}、C_{BT}——分别为弹簧法向与切向阻尼；

　　　　R——波源至人工边界点的距离；

　　　　c_s、c_p——分别为 S 波和 P 波波速；

　　　　G——介质剪切模量；

　　　　ρ——介质质量密度；

　　　　α_N、α_T——分别为法向与切向黏弹性人工边界修正系数。

模型土体黏弹性边界条件参数取值见表 3-2。

土体边界条件参数　　　　　　　　　　　　　　　　表 3-2

土层号	剪切模量 (MPa)	剪切波速 (m/s)	压缩波速 (m/s)	K_{BN} (N/m)	C_{BN} (Ns/m)	K_{BT} (N/m)	C_{BT} (Ns/m)
1	62.16	197	410	559 977	656 474	279 989	315 360
2	100.40	242	503	904 481	865 040	452 240	415 552
3	113.74	260	528	1 024 710	887 827	512 355	437 136
4	138.66	279	567	1 249 156	1 009 002	624 578	496 798
5	164.56	294	598	1 482 556	1 135 680	741 278	559 170
6	194.48	315	612	1 752 081	120 010	876 041	617 400
7	238.51	346	617	2 148 742	1 227 376	1 074 371	688 938
8	310.49	395	739	2 797 205	1 470 565	1 398 602	786 050
9	341.08	414	822	3 072 775	1 635 560	1 536 388	823 860
10	401.19	449	840	3 614 288	1 671 604	1 807 144	893 510
11	489.57	496	928	4 410 557	1 846 583	2 205 279	987 040

续表

土层号	剪切模量 (MPa)	剪切波速 (m/s)	压缩波速 (m/s)	K_{BN} (N/m)	C_{BN} (Ns/m)	K_{BT} (N/m)	C_{BT} (Ns/m)
12	570.31	534	999	5 137 946	1 998 045	2 568 973	1 068 000
13	629.44	561	1050	5 670 649	2 099 070	2 835 324	1 122 000
14	720.00	600	1122	6 486 486	2 244 994	3 243 243	1 200 000

3.1.2 地震动的输入

地震动记录是场地地震反应研究的基础。以往对地裂缝场地的地震效应研究，基本上都是根据场地类别、地震分组选出地震波，再将这地震波输入到模型底部。然而，地裂缝场地的深度一般都达几十米或者深至基岩，根据场地选出的波经过场地的滤波和放大作用后，再作为土体底部的地震波，其合理性值得怀疑。相反，由于基岩地震波没有经过土体的滤波和放大作用，且频率范围广，采用基岩地震波作为深厚土层场地的输入地震动较为合理。作者从美国太平洋地震工程研究中心（PEER）的 NGA 地震动记录中选取了 6 条有代表性的水平向自由场基岩场地的地震动加速度记录，震中距为 8.5～45.6km，所有的地震都是浅震，计算用基岩地震动见表 3-3。考虑到土体的放大作用并参考《建筑抗震设计规范》[92] 的说明，最终地震动的峰值加速度强度选取为 0.05g、0.1g 及 0.2g，近似代表多遇地震、设防地震及罕遇地震。

计算用地震动记录一览表   表 3-3

地震编号	地震名称	发震时间	记录台站	距离(km)	持时(s)
P0227	Anza	1980.02.25 10:47	Pinyon	13	10.3
P0514	N. Palm Springs	1986.07.08 09:20	5224Abza	45.6	11.0
P0559	Chalfant Valley	1986.07.21 14:51	Tinemaha Res	40.6	23.4
P0715	Whittier Narrows	1987.10.04 10:59	24399 Mt Wilson	20.4	15.2
P0806	Cape Mendocino	1992.04.25 18:06	89005 Cape Mendocino	8.5	13.9
P0915	Northridge	1994.01.17 12:31	LA-Wonderland	22.7	19.5

3.1.3 地裂缝带的模拟

随着地裂缝的形成和发展，地裂缝场地上下两盘产生错动并在上下两盘形成了地裂缝带。根据研究者所做的有限元分析和地质勘查试验，地裂缝带土跟非地裂缝带土的物理力学性质存在显著的差异，且这种差异会对地裂缝场地动力响应的结果有显著影响。

对于地裂缝场地的有限元模拟，以往研究者们仅通过把场地直接断开，并考虑上下两盘的接触来模拟地裂缝，而没有模拟由于上下盘错动引起的土层结构差异及弱化的地裂缝带土体。这种处理方法必然使计算结果有别于实际情况，即地震作用下上下两盘相互作用（碰撞）而产生的力学响应结果。根据研究[93-96]所得成果，对上盘地表处的地裂缝带宽度取 5m，下盘取 3m，地裂缝带从地表到基岩逐渐尖灭；对地裂缝带土体，其剪切模量考虑 15％劣化来模拟弱化的地裂缝带，上下两盘的接触面采用硬接触，切向摩擦系数取为 0.3。为验证地裂缝带在上下两盘相互作用中所起的作用，分别建立考虑地裂缝带和不考虑地裂缝带的地裂缝场地有限元模型，输入 0.1g 地震动强度的 P0227 波进行试算，地表上下两盘地裂缝处的加速度时程曲线见图 3-2 和图 3-3。

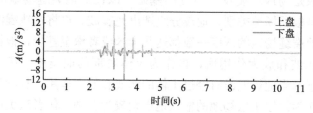

图 3-2　不考虑地裂缝带的加速度时程

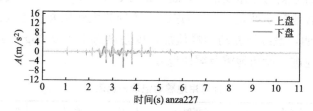

图 3-3　考虑地裂缝带的加速度时程

由图 3-2 和图 3-3 可知，是否考虑地裂缝带的存在并不改变场地地表的加速度时程曲线的形状。但弱化的地裂缝带的存在，使得地震荷载作用下上下两盘的峰值加速度较不考虑地裂缝带时减小，地裂缝带对上下两盘的相互碰撞起缓冲作用。因此，过去不考虑地裂缝带的做法会高估地裂缝场地由于上下两盘碰撞引起的加速度放大效应。

3.1.4　地裂缝场地的动力效应分析

1. 监测点布置

根据西安地裂缝《规程》[87] 中的地裂缝带宽度限值及场地动力边界效应的因素，选取地裂缝两侧各 50m 作为监控区域。结合《建筑地基基础设计规范》[97] 中基础埋深不宜小于 0.5m 的要求，选取地表下 1m 作为监测点。因此，最终选取的监控区域为地表下 1m 处地裂缝两侧各 50m，监测点编号如图 3-4 所示。

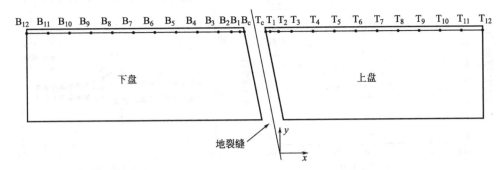

图 3-4　地裂缝场地模型监测点示意图

图 3-4 上下两盘监测点各 13 个,其具体编号原则为:上盘地裂缝处的监测点编号为 T_c,下盘为 B_c;上盘监测点编号从地裂缝右侧到地裂缝右侧 50m 处依次为 $T_1 \sim T_{12}$,下盘监测点从地裂缝左侧到地裂缝左侧 50m 处依次为 $B_1 \sim B_{12}$(监测点编号 T 代表上盘,B 代表下盘,c 代表地裂缝)。上下两盘监测点在地裂缝两侧对称设置,其监测点的布置原则为:测点 B_1 与 B_c、T_1 与 T_c 的间距为 2m;测点 B_2 与 B_1、T_2 与 T_1 的间距为 3m;其余测点的间距均为 5m。

2. 地裂缝场地加速度放大效应研究

根据 $B_1 \sim B_{12}$ 及 $T_1 \sim T_{12}$ 测点的加速度时程曲线,将各测点正向峰值加速度 A_{max} 和负向峰值加速度 A_{min} 绘制成曲线进行分析。

图 3-5 为不同地震动强度地震波作用下地裂缝场地各测点正负向峰值加速度。由图 3-5 可知:各地震波输入下地裂缝场地地表正负向峰值加速度均在地裂缝处最大,并从地裂缝处向两侧递减且上盘峰值加速度的衰减较下盘缓慢;在地裂缝附近,各地震波输入下地表加速度响应普遍均为上盘的峰值加速度方向沿正向,下盘的峰值加速度方向沿负向,且上盘的峰值加速度普遍大于下盘的峰值加速度;随着地震动强度的增加,不同地震波作用下各测点峰值加速度的变化规律大不相同,差异较大;另外,从峰值加速度来看,上盘影响范围比下盘大。

3. 引起地裂缝场地放大效应及上下盘效应的原因分析

从上述的分析可以看到,地裂缝场地地裂缝处的峰值加速度存在放大的现象。其中:地裂缝附近的上盘峰值加速度基本上都比下盘的峰值加速度大,而且地裂缝附近的上盘峰值加速度的方向也基本都为正向,下盘都为负向,表现出明显的上下盘效应。限于篇幅,仅选取 0.1g 的 P0227 和 P0715 波作用下的地裂缝场地峰值加速度作为研究对象。为了研究真实情况及避免地震动延时,选取上下盘的相互作用点,即地裂缝处的 T_c、B_c 点作为研究对象。地震波的位移时程曲线及 T_c、B_c 测点的加速度时程曲线如图 3-6~图 3-9 所示。

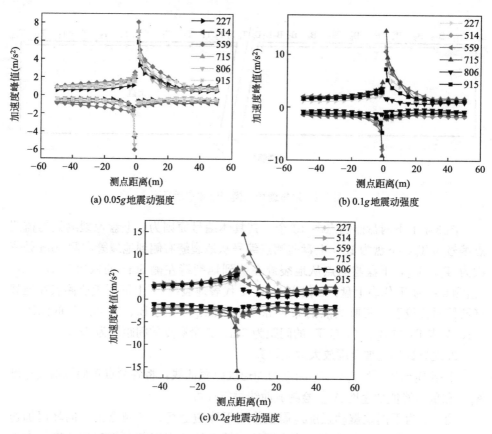

(a) 0.05g地震动强度

(b) 0.1g地震动强度

(c) 0.2g地震动强度

图 3-5　不同地震动强度地震波作用下地裂缝场地各测点正负向峰值加速度

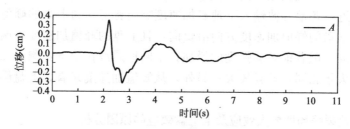

图 3-6　P0227 地震波位移时程

　　对比地震波加速度时程图 3-7、图 3-9 可知：P0715 及 P0227 地震波作用下，上下两盘峰值多次同时突变，其中上盘突变后加速度方向沿正向，下盘突变后加速度方向沿负向，这是由地裂缝场地上下两盘的位移响应差异导致在地震过程中上下两盘的相互碰撞而引起的。

　　对比图 3-6～图 3-9 可知：P0227 地震波的位移时程在 2.0～3.5s 期间穿越位移零点较频繁，此区间也是 T_c、B_c 测点加速度突变较大的区间；同样，P0715

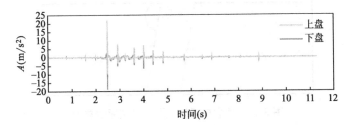

图 3-7　P0227 地震波输入下 T_c、B_c 测点加速度时程曲线

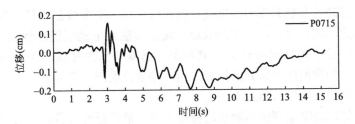

图 3-8　P0715 地震波位移时程曲线

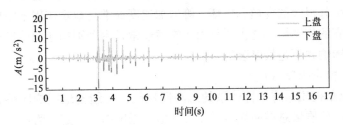

图 3-9　P0715 地震波输入下 T_c、B_c 测点加速度时程曲线

地震波的位移时程在 2.5～5.5s 期间穿越位移零点较频繁，此区间也是 T_c、B_c 测点加速度突变较大的区间。作者认为地震波位移曲线频繁穿过位移零点，导致上下两盘有更多的机会发生碰撞且碰撞更剧烈。

综上分析可知，地裂缝场地地表的峰值加速度突变是由上下两盘相互碰撞产生的，现绘出上下两盘相互碰撞的受力简图如图 3-10 所示。从图 3-10 可以看出：在地裂缝带的地表附近，上下两盘由于位移响应差异会引起相互碰撞并产生一对作用力和反作用力。受到撞击力的影响，在碰撞的瞬间上盘会产生一个很大的正向加速度，下盘则产生一个很大的反向加速度。同时，从图 3-10 中可看到，由于受到地裂缝倾角的影响，上下盘的影响范围并不一样，表现为上盘的影响范围小，下盘的影响范围大。因此，碰撞后作用在上盘的撞击力所要抵抗的阻力和作用的质量都要比下盘小，使得上盘更容易获得较大的峰值加速度。

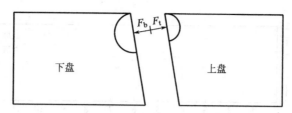

图 3-10 地裂缝场地上下两盘碰撞示意图

3.1.5 地震动参数

评估地震动的参数有很多，但就目前而言单独一个参数是不足以准确地描述地裂缝的动力响应，对此，本节选取地震波正向输入下地裂缝场地 B_4、B_2、B_c、T_c、T_2 和 T_4 测点的地震波作为研究对象，选取峰值加速度、Arias 能量强度、卓越周期和平均周期作为研究的指标，用来评价地裂缝的破坏。

1. 地面峰值加速度（PGA）

地面峰值加速度是评价地面运动特征中使用最广泛的参数，主要是由于其能够比较容易地运用到结构分析中。同时，加速度计的发明也使峰值加速度成为一个最可靠的测量参数。但是，对结构来说，输入地震动峰值加速度很大而持时不长时并不会引起很大的变形和破坏，峰值加速度通常与地震作用下结构的损伤水平并没有较高的相关性。这主要是由于峰值通常是由个别加速度脉冲所引起，对结构响应的影响并不是最显著的。

2. Arias 能量强度（I_A）

Arias 以单位质量弹塑性体系的总滞回耗能作为结构地震响应参数，提出了一个与结构单位质量总滞回耗能量相关的地震强度指标，定义为：

$$I_A = \frac{\pi}{2g} \int_0^{t_d} a^2(t) \, dt \tag{3-5}$$

式中　g——重力加速度；

　　　t_d——地面运动记录总持时；

$a(t)$——地面运动加速度。

I_A 是目前研究地震动参数中使用较多的地面运动参数指标，I_A 与时间的函数图形称为 Husid 图，Husid 图的斜率反映了地震动能量释放的速度。Bommer 等研究表明具有相似能量水平的地面运动，持时越短则损伤越严重，即对应的 Husid 图的斜率越大则损伤越严重[98]。

为考察结构能量反应与地震动参数之间的相关性，王德才[99] 使用 694 条地震动记录，进行了周期范围为 0.05～6s，阻尼比为 5% 的弹性 SDOF 体系和弹塑性体系的输入能量谱分析，结果表明 Arias 能量强度与结构输入能量有较好的相关性。

3. 卓越周期 T_p 和平均周期 T_m

频谱特性作为地震动记录的三要素之一，是反映地震动记录对结构损伤破坏势的重要方面。目前采用较多的、反映地震动频谱特性的参数有基于反应谱进行定义的参数［如卓越周期（T_p），特征周期（T_g）等］和直接基于地震动记录本身进行定义的参数［如平均周期（T_m）等］。

地震动记录的卓越周期是阻尼比为 5% 的弹性体系加速度反应谱峰值所对应的周期点，反映了地震动记录对结构响应影响最大的周期点（T_{pa}）[99]。Rathje 等采用 20 次地震中的 306 条强震记录，计算其卓越周期 T_p 和平均周期 T_m，并建立了不同类型周期与震级、震中距和场地之间的关系式[100]。

3.1.6 地裂缝场地的频谱特性

表 3-4～表 3-6 是在 0.05g、0.1g 和 0.2g 地震动强度输入下，B_4、B_2、B_c、T_c、T_2 和 T_4 测点的地震波时程的卓越周期和平均周期计算值。

0.05g 地震动强度不同地震波作用下地
表各测点的卓越周期和平均周期（s）　　　　表 3-4

地震波编号	周期(s)	普通场地	地裂缝下盘测点			地裂缝上盘测点		
			B_4	B_2	B_c	T_c	T_2	T_4
P0559	卓越周期	0.42	0.38	0.38	0.02	0.02	0.04	0.38
	平均周期	0.52	0.49	0.45	0.44	0.42	0.44	0.50
P0514	卓越周期	0.2	0.16	0.16	0.02	0.02	0.16	0.18
	平均周期	0.22	0.25	0.22	0.2	0.18	0.20	0.24
P0227	卓越周期	0.2	0.36	0.34	0.02	0.02	0.04	0.18
	平均周期	0.3	0.32	0.28	0.26	0.23	0.25	0.28
P0229	卓越周期	0.3	0.26	0.04	0.02	0.02	0.04	0.06
	平均周期	0.4	0.35	0.32	0.31	0.25	0.27	0.33
P0806	卓越周期	0.22	0.24	0.14	0.02	0.02	0.04	0.26
	平均周期	0.30	0.30	0.26	0.24	0.21	0.24	0.33
P0915	卓越周期	0.20	0.36	0.16	0.02	0.02	0.04	0.06
	平均周期	0.40	0.38	0.21	0.31	0.29	0.32	0.40
P0715	卓越周期	0.20	0.16	0.16	0.02	0.02	0.12	0.14
	平均周期	0.23	0.23	0.21	0.2	0.16	0.17	0.24

0.1g 地震动强度不同地震波作用下

地表各测点的卓越周期和平均周期（s） 表 3-5

工况编号	周期(s)	普通场地	地裂缝下盘测点			地裂缝上盘测点		
			B_4	B_2	B_c	T_c	T_2	T_4
P0559	卓越周期	0.44	0.42	0.42	0.02	0.02	0.04	0.18
	平均周期	0.51	0.50	0.44	0.42	0.4	0.42	0.47
P0514	卓越周期	0.20	0.16	0.16	0.02	0.02	0.16	0.18
	平均周期	0.22	0.24	0.21	0.20	0.19	0.20	0.26
P0227	卓越周期	0.20	0.36	0.34	0.02	0.02	0.04	0.16
	平均周期	0.29	0.32	0.28	0.26	0.23	0.25	0.28
P0229	卓越周期	0.26	0.26	0.22	0.02	0.02	0.04	0.06
	平均周期	0.40	0.37	0.34	0.32	0.30	0.32	0.37
P0806	卓越周期	0.22	0.26	0.24	0.24	0.16	0.22	0.38
	平均周期	0.29	0.30	0.26	0.25	0.25	0.32	0.39
P0915	卓越周期	0.24	0.34	0.02	0.02	0.02	0.22	0.38
	平均周期	0.38	0.37	0.32	0.30	0.29	0.32	0.39
P0715	卓越周期	0.20	0.16	0.16	0.02	0.02	0.12	0.14
	平均周期	0.23	0.23	0.21	0.20	0.16	0.17	0.24

0.2g 地震动强度不同地震波作用下

地表各测点的卓越周期和平均周期（s） 表 3-6

工况编号	周期(s)	普通场地	地裂缝下盘测点			地裂缝上盘测点		
			B_4	B_2	B_c	T_c	T_2	T_4
P0559	卓越周期	0.44	0.44	0.44	0.44	0.32	0.32	0.44
	平均周期	0.48	0.48	0.42	0.40	0.41	0.44	0.51
P0514	卓越周期	0.20	0.20	0.20	0.20	0.16	0.16	0.20
	平均周期	0.21	0.24	0.21	0.20	0.20	0.22	0.29
P0227	卓越周期	0.20	0.36	0.12	0.02	0.02	0.04	0.08
	平均周期	0.28	0.32	0.28	0.26	0.25	0.27	0.30
P0229	卓越周期	0.20	0.36	0.20	0.20	0.20	0.42	0.40
	平均周期	0.37	0.37	0.34	0.32	0.35	0.37	0.43
P0806	卓越周期	0.16	0.26	0.26	0.20	0.16	0.16	0.26
	平均周期	0.26	0.29	0.25	0.24	0.24	0.25	0.35
P0915	卓越周期	0.24	0.34	0.22	0.22	0.22	0.32	0.32
	平均周期	0.34	0.37	0.32	0.31	0.32	0.35	0.44

续表

工况编号	周期(s)	普通场地	地裂缝下盘测点			地裂缝上盘测点		
			B_4	B_2	B_c	T_c	T_2	T_4
P0715	卓越周期	0.20	0.16	0.16	0.02	0.02	0.16	0.16
	平均周期	0.23	0.24	0.22	0.20	0.18	0.20	0.26

通过表3-4分析数据得出：

（1）不同地震动强度输入下，除个别工况外，地裂缝场地地表地震动的卓越周期和平均周期基本上都在地裂缝处达到最小，从地裂缝处向两侧递增。其规律与地表加速度分布规律相反，说明地震作用下，越靠近地裂缝的地表加速度变化越频繁，从地裂缝处向两侧逐渐趋于稳定。

（2）在地震作用下，除个别工况外，地裂缝场地下盘的卓越周期和平均周期均略大于或等于上盘。

（3）在0.05g和0.1g强度下，B_c、T_c测点的卓越周期均远小于普通场地；在0.2g地震动强度输入中，除P0227、P0715地震波作用下，地裂缝处B_c、T_c测点的卓越周期与普通场地比较接近。这是因为在较小地震动强度下，大部分工况的地裂缝场地地表峰值加速度突变是由于碰撞产生的。由于碰撞的时间极短、产生的加速度很大，阻尼比为5%的弹性体系加速度反应谱峰值所对应的周期点趋向于碰撞的持续时间。相对于卓越周期而言，地裂缝处B_c、T_c测点的平均周期与普通场地差距较小，两者差距随着输入地震动强度的增大而减小。这也说明地裂缝场地上下两盘的碰撞次数并不多而且是短暂的，因此地裂缝场地的平均周期与普通场地的差距并没有卓越周期和峰值加速度大。

3.1.7 地裂缝场地地表地震波的能量研究

1. 地裂缝场地地表地震波的能量分析

为了着重研究地裂缝场地地表地震波能量与普通场地的相对关系，仅以能量放大系数和加速度放大系数作研究。能量放大系数θ定义为：地裂缝场地地表地震波能量与普通场地地表地震波能量的比值；加速度放大系数λ定义为：地裂缝场地峰值加速度与普通场地峰值加速度的比值。根据B_5、B_3、B_1、T_1、T_3和T_5测点的地震波时程，按式（3-5）求得0.05g、0.1g和0.2g地震动强度输入下地裂缝场地及普通场地各测点的地震波能量，并计算能量放大系数，各工况下的计算结果见图3-11～图3-13。

分析图3-11～图3-13可知：

（1）总体上看，不同地震动强度下，地裂缝场地地表地震波能量普遍大于普通场地地表的地震波能量，能量最大放大6.5倍；地震波能量均在地裂缝处最大，从地裂缝处向两侧递减，其规律与地裂缝场地地表加速度分布规律一致，说

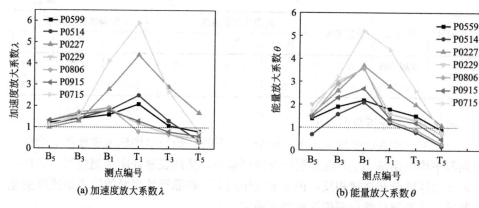

(a) 加速度放大系数λ (b) 能量放大系数θ

图 3-11　0.05g 地震动强度不同地震激励下地表各测点放大系数

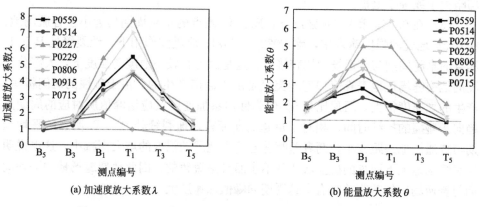

(a) 加速度放大系数λ (b) 能量放大系数θ

图 3-12　0.1g 地震动强度不同地震激励下地表各测点放大系数

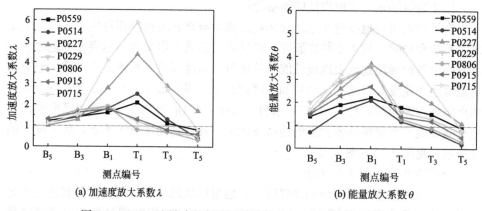

(a) 加速度放大系数λ (b) 能量放大系数θ

图 3-13　0.2g 地震动强度不同地震激励下地表各测点放大系数

明地震作用下，地裂缝场地地震波的能量随着峰值加速度的增大而增大，但增大的幅度不同。

（2）在地震波作用下，上、下盘位置对应的地表测点，75%的测点上盘的峰值加速度比下盘测点大，而88%的测点上盘能量放大系数比下盘小。仅在0.2g地震动强度作用下，上盘加速度放大系数与能量放大系数的变化趋势基本相同。

（3）部分工况的部分测点出现以下两种情况：①地裂缝场地的峰值加速度较普通场地大而能量却较普通场地小；②地裂缝场地的峰值加速度较普通场地小而能量却较普通场地大。

2. 用峰值加速度评定地裂缝场地地震波能量的可行性研究

根据公式（3-5）可知，对于同一地震动，加速度幅值的整体放大将会使地震动能量呈二次方倍数放大。但分析结果显示，地裂缝场地峰值加速度的放大系数与能量的放大系数并不符合这个规律。地裂缝场地上下两盘在地表碰撞会使测点地震波的峰值加速度较普通场地放大许多，而从地裂缝场地的加速度的放大原因及其卓越周期的分析中可知，碰撞引起的峰值加速度持时均很短。因此，有必要进一步研究仅用峰值加速度来评定地裂缝场地的地震强度是否合适。

普通场地的结构进行时程分析时，一般的做法是将地震波的峰值加速度调整至对应烈度的幅值来反映地震的强度。这种做法是否适用于地裂缝场地的结构取决于地裂缝场地地震波的峰值加速度是否与地震动能量有较高的相关性。本节将普通场地地震波的峰值加速度调整至相同地震波输入下的地裂缝场地上下两盘地表 B_5、B_3、B_1、T_1、T_3 和 T_5 的峰值加速度，计算出此时地震波的能量，以此作为衡量标准，并将计算所得的"普通场地能量"与地裂缝场地测点的地震波能量做比较。其中，能量放大系数小于1代表用峰值加速度评定地裂缝场地的地震动能量时高估了地震动的能量，而能量放大系数大于1则表示低估了地震动的能量。将能量放大系数与加速度放大系数的计算结果拟合成曲线，由图3-14可知：

（1）B_1、T_1 测点的能量放大系数基本上随着加速度放大系数增大呈指数递减，其中有77%的能量放大系数小于1。加速度放大系数小于1时，能量放大系数明显大于1，最大值为1.78；加速度放大系数在1~2区间时，大部分数据的能量放大系数小于1；加速度放大系数大于2时，能量放大系数明显小于1，最小值为0.03。

（2）B_3、T_3 测点的能量放大系数与加速度放大系数之间的函数曲线拟合效果很差，表明两者间的变化无明显规律，但总体上仍呈递减趋势，其中有52%的能量放大系数小于1。加速度放大系数小于2时，大部分数据的能量放大系数大于1；加速度放大系数大于2时，能量放大系数明显小于1，最小值为0.22。

（3）B_5、T_5 测点的能量放大系数与加速度放大系数之间的函数曲线拟合效果很差,表明两者间的变化无明显规律,但总体上仍呈递减趋势,其中有48%的能量放大系数小于1。速度放大系数小于1.5时,能量放大系数的分布规律不明显;加速度放大系数大于1.5时,能量放大系数明显小于1,最小值为0.17。

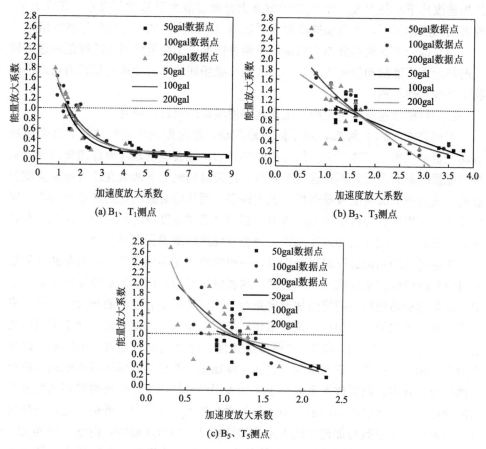

图3-14　各测点加速度放大系数-能量放大系数拟合曲线

(4) 能量放大系数随着加速度放大系数增大而减小会出现两个极端,一是地裂缝场地加速度较普通场地放大越多,越会高估地震波的能量,尤其是在某些工况下测点的加速度放大系数达到8.8,而能量放大系数仅为0.02,相当于高估了50倍的地震波能量;二是地裂缝场地加速度较普通场地减小越多,越会低估地震波的能量。因此,尽管地裂缝场地的峰值加速度较普通场地放大了很多,但实际地震动的能量并没有放大很多,而峰值加速度较普通场地减小,并不代表地震动破坏能力会降低。

综合以上分析,对于地裂缝场地,仅通过地表地震波的峰值加速度来评估其对结构的潜在破坏是不完善的,应根据地震动的能量大小进一步对结构进行能量反应分析来评估地震动对结构的破坏能力。

3.2　地裂缝场地动力响应振动台试验研究

本节以西安 f_4 地裂缝为例，采用13层剪切型土箱，进行了地裂缝场地动力响应振动台试验。根据试验数据与理论分析结果的比较，分析了沿深度方向不同场地地震波对峰值加速度的影响，找出了在地裂缝环境下地表峰值加速度在不同参数影响下的变化规律。

针对地裂缝的研究，目前仅采用 PGA 唯一指标来评定地裂缝场地动力响应的实际情况，本节将地裂缝场地地面运动峰值加速度（PGA）、地面运动峰值速度（PGV）及地面运动峰值位移（PGD）三者结合起来，通过对其三者变化规律的研究，进一步揭示地裂缝场地动力响应机理，为地裂缝场地建筑物的防护及建设提供科学依据。

3.2.1　试验设计

1.试验概况和试验土的性质

参考《西安 f_4 地裂缝岩土工程勘察报告》，本次试验在土层布置上进行了简化，使其更清晰且有代表性。土体共分为3层，从地表往下依次分为黄土层、古土壤层和粉质黏土层，简化后的地裂缝原型场地如图 3-15 所示。模型各层物理力学参数如表 3-7 所示。根据地裂缝场地的地质构造特征，并考虑地裂缝上、下盘破坏区宽度及试验设备承载力等因素，确定原型土体尺寸为 45m（长）× 22.5m（宽）×22.5m（深），地裂缝倾角为80°，不同土层之间有明显错层，原型土体各层的物理力学参数如表 3-8 所示。

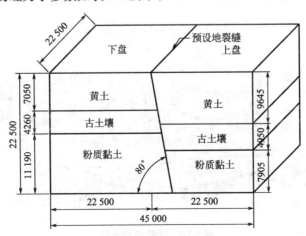

图 3-15　地裂缝场地地层结构示意图（单位：mm）

模型各层物理力学参数 表 3-7

土层	含水率 $w(\%)$	饱和度 $S_r(\%)$	重度 $\rho(kg \cdot m^{-3})$	黏聚力 $c(kPa)$	内摩擦角 $\phi(°)$	弹性模量 $E(MPa)$
黄土	23.5	67	1.68	6.40	27.6	39.48
古土壤	22.9	75	1.78	6.53	27.3	49.83
粉质黏土	25.2	91	1.90	6.00	26.6	58.37

注：泊松比 $\nu=0.34$。

地裂缝场地各土层的物理力学参数 表 3-8

土层类别	含水率 (%)	饱和度 (%)	天然密度 (kg/m³)	黏聚力 (kPa)	内摩擦角 (°)	压缩模量 (MPa)	剪切波速 (m/s)	剪切模量 (MPa)	弹性模量 (MPa)	泊松比
黄土	23.5	67	1.71	48	27.6	8.01	256.45	110.49	39.48	0.34
古土壤	22.9	75	1.82	49	27.3	6.72	279.90	139.45	49.83	0.34
粉质黏土	25.2	91	1.94	45	26.6	7.07	293.20	163.34	58.37	0.34

本次试验设计的层状剪切型土箱如图 3-16 所示。土箱内径尺寸为 3.0m（长）×1.5m（宽）×1.5m（高），只考虑一个方向的剪切变形；土箱是由 13 层矩形钢框架叠合而成，钢框架高度为 100mm；为了保证钢框架与箱内土体运动一致，在两层钢框架之间沿振动方向布置 6 个滚轴，滚轴高度为 12mm；同时，为了限制土箱的转动，沿长度方向焊接 4 根立柱，并在立柱与钢框架接触面上布置滚轴；最后，为了将土箱固定在振动台面上且方便吊装，在土箱四周焊接吊装框架。试验采用剪切型土箱并不能完全消除边界效应对试验结果的影响，因此，仍需在模型土箱内做一些特殊设置将边界效应降到最低。通常将土箱的边界分为 3 类：摩擦边界、柔性边界和滑动边界[101]，如图 3-17 所示。

图 3-16 试验模型土箱

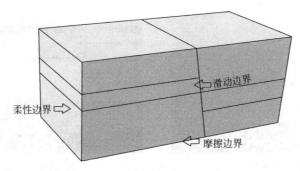

图 3-17　模型箱边界示意图

　　摩擦边界是指模型土体和土箱底部之间的边界面。地震波由土箱底部输入，在振动过程中需要保证模型土体与土箱底板之间黏结较好，没有相对滑动。试验中在土箱底面固定宽 30mm 间隔为 300mm 的 4 根方木，相当于防滑条，以此来增大接触面的摩擦力，如图 3-18（a）所示。

　　柔性边界是指土箱垂直于振动方向的两个侧面。该边界限制了地震波的自由传播，会在土箱内壁处形成反射波和散射波，使得模型土体的响应与真实场地的响应有很大的差异。在土箱内壁粘贴一层聚苯乙烯泡沫塑料板（柔性材料）可以最大限度地减小边界效应的影响，柔性材料的弹性模量太大或太小对试验结果的影响都比较大。当柔性材料弹性模量为土体弹模的 2.5 倍时可以有效地减小边界效应的影响[102]。因此，根据材料参数及材性试验确定聚苯乙烯泡沫塑料板的厚度为 50mm，如图 3-18（b）所示。

　　滑动边界是指土箱平行于振动方向的两个侧面。土箱侧向内表面与模型土体之间存在很大的摩擦力，约束土体在振动方向的自由变形，使得模型土体的刚度变大。为减少滑动边界的影响，且防止土颗粒和水分在模型制作及试验过程中渗漏，在土箱内表面铺设一层 2mm 厚的橡胶薄膜内衬，材料长度与土箱表面尺寸一致。将橡胶薄膜内衬用胶水固定在土箱内表面，同时在平行振动方向的两个内衬面上涂抹润滑油以减小土箱与土体之间的摩擦，如图 3-18（c）所示。土箱整体边界效应措施如图 3-18（d）所示。

　　2.模型设计

　　模型几何相似比 S_l 选定为 1/15、质量密度相似比 $S_\rho = S_E / (S_l \cdot S_a) = 1$、弹性模量相似比 $S_E = S_l \cdot S_\rho \cdot S_a = 2/15$，根据 Bockingham π 定理推导出其他物理量的相似比如表 3-9 所示。$S_\sigma = 2/15$，$S_\varepsilon = 1$，$S_\varphi = 1$，$S_u = 1$，$S_c = 2/15$，$S_a = 2$，$S_t = \sqrt{30}/30$，$S_f = \sqrt{30}$。其中，σ、ε 为模型土的应力与应变；φ 为模型土的内摩擦角；u 为模型位移；c 为模型土黏聚力；a 为加速度；t 为时间；f 为频率。由于土的弹性模量在大应变条件下测量困难，因此模型土的弹性模量相似要求难以保证，所以适当放松弹性恢复力要求[103]。

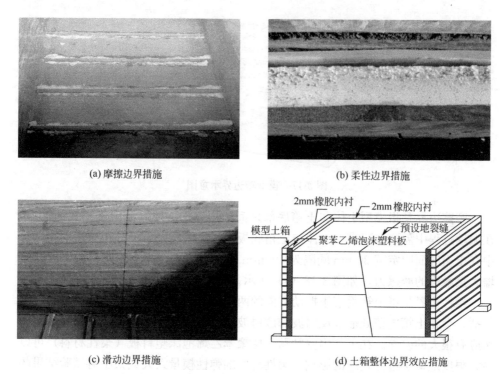

(a) 摩擦边界措施

(b) 柔性边界措施

(c) 滑动边界措施

(d) 土箱整体边界效应措施

图 3-18   边界处理示意图

考虑到土体物理力学特性的复杂性，若采用其他材料与土壤进行配比即使可以满足相似关系要求，也会改变土体本身的性质，造成模型土体失真，影响其动力响应的真实性。因此在进行地裂缝场地动力响应的振动台试验时，采用西安地裂缝 f_4 附近采集的土体进行重塑来模拟模型土体，原状土的颗粒级配曲线如图 3-19 所示。通过进行室内密度试验、含水率试验、直剪试验和击实试验来控制本次试验土样的主要参数（图 3-20），主要试验参数指标如表 3-10 所示。

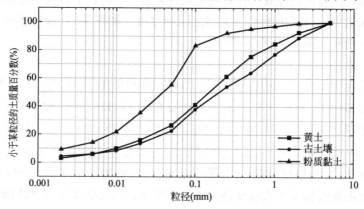

图 3-19   土颗粒级配曲线

图 3-20 压缩试验和直剪试验

振动台模型试验相似关系及相似比 表 3-9

类型	物理量	相似关系	相似比	
几何特征	长度 l	S_l	0.066 7	尺寸控制
材料特征	密度 ρ	$S_\rho = S_E/(S_l \cdot S_a)$	1	材料控制
	含水量 w	S_w	1	
	弹性模量 E	$S_E = S_\rho \cdot S_l \cdot S_a$	0.133 3	
	剪切模量 G	$S_G = S_E$	0.133 3	
	内摩擦角 φ	S_φ	1	
	泊松比 ν	S_ν	1	
	黏聚力 c	$S_c = S_l \cdot S_\rho$	0.133 3	
动力特征	线位移 d	$S_d = S_l$	0.066 7	试验控制
	应变 ε	$S_\varepsilon = S_l \cdot S_a \cdot S_\rho/S_E$	1	
	应力 σ	$S_\sigma = S_E \cdot S_\varepsilon$	0.133 3	
	时间 t	$S_t = 1/\sqrt{S_l \cdot (S_\rho/S_E)}$	0.182 6	
	加速度 a	$S_a = S_E/(S_\rho \cdot S_l)$	2	
	频率 f	$S_f = 1/S_t$	5.477 2	

模型土体主要控制的土体物理力学参数 表 3-10

岩土名称	含水率 (%)	密度 (kg/m³)	泊松比	剪切模量 (MPa)
黄土	23.5	1.68	0.34	110.49
古土壤	22.9	1.78	0.34	139.45
粉质黏土	25.2	1.90	0.34	163.34
地裂缝内土质	23.91	1.76	0.34	93.92

3. 模型制作

地裂缝场地模型的具体工艺流程如图 3-21 所示。将采集的土质进行晾晒以确保土颗粒的含水率均匀，并剔除土中杂质；然后将土颗粒用5mm的筛网过筛后装袋，以便后期水分与土颗粒均匀地配比；为保证模型土装填后可均匀夯实，在制作过程中分层填筑、分层夯实，夯实高度根据压实工具定为200mm；由于每层土体夯实后体积固定，根据表3-10中参数确定每层土体所需的土体重量和含水率，并用喷壶进行均匀喷洒即可满足模型含水率分布均匀，装填后将其夯实至固定高度即可控制模型土的密度；在土体装填前，先用长1.5m，厚20mm，宽200mm的木板固定在预留地裂缝位置，当土层夯实到预定高度后抽出木板，在预设位置处填充细粉砂和熟石灰的混合物，填充高度为200mm；下层土体夯实完成后，将其表面土体用铁刷打毛，可以保证两层土体之间较好的黏结，重复操作以上过程，直至模型土体制作完毕。试验模型如图3-22所示。

|(a) 晾晒|(b) 过筛|(c) 洒水搅拌|
|(d) 夯实|(e) 预埋木板|(f) 填充地裂缝|

图 3-21　工艺流程

图 3-22　试验模型

4.试验点布置

为了研究地裂缝两侧的加速度和土压力变化规律,本试验加速度传感器和土压力传感器布置如图 3-23 所示。其中,土压力传感器和加速度传感器采用分层放置,在土层高度方向错开约 250mm,以便减小传感器间相互影响。同时,在土箱外壁端部也设置加速度传感器,以测得土箱不同高度处加速变化情况。考虑到传感器的防潮,埋入土中的加速度传感器均固定在有机玻璃盒中,并包裹数层保鲜膜防止渗水。

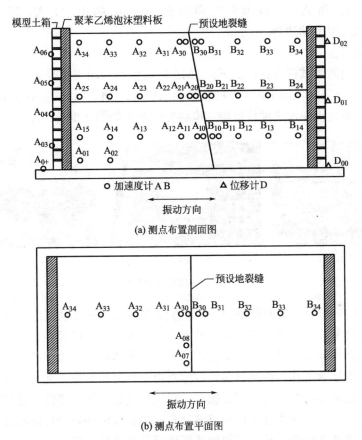

(a) 测点布置剖面图

(b) 测点布置平面图

图 3-23 测点布置图

为了记录振动台台面的输入加速度时程,加速度传感器 C_1 被固定在振动台台面;加速度传感器 $C_2 \sim C_5$ 被固定在土箱外壁,用以记录土箱外侧的加速度响应。本次试验主要研究地裂缝的存在对场地地震响应的影响程度及影响范围等问题,因此加速度传感器从地裂缝开始,在上、下盘对称布置,加速度传感器 $A_{30} \sim A_{34}$、$A_{20} \sim A_{25}$ 和 $A_{10} \sim A_{15}$ 分别用来记录下盘黄土层、古土壤层和粉质黏土层的加速度时程,加速度传感器 $B_{30} \sim B_{34}$、$B_{20} \sim B_{24}$ 和 $B_{10} \sim B_{14}$ 分别用来记录上盘黄土层、古土壤层和粉质黏土层的加速度时程，在靠近地裂缝的区域密集布置测点，离地裂缝越远测点布置越稀疏。为了验证摩擦边界效应满足试验要求，加速度传感器 A_{01} 和 A_{02} 被埋置在距土箱底面 100mm 处以记录土体底部的加速度时程，用以与振动台台面的加速度时程进行对比分析；为了验证柔性边界效应被较好地消除，加速度传感器 A_{15}、A_{25} 和 A_{34} 被埋置在距土箱侧面 100mm 处记录土体边界的加速度时程，分别与加速度传感器 A_{14}、A_{24} 和 A_{33} 记录的加速度时程作对比；为了验证滑动边界设计满足试验要求，加速度传感器 A_{07} 和 A_{08} 均被埋置在距地表 100mm 的土中，A_{07} 距滑动边界 100mm，A_{08} 距滑动边界 300mm。

5.测试设备

试验采用的测试仪器选择如下：TMS 公司生产的动态信号采集系统（64 通道）；美国压电公司（PCB）生产的信号调试仪（16 通道）。试验中采用的仪器包括动态信号采集仪、加速度传感器、位移传感器，如图 3-24 所示。

(a) 动态信号采集仪　　　　　(b) 加速度传感器　　　　　(c) 位移传感器

图 3-24　试验所用仪器

采用 PCB 公司生产的压电陶瓷微型感应耦合等离子体加速度传感器。该加速度传感器体积小，灵敏度高，信号波动小，可靠性高，已经在诸多试验上得到应用。本试验中部分加速度传感器需埋置在模型土体中，土体中的水会使得加速度传感器不能正常工作，而且加速度传感器由金属材料制成，其密度远大于土的密度，试验过程中可能会与土耦合振动，影响试验数据的准确性，故应按要求对其进行改装。本试验采用立方体有机玻璃盒对加速度传感器进行防水处理，通过计算得出立方体玻璃盒边长，使得加速度传感器和有机玻璃盒整体密度等于模型土体密度。用螺栓把加速度传感器固定在小盒底部，以保证传感器正确感受被测量体的振动，然后用硅胶将小盒密封，最后用保鲜膜对有机玻璃盒进行包裹以确保其防水效果。在现场布设加速度传感器时采用挖填的方式以防止其倾斜或者移位。加速度传感器的防水处理及埋设如图 3-25 所示。

采用电感式位移传感器，它对电磁干扰不敏感，在油、水等环境中均可使用。其主要参数如下：分辨率 $0.3 \sim 150 \mu m$；最大速度 $0.05 \sim 50 m/s$；测量长度可达 300mm。

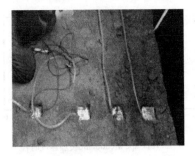

图 3-25　加速度传感器的防水处理及埋设图

3.2.2　地震波输入模拟

本次试验选取江油波、El Centro 波和 Cape Mendocino 波（基岩波）实际地震记录作为输入波，振动方向沿垂直地裂缝方向。其中，江油波为我国四川省汶川县境内的里氏 8.0 级特大地震记录；El Centro 波为美国加州 Imperial Valley 地震记录；基岩波为美国加州北部海岸地区发生的里氏 6.9 级地震记录。为考虑土体对地震波频谱成分影响，本次试验特地选取一条基岩波作为地震输入[104,105]。

试验加载采用 X 向输入激振，输入地震动幅值依据《建筑抗震设计规范》[92]设计基本地震加速度值选定，并按照相似关系调整输入地震动幅值和时间间隔。试验加载分 7 级递增输入，地震强度由 0.1g 加载到 1.2g。在每一级加载前，采用幅值为 0.05g 的白噪声扫频，观察模型体系的动力特性变化。输入地震波加速度时程及傅里叶谱如图 3-26 所示，其加载制度见表 3-11。

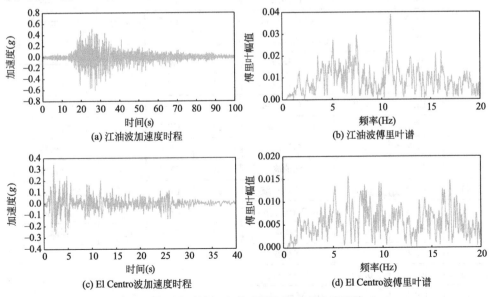

图 3-26　输入地震波加速度时程及其对应傅里叶谱（一）

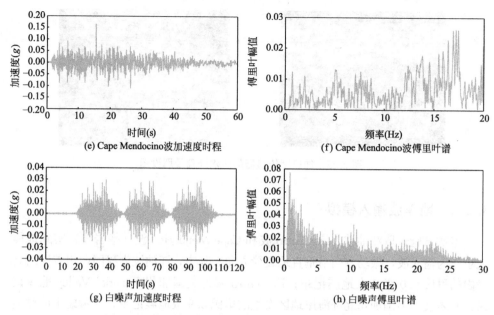

(e) Cape Mendocino波加速度时程   (f) Cape Mendocino波傅里叶谱

(g) 白噪声加速度时程   (h) 白噪声傅里叶谱

图 3-26 输入地震波加速度时程及其对应傅里叶谱（二）

加载制度   表 3-11

加载顺序	工况编号	峰值加速度(g)	地震波	加载顺序	工况编号	峰值加速度(g)	地震波
1	W-1	0.05	白噪声	17	W-5	0.05	白噪声
2	JY-1		江油波	18	JY-5		江油波
3	EL-1	0.10	El Centro 波	19	EL-5	0.60	El Centro 波
4	CP-1		Cape Mendocino 波	20	CP-5		Cape Mendocino 波
5	W-2	0.05	白噪声	21	W-6	0.05	白噪声
6	JY-2		江油波	22	JY-6		江油波
7	EL-2	0.20	El Centro 波	23	EL-6	0.80	El Centro 波
8	CP-2		Cape Mendocino 波	24	CP-6		Cape Mendocino 波
9	W-3	0.05	白噪声	25	W-7	0.05	白噪声
10	JY-3		江油波	26	JY-7		江油波
11	EL-3	0.30	El Centro 波	27	EL-7	1.20	El Centro 波
12	CP-3		Cape Mendocino 波	28	CP-7		Cape Mendocino 波
13	W-4	0.05	白噪声	29	W-8	0.05	白噪声
14	JY-4		江油波				
15	EL-4	0.40	El Centro 波				
16	CP-4		Cape Mendocino 波				

3.2.3 试验现象

在试验每级加载后，观察并记录地裂缝场地土体表层裂缝发育情况，如图3-27所示。

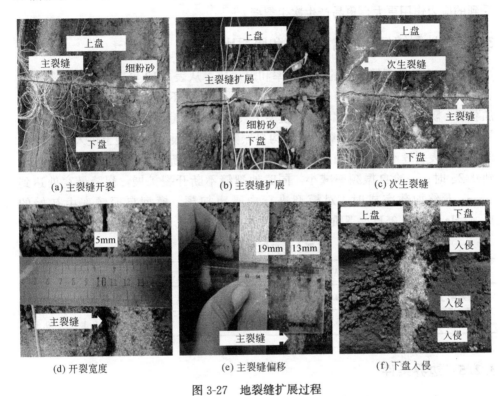

(a) 主裂缝开裂   (b) 主裂缝扩展   (c) 次生裂缝

(d) 开裂宽度   (e) 主裂缝偏移   (f) 下盘入侵

图 3-27　地裂缝扩展过程

试验开始前，主裂缝中填满细粉砂与氢氧化钙混合物，裂缝处于闭合状态，土体表面未见任何裂缝出露。在 0.10g 地震作用下，由于主裂缝处张拉应力比较集中，主裂缝局部开裂，并伴随着少量细粉砂和氢氧化钙混合物涌出裂缝（图3-27a）。当输入地震动峰值加速度增大至 0.20g 时，张拉应力进一步增大，主裂缝逐渐贯通，贯通的主裂缝逐渐向两侧扩展，裂缝宽度逐渐增加，更多的混合物涌向地表（图3-27b）。当输入地震动峰值加速度增大至 0.40g 时，主裂缝宽度进一步增加，在上盘地表首先出现与主裂缝45°相交的次生裂缝。当输入地震动峰值加速度增大至 0.60g 时，上盘次生裂缝数量增加，已经出现的次生裂缝延着开裂方向继续延伸，并且在下盘地表也出现了斜向45°方向的次生裂缝（图3-27c）。

在试验加载结束后，观察发现主裂缝开裂宽度达到5mm（图3-27d）；上盘区域次生裂缝数量较多，长度和宽度较大，土体破坏严重，次生裂缝临界宽度大致为200mm；模型土体开挖过程中观察到古土壤层地裂缝从初始位置偏移了

19mm，该层裂缝宽度缩小至 13mm（图 3-27e），下盘土体由于受到地震作用向上盘挤压入侵（图 3-27f）。试验中模型土体表面的裂缝扩展及土体开挖后两侧土体的入侵表明，当地震作用时，上、下盘土体变形不一致导致主裂缝两侧产生张拉力，张拉力使得主裂缝不断开裂、扩展；同时，由于土层构造特性，上盘区域受到的应力作用更大，更易产生次生裂缝。

3.2.4 地裂缝场地的自振频率和阻尼比

表 3-12 是地裂缝场地的自振频率和阻尼比。从表 3-12 可以看出，模型土随着地震动输入增大，一阶自振频率不断减小，阻尼比不断增大。在 0.05g 地震动加载后，阻尼比和频率变化不大，模型土较初始阶段无明显变形，与宏观观察结果一致；在 0.1g 地震波加载后，结构自振频率变化很大，模型土进入弹塑性阶段，但地表裂缝不是十分明显；随着地震动输入的不断增大，输入峰值加速度达到 0.2g 时，一阶自振频率减小，同时地裂缝不断开裂扩展，裂缝最宽处达到 2mm；最终加载完成时，对模型进行白噪声扫频，模型自振频率由初始的 11.41Hz 降到 8.05Hz，阻尼比由 4.8 ％增大到 9.1 ％。

模型土的自振频率和阻尼比

表 3-12

工况	W-1	W-2	W-3	W-4	W-5	W-6	W-7	W-8
自振频率 f(Hz)	11.41	10.94	10.23	10.23	9.61	9.38	8.75	8.05
阻尼比 ξ(%)	4.8	5.6	6.4	7.4	7.4	7.8	8.1	9.1

3.2.5 边界条件

为了检验试验边界的效果和数据结果的正确性，布置测点时将加速度传感器布置在边界处，加速度计 A_{01}、A_{02} 位于箱子底部 10cm 处，与台面输出 A_{0+} 对比，分析箱子底部摩擦边界的情况；测点 A_{01}、A_{15}、A_{25}、A_{34} 位于柔性边界 10cm 处，分别与测点 A_{02}、A_{14}、A_{24}、A_{33} 进行对比，分析柔性边界效果；A_{07} 位于滑动边界一侧 10cm 处，与 A_{08} 对比分析滑动边界效果。

1. 摩擦边界的影响

图 3-28 为 0.1g El Centro 波加载时台面测点 A_{0+} 和 A_{01}、A_{02} 测点加速度时程曲线。峰值加速度较台面输出明显放大，模型土体与箱底底部接触良好，摩擦边界达到效果。

2. 柔性边界的影响

图 3-29 为 0.1g El Centro 波加载时测点 A_{01}、A_{15}、A_{25}、A_{34} 分别与测点 A_{02}、A_{14}、A_{24}、A_{33} 加速度对比的时程曲线。从图 3-29 可以看出，柔性边界处各测点加速度时程曲线与相同深度各测点峰值加速度时程曲线略有差异，其

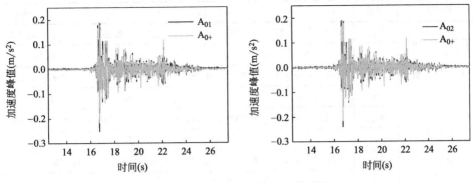

图 3-28　A_{01}、A_{02} 测点加速度时程

差异性采用两点的差异系数 $\theta = \dfrac{\mid A_{i,\,max} - A_{i+1,\,max} \mid}{A_{i+1,\,max}} \times 100\%$ 表示，计算结果如表 3-13 所示。从表 3-13 可以看出，同一深度两测点最大差异系数仅为 5.74%，最小为 0.00%，综合加速度时程曲线和测点峰值加速度差异系数可知，柔性边界设计满足试验要求。

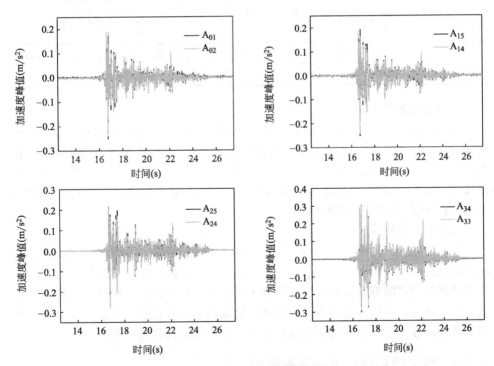

图 3-29　柔性边界的加速度时程

峰值加速度的差异系数

表 3-13

地震波	参数	A_{01}	A_{02}	A_{15}	A_{14}	A_{25}	A_{24}	A_{34}	A_{33}
江油波(0.1g)	A_{max}	0.243	0.237	0.255	0.243	0.305	0.294	0.428	0.430
	θ	2.47		4.71		3.61		0.47	
El Centro 波 (0.1g)	A_{max}	0.253	0.241	0.244	0.253	0.281	0.282	0.299	0.303
	θ	4.74		3.69		0.36		1.34	
基岩波(0.1g)	A_{max}	0.211	0.218	0.202	0.192	0.233	0.228	0.297	0.305
	θ	3.32		4.95		2.15		2.69	
江油波 (0.2g)	A_{max}	0.529	0.509	0.483	0.483	0.578	0.566	0.718	0.722
	θ	3.78		0.00		2.08		0.56	
El Centro 波 (0.2g)	A_{max}	0.553	0.563	0.545	0.557	0.467	0.465	0.583	0.579
	θ	1.81		2.20		0.43		0.69	
基岩波 (0.2g)	A_{max}	0.450	0.462	0.402	0.387	0.435	0.420	0.516	0.514
	θ	2.67		3.73		3.45		0.39	
江油波(0.3g)	A_{max}	0.711	0.688	0.646	0.628	0.638	0.629	0.854	0.862
	θ	3.23		2.79		1.41		0.94	
El Centro 波 (0.3g)	A_{max}	0.702	0.693	0.744	0.764	0.594	0.571	0.703	0.705
	θ	1.28		2.69		3.87		0.28	
基岩波(0.3g)	A_{max}	0.620	0.624	0.575	0.542	0.532	0.527	0.592	0.588
	θ	0.65		5.74		0.94		0.68	

3. 滑移边界的影响

图 3-30 为 0.1g 和 0.3g El Centro 波加载时测点 A_{08} 和 A_{07} 加速度时程曲线对比图。0.1g 时，测点 A_{08} 最大峰值加速度为 0.315g，测点 A_{07} 最大峰值加速度为 0.307g，滑动边界处差异系数为 1.572%；0.3g 时，测点 A_{08} 最大峰值加速度为 0.614g，测点 A_{07} 最大峰值加速度为 0.604g，滑动边界处差异系数为 2.520%，因此滑动边界效果较好。

4. 水平位移响应

图 3-31 是土箱外侧 $D_2 \sim D_5$ 测点的相对位移包络图。由图 3-31 可以看出，在不同强度地震作用下，试验模型在水平振动方向上的位移响应规律一致，同一位置的峰值位移随着输入地震强度的增大而增大；而且峰值位移随着土层厚度的增加逐渐增大，土体变形均为剪切变形，这说明本次剪切模型土箱可以真实地模拟地基土体在地震作用下的剪切变形特征，试验结果是真实可靠的。

3.2.6 地裂缝场地峰值加速度趋势

地裂缝场地峰值加速度随着参数不同而变化，土层深度、上下盘测点位置、输

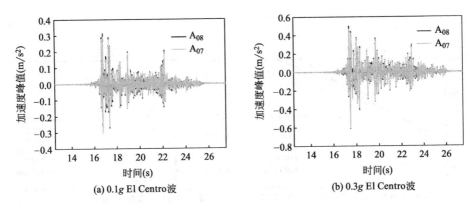

(a) 0.1g El Centro 波　　　　　　　　(b) 0.3g El Centro 波

图 3-30　A_{08}、A_{07} 测点的加速度时程

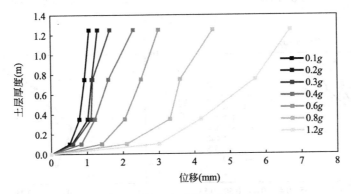

图 3-31　水平位移响应

入地震波种类以及输入加速度大小等因素都对地裂缝场地峰值加速度有着很大的影响。图 3-32 是在 0.1g、0.2g、0.4g 三种输入地震波情况下，不同测点峰值加速度的变化情况。FW 代表 Foot wall（下盘），HW 代表 Hanging wall（上盘）。

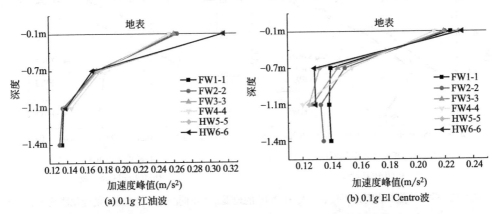

(a) 0.1g 江油波　　　　　　　　(b) 0.1g El Centro 波

图 3-32　输入峰值加速度为 0.1g、0.2g 和 0.4g 的地震波下不同测点峰值加速度的变化情况（一）

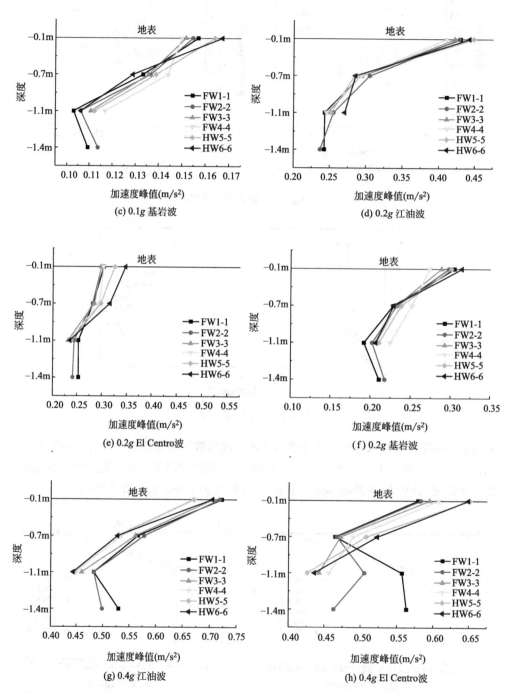

图 3-32 输入峰值加速度为 0.1g、0.2g 和 0.4g 的地震波下不同测点峰值加速度的变化情况（二）

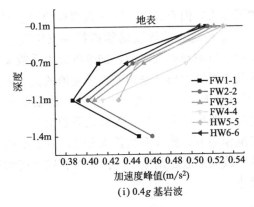

(i) 0.4g 基岩波

图 3-32 输入峰值加速度为 0.1g、0.2g 和 0.4g 的地震波下不同测点峰值加速度的变化情况（三）

通过对图 3-32 的分析，可以看出：

（1）在不同的输入地震激励下，测点距地表面越近，峰值加速度越大，峰值加速度的放大系数与土层厚度有直接关系，地表峰值加速度远大于土层底部的峰值加速度；

（2）地裂缝场地存在着上下盘效应，上盘比下盘地表峰值加速度要大，这一特征在地表面上表现比较明显，随着深度的增加，裂缝宽度逐渐减小。

（3）不同频谱特性的地震波对场地的地震响应也不同。在输入激励大小相同的情况下，加速度放大程度的大小顺序为：江油波＞El Centro 波＞基岩波。0.1g 时，江油波最大放大系数为 3.2，El Centro 波最大放大系数为 2.4，基岩波最大放大系数为 1.7；0.2g 时，江油波最大放大系数为 2.5，El Centro 波最大放大系数 1.7，基岩波最大放大系数为 1.5；0.4g 时，江油波最大放大系数为 1.82，El Centro 波最大放大系数为 1.63，基岩波最大放大系数为 1.35。通常，地震站采集的地表波是在地表采集的，在此过程中地震波的频率成分已经被土体过滤或放大，低频成分增强，高频成分减弱，频谱成分已经改变。但是，在做试验过程中，却将已经改变频谱成分的地震波再次作用在土体底部，这时低频成分再次增强，高频成分再次减弱，就会造成地表波加速度放大程度很大。地震激励越大，模型土受到的作用力越大，越接近地表加速度越大。随着输入加速度值的增大，结构的放大系数逐渐减小，江油波由 3.2 倍减小到 1.82 倍，基岩波由 1.7 倍减小到 1.35 倍。

图 3-33 是不同土层下地裂缝场地的加速度放大系数曲线。由图 3-33（a）发现，在各种工况下，粉质黏土层地裂缝两侧 A_{10} 测点的加速度放大系数较 A_{11} 测点大。除个别测点外，离地裂缝越近，放大系数越大，加速度放大系数以地裂缝为中心呈倒 V 形分布。

图 3-33（b）显示，加速度放大系数不再遵循上述规律。总体来看，场地上

盘加速度放大系数较下盘大，但有几个工况下盘测点的加速度放大系数比对应测点的要大。出现这一现象还是与地震波的频谱特性发生改变有关，经过不同厚度、不同物理性质土层的过滤与放大之后，加速度放大系数发生明显的变化。所以，土体的物理指标及其厚度和形状是影响加速度值的关键因素。

由图 3-33（c）可以看出，上、下盘效应在地表越发明显，上盘测点加速度放大系数较对应下盘测点明显增大，加速度放大系数呈 Z 字形分布。同时，地表加速度不管在哪个工况作用下，放大系数都大于 1。但是不难看出，随着输入加速度值的增大，加速度放大系数逐渐减小，而且在相同地震激励值作用下，基岩波的放大作用仍然最小。

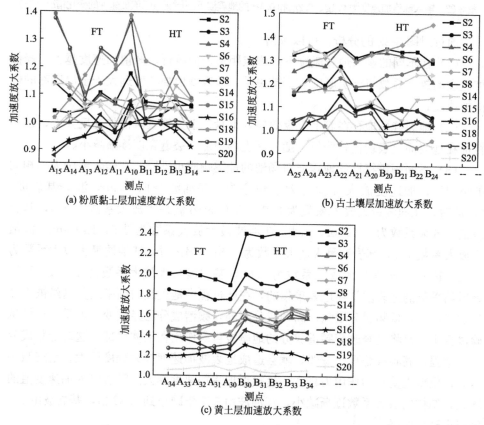

图 3-33 不同土层下地裂缝场地的加速度放大系数曲线

3.2.7 地面运动响应分析

1. 地面运动加速度响应分析

图 3-34 是在 0.4g 基岩波作用下地裂缝两侧测点 A_{30}（左侧下盘）、B_{30}（右

侧上盘）的加速度时程曲线。由图 3-34 可知，两测点加速度数值差异较大，两点加速度时程曲线线型不一致，并且上盘加速度时程曲线与零线相交次数比下盘多，上盘加速度变化频率较快。

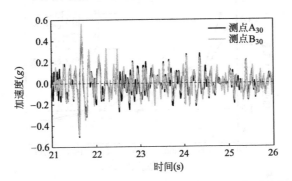

图 3-34　$0.4g$ 基岩波作用下 A_{30}、B_{30} 测点加速度时程曲线

图 3-35 为地裂缝场地在不同强度地震动作用下地面运动峰值加速度变化曲线。分析图 3-35 可以看出，地震波作用下，地裂缝场地裂缝两侧测点的峰值加速度较大（上盘测点 B_{30} 的峰值加速度最大），且随着与地裂缝距离的增大，峰值加速度逐渐减小。

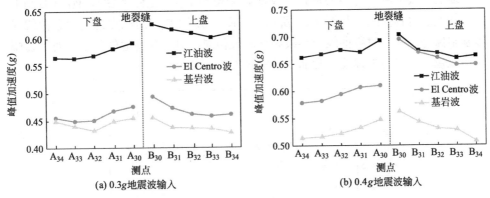

图 3-35　地裂缝场地地面运动峰值加速度曲线

当输入地震动为 $0.3g$ 时，江油波、El Centro 波和基岩波分别作用产生的地表峰值加速度最大值为 $0.626g$、$0.494g$、$0.455g$。由此可见地表波作用对土体加速度响应更加明显，地表波的二次过滤和放大对试验结果有很大影响。

图 3-36 为测点 A_{30} 和 B_{30} 加速度放大系数随地震动强度的变化趋势。其中，加速度放大系数定义为地面响应峰值加速度与输入地震动峰值加速度之比。由图 3-36 可知，输入地震动从 $0.1g$ 增加至 $0.2g$ 时，加速度放大系数下降趋势最大；当输入地震动增加至 $0.6g$ 时，测点加速度放大系数变化趋势平稳，部分工况加

速度放大程度较小；当输入地震动自 0.8g 增加至 1.2g 时，各工况加速度放大系数都小于 1，意味着地表加速度没有放大反而减小。

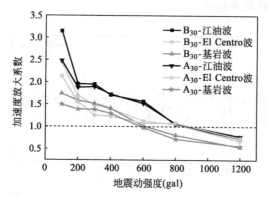

图 3-36　地震作用下 A_{30}、B_{30} 测点加速度放大系数

随着地震动强度增大，模型土体加速度放大系数逐渐减小，"放大效应"逐渐减弱。这是因为模型土体抗剪强度及剪切模量较小，当水平方向输入强度增大后，地层水平剪切作用难以传递至土体顶部。

2. 地面运动速度响应分析

通过地裂缝场地土体的加速度反应积分得到 A_{30}（左侧下盘）、B_{30}（右侧上盘）的速度时程曲线，如图 3-37 所示。由图 3-37 可知，两测点速度时程曲线线形基本保持一致，时程曲线与零线相交次数相同，但上盘场地位移幅值对下盘幅值形成包络，这与加速度时程曲线区别较大。

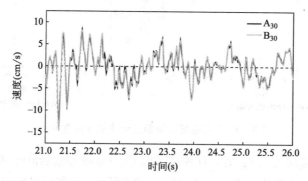

图 3-37　0.4g 基岩波作用下 A_{30}、B_{30} 测点速度时程曲线

图 3-38 为地裂缝场地在不同强度地震动作用下地面运动峰值速度变化曲线。由图 3-38 可以看出，地裂缝场地各测点的峰值速度差异明显，地裂缝上盘峰值速度最大值均出现在测点 B_{30} 位置，而下盘测点峰值速度最大值均出现在测点 A_{32} 位置。上盘速度呈 V 字形分布，而下盘呈倒 V 字形分布，这与峰值加速度分

布规律有所差异。

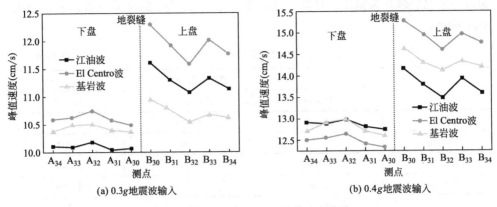

(a) 0.3g地震波输入   (b) 0.4g地震波输入

图 3-38 地裂缝场地地面峰值速度曲线

在 3 种地震波作用下，地裂缝场地上、下盘的反应剧烈程度有所不同。当输入地震动强度为 0.3g 时，3 种地震波在上盘的速度包络图大小顺序为：El Centro 波＞江油波＞基岩波；在下盘的速度包络图大小顺序为：El Centro 波＞基岩波＞江油波。当输入地震动强度由 0.3g 增加到 0.4g 时，3 种地震波在上盘的速度包络图大小顺序为：El Centro 波＞基岩波＞江油波；在下盘的速度包络图大小顺序为：江油波＞基岩波＞El Centro 波。

3. 地面运动位移响应分析

通过加速度反应积分得到地裂缝场地土体的位移时程曲线，如图 3-39 所示。对比分析地裂缝两侧测点（A_{30}、B_{30}）的位移时程曲线，可知上、下盘地裂缝处两个测点的位移时程曲线线形基本保持一致，但地裂缝上盘位移幅值与下盘幅值略有差异。这表明在地震作用下，上、下盘场地同时沿着同一方向振动，但振动位移大小有别。

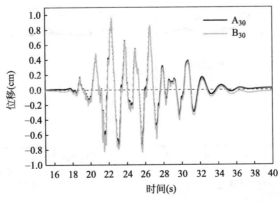

图 3-39 0.4g 基岩波作用下 A_{30}、B_{30} 测点位移时程曲线

基于位移时程曲线线性一致，地裂缝场地两侧测点 A_{30}、B_{30} 的位移差值即为这一工况裂缝开裂宽度。计算裂缝两侧测点 A_{30}、B_{30} 的位移差值，结果如表 3-14 所示。

工况	位移差值(cm)		
	江油波	El Centro 波	基岩波
0.1g	0.029	0.024	0.024
0.2g	0.038	0.044	0.031
0.3g	0.057	0.052	0.044
0.4g	0.091	0.063	0.080
0.6g	0.079	0.092	0.083
0.8g	0.085	0.203	0.144
1.2g	0.113	0.123	0.147

A_{30}、B_{30} 峰值位移及位移差　　　　　　　　表 3-14

随着输入地震动强度增大，裂缝两侧位移差值不断增大，但 3 种地震波在不同输入地震动强度位移增大幅度不同。输入强度小于 0.4g 时，江油波产生的位移差值略微大于其他两种地震波；当输入强度大于 0.6g 时，江油波产生的位移差值明显降低；当输入强度为 1.2g 时，基岩波的位移差值反而比其他两种地震波更大。

图 3-40 为地裂缝场地在不同强度地震动输入下地面运动峰值位移变化曲线。由图 3-40 可以看出，地震作用下，地裂缝场地上盘裂缝处测点 B_{30} 峰值位移最大，而下盘各测点峰值位移差别较小。随着输入地震动强度增加，不同地震动的江油波和 El Centro 波在地裂缝场地的位移反应剧烈程度有所不同。输入地震动为 0.3g 时，江油波位移包络图最大；当增大至 0.4g 时，El Centro 波位移包络图最大。

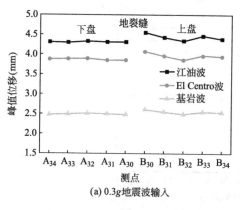
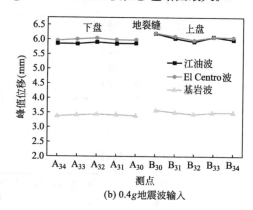

(a) 0.3g地震波输入　　　　　　　　(b) 0.4g地震波输入

图 3-40　地裂缝场地地面运动峰值位移变化曲线

对比图 3-35、图 3-38 和图 3-40 可以看出，总体来看，加速度、速度及位移反应均在地裂缝场地存在明显的"上、下盘效应"，即地裂缝上盘的动参数峰值大于下盘对应值，上盘的影响范围比下盘更大，但动力参数在地裂缝上、下盘场地反应剧烈程度不一致，即同一地震动强度下，3 种地震波产生的动参数包络图大小顺序不同。

地震波频谱特性是出现这一现象原因之一。试验开始前白噪声扫频测得模型 1 阶自振频率为 11.41，试验结束后测得模型 1 阶自振频率下降到 8.05。由地震波傅里叶幅值谱，可发现江油波的低频成分较多，基岩波高频成分较多，而 El Centro 波频率则介于二者之间。试验初始阶段，江油波频率与模型自振频率较接近，更易引起模型共振。但随着地震动输入强度增大，由于输入震动的增强，模型土体逐渐破坏、刚度降低，土体非线性加强，土传递振动的能力减弱，故不同强度地震波引起的地裂缝场地动力响应程度发生变化。

同时，地裂缝场地上、下盘土层厚度，地裂缝倾角，土层错层等构造差异也将造成地裂缝场地两侧地表动力参数表现出"上、下盘效应"[105、106]。

3.2.8　地裂缝场地地震损伤量化分析

本节通过 Hilbert 边际谱理论探讨地震波在地裂缝场地土体内传播时的能量变化规律，研究土体内部的损伤特性。

1. 希尔伯特-黄变换及损伤指标理论

希尔伯特-黄变换（Hilbert-Huang Transform，HHT）是分析非线性非稳态信号的一种独特分析方法，其重要应用价值在于提供了一种描述信号瞬时变化特征的手段[107]。主要包含经验模态分解（Empirical Mode Decomposition，EMD）和希尔伯特变换（Hilbert Transform，HT）两个过程。对于任意一条原信号 $X(t)$ 经过多次运算，将其分解为 n 阶固有模式函数和第 n 阶残差 $r_n(t)$ 之和：

$$X(t) = \sum_{j=1}^{n} c_j(t) + r_n(t) \tag{3-6}$$

对式（3-6）中的每阶固有模态函数作希尔伯特变换：

$$H[c_j(t)] = \frac{1}{\pi} P \int_{-\infty}^{+\infty} \frac{c_j(\tau)}{t - \tau} d\tau \tag{3-7}$$

式中　　P ——柯西主值（Cauchy Principal Value）；

$H[\ ]$ ——希尔伯特变换算子。

在希尔伯特-黄变换（HHT）中，表征信号交变的基本量不是频率而是瞬时频率（IF）。瞬时频率可以通过希尔伯特变换获得，即先对信号 $s(t)$ 作希尔伯特变换，与原信号组成解析信号：

$$z(t) = s(t) + iH[s(t)] = a(t) e^{i\theta(t)} \tag{3-8}$$

解析信号 $z(t)$ 的幅值函数为：

$$a(t) = \sqrt{s^2(t) + H^2\left[s(t)\right]} \tag{3-9}$$

相位函数为：

$$\theta(t) = \arctan\left\{\frac{H\left[s(t)\right]}{s(t)}\right\} \tag{3-10}$$

对 $s(t)$ 的 n 阶固有模式函数 $c(t)$ 进行希尔伯特变换，则 $z(t)$ 为：

$$z(t) = \sum_{j=1}^{n} a_j(t)e^{i\theta_j(t)} = \sum_{j=1}^{n} a_j(t)e^{i\int \omega_j(t)\mathrm{d}t} \tag{3-11}$$

其中，$a_j(t)$ 是第 j 阶固有模式函数 $c_j(t)$ 的解析信号的幅值。对照式（3-6），此处省略了第 n 阶残差 $r_n(t)$。

$$s(t) = Re \sum_{j=1}^{n} a_j(t)e^{i\int \omega_j(t)\mathrm{d}t} \tag{3-12}$$

式中 Re——复数 x 的实部。

$s(t)$ 的幅值 a_j 在频率-时间平面上的分布称为 Hilbert 幅值谱，记作 $H(\omega, t)$。把 $H(\omega, t)$ 对 t 积分可以定义为 Hilbert 边际谱 $h(\omega)$：

$$h(\omega) = \int_{-\infty}^{+\infty} H(\omega, t)\mathrm{d}t \tag{3-13}$$

Hilbert 边际谱是 Hilbert 幅值谱在时间轴上的积分，能够准确地反映信号幅值随瞬时频率的变化规律，比传统的 Fourier 谱具有更高的分辨率和准确性。当结构发生局部损伤时会导致结构局部物理参数的改变，进而引起 Hilbert 边际谱幅值的变化，因此该方法在建筑结构损伤检测领域已有较多的应用[108-110]。近几年，Hilbert 边际谱已被运用在岩土工程领域的损伤检测中，例如在边坡土体损伤方面取得了较好的进展[109,111-116]。刘汉香等[113] 和付晓等[109] 采用 Hilbert 边际谱对边坡土体的稳定性进行分析，探讨了地震波在坡体内传播时的能量变化规律，研究加固边坡体内部的损伤特性。

自然界中的地裂缝场地土体也是一种结构，若地裂缝场地中某处土体出现了损伤，经过该部分土体的地震波在由下向上传播的过程中其边际谱也将发生突变，从中可以提取损伤信息。

虽然 Hilbert 边际谱包含了结构的损伤信息，但还需对其作进一步的变换，取地裂缝场地的加速度响应与地震激励输入的 Hilbert 边际谱函数的比值，得到 Hilbert 边际谱传递函数：

$$T(\omega) = \frac{h_{\text{out}}(\omega)}{h_{\text{in}}(\omega)} \tag{3-14}$$

式中 $h_{\text{out}}(\omega)$——需要提取损伤指数测点的边际谱函数；

$h_{\text{in}}(\omega)$——与该测点同一工况下振动台台面（C_1 测点）加速度的 Hilbert 边际谱函数。

Hilbert 边际谱传递函数 $T(\omega)$ 为曲线函数，以其作为损伤指标存在数据量

过大的问题。因此，对 Hilbert 边际谱传递函数在频率域内积分，将积分值定义
为损伤指标 DI（Damage Index）[110]：

$$DI = \int_{\omega} T(\omega) d\omega \tag{3-15}$$

采用地震动加速度信号提取损伤参数，Hilbert 边际谱中将包含地震波整个
时域范围内的损伤信息，即地震波从加载前到加载后的损伤信息将会混杂在一
起，无法体现某一时刻的损伤程度。因此，在本次研究中使用地震波诱发地裂缝
场地地震损伤，使用白噪声获取该场地土体损伤状态信息。在单次白噪声扫频
中，每个加速度传感器都可以提取一个损伤指标，可提取 36 个不同位置的损伤
信息。地裂缝场地振动台模型试验共进行了 8 次白噪声扫频测试，通过式（3-
15）计算出每次扫频各测点的损伤指标（DI），据此可以判别地裂缝场地不同位
置土体的损伤程度。

由于在试验加载前土体模型为完好状态，选取试验前扫频测试的结果（W-1
工况）为基准进行归一化处理，以便更清晰地显示各测点损伤程度。因此，定义
新的损伤指数 d_i：

$$d_i = 1 - \frac{DI_i}{DI_1} \tag{3-16}$$

式中　　　　　　　　DI_1——各测点 W-1 工况下对应的损伤指标；

DI_i（$i=2\cdots7$，8）——各测点第 2 次白噪声扫频至第 8 次白噪声扫频（W-
2～W-8）对应的损伤指标。

2. 损伤量化分析

（1）地表损伤指数的变化规律

为研究地裂缝两侧不同位置土体的损伤发展规律，取上、下盘地表测点数据
通过式（3-16）进行计算，并绘制出地裂缝场地地表损伤指数 d 的变化规律，如
图 3-41 所示。

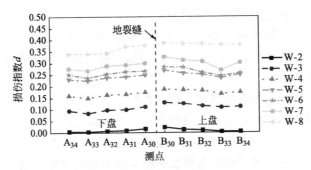

图 3-41　地表损伤指数的变化规律

由图 3-41 可知，在地震作用下，靠近地裂缝两侧土体的损伤程度最为严重，距地裂缝越远，损伤程度越小，而且上盘土体的损伤程度要大于下盘对称位置处的损伤程度。随着输入地震动峰值加速度的增大，模型土体损伤程度呈现增大趋势，损伤指数增大幅度逐渐放缓。

对比图 3-35 和图 3-41 可以发现，地表各测点的损伤指数和峰值加速度变化规律表现出较高的一致性。损伤指数和峰值加速度均在靠近地裂缝处达到最大，随着与裂缝距离的增大而递减，并且上盘的损伤指数和峰值加速度大于下盘对称位置，表现出"上、下盘效应"。将计算所得损伤指数与 3.2.3 节试验现象对应，得到表 3-15。由表 3-15 可以发现，损伤指数能与试验现象较好地形成对应，说明本文提出的损伤量化方法适用于检测地裂缝场地在地震作用下的损伤发展状况。

损伤指数与试验现象对应表

表 3-15

地震动强度(g)	损伤指数 d	试验现象
无	0	模型表面未见任何裂缝出露
0.1	0～0.025	主裂缝局部开裂，并伴随着少量细粉砂和氢氧化钙混合物涌出裂缝
0.2	0.08～0.13	主裂缝逐渐贯通，贯通的主裂缝逐渐向两侧扩展，宽度逐渐增加，涌出地表的氢氧化钙和细粉砂增多
0.4	0.15～0.19	地裂缝进一步向两侧开裂扩张，在上盘地表裂缝带出现斜向 45°方向的次生裂缝
0.6	0.22～0.27	上盘次生裂缝数量增多，并且下盘地表裂缝带也出现了斜向 45°方向的次生裂缝

(2) 损伤指数随土层厚度的变化规律

为研究不同土层厚度的损伤发展规律，取振动台试验图 3-23 中的 A-1 列和 B-2 列测点分析，得到图 3-42。由图 3-42 可知，各加载阶段土体内部的损伤程度差别较大，前 4 级加载后 (W-2～W-5) 的损伤指数随土层厚度的变化规律基本相同，表现出随着土层厚度的增加，损伤指数先增大后减小。古土壤层的损伤指数在前期加载过程中发展迅速，损伤程度显著大于黄土层和粉质黏土层。随着地震强度的增大，越靠近地表的土体损伤越严重。

粉质黏土层和古土壤层的损伤指数在前 4 级加载过程中逐渐增大，损伤增量逐渐减小，随着输入地震动峰值加速度的不断增大，损伤指数逐渐减小，这与黄土层的变化趋势并不相同。

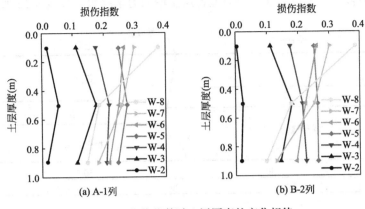

图 3-42 损伤指数随土层厚度的变化规律

3.3 非一致性地震作用下地裂缝场地地表动力响应特性研究

众所周知，地裂缝的存在导致了场地的不完整及不连续，且上盘和下盘的错动造成地裂缝两侧的土层结构表现出明显的差异，这些特征均会对场地的振动特性及动力响应产生较大影响。目前，研究者对地裂缝场地的动力响应研究仅仅局限于峰值加速度这一指标[117-119]，不能完全反映地裂缝场地的动力本质特性。一些学者发现，相比于峰值加速度，峰值速度和Housner强度与结构最大响应的相关性更高[120-122]，特别是Arias强度与地表地震破坏程度关系更为密切[123]。因此，对地裂缝场地地地震动强度指标进行系统研究显得尤为迫切，且具有重要的工程实用价值。

本节在西安f_4地裂缝场地振动台模型试验的基础上，利用ABAQUS有限元软件建立三维模型进行数值模拟，分析了地裂缝场地峰值加速度、峰值速度、Housner和Arias强度在不同地震波激励下的动力响应变化特性，获得了相应的变化规律，为合理描述地裂缝场地动力特性提供科学依据。

3.3.1 动力分析模型

1.计算模型及参数

采用ABAQUS软件进行三维动力计算分析。考虑到地裂缝场地上、下盘变形区的宽度，为了减小边界条件的影响[39]，取长×高×宽＝100m×22.5m×22.5m的区域作为计算模型，其中，上、下盘长度均为50m，裂缝倾角设为80°，模型土体剖面如图3-43所示。为充分反映地裂缝场地的土质特性，参考《岩土工程地勘报告》确定地裂缝场地模型各层土壤的力学参数，如表 3-16 所示。

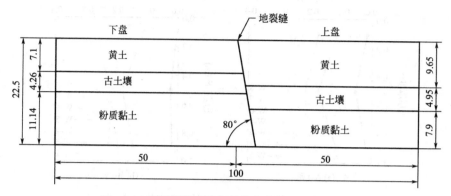

图 3-43 地裂缝场地地层结构示意图（单位：m）

场地各土层物理力学参数   表 3-16

土壤名称	天然密度(kg/m³)	泊松比	弹性模量(MPa)	剪切模量(MPa)	黏聚力(kPa)	内摩擦角(°)
黄土	1680	0.34	296.11	110.49	48.00	27.60
古土壤	1780	0.34	373.73	139.45	49.00	27.30
粉质黏土	1900	0.34	437.74	163.34	45.00	26.60

对地裂缝场地进行动力模拟时，模型本构采用等效线性模型（黏弹性 Kelvin 模型）来反映土体在动荷载下的滞回性能，模型阻尼比取 0.02。对于地裂缝处土体的相互作用，采用 ABAQUS 面接触中的有限滑移，法向为硬接触，切向采用罚摩擦公式，摩擦系数取 0.3[39]。考虑到实际场地是一个半无限空间体，对模型计算区域采用有限单元进行模拟，而在有限域外采用无限单元来模拟无限域；计算及无限元区域分别采用三维实体单元 C3D8 和三维实体缩减积分单元 INC3D8R 模拟，计算模型如图 3-44 所示。

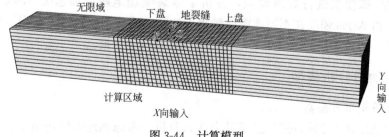

图 3-44 计算模型

2.数值模拟工况及监测点布置

为模拟地震波对地裂缝场地动力响应的影响，根据西安场地类别选取 El

Centro 波、Northridge 波和兰州波作为地震输入。地震输入方向为 X 水平正向、负向（垂直裂缝方向）以及 Y 水平向（平行裂缝方向）。为减小持时对场地动力响应的影响，输入地震波均取 15s 范围进行计算。此次分析共计 27 个工况，见表 3-17。

计算工况　　　　　　　　　　　　表 3-17

输入峰值及方向	地震波类型	地震烈度	持时(s)
0.1g X（±向） 0.1g Y 向	El Centro	6 度基本烈度	15
	Northridge	6 度基本烈度	15
	兰州	6 度基本烈度	15
0.2g X（±向） 0.2g Y 向	El Centro	7 度基本烈度	15
	Northridge	7 度基本烈度	15
	兰州	7 度基本烈度	15
0.4g X（±向） 0.4g Y 向	El Centro	8 度基本烈度	15
	Northridge	8 度基本烈度	15
	兰州	8 度基本烈度	15

模型各监测点以地表裂缝为中心向两侧依次编号布设，上、下盘的测点编号分别为 $B_1 \sim B_{13}$、$A_1 \sim A_{13}$，如图 3-45 所示。其中，上盘测点 $B_1 \sim B_7$ 间距为 1.5m，其余间距为 6m；下盘测点 $A_1 \sim A_5$ 间距为 1.5m，A_5 与 A_6 间距为 2.6m，其余间距为 5.2m。

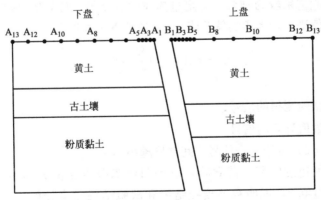

图 3-45　测点布置图

3.3.2　模型验证

为验证有限元模拟效果，在数值分析之前对上述试验模型进行 1：1 建模试算，并取其中一个工况进行对比分析。地表测点在 El Centro 地震波作用下的数值模拟和试验结果对比如图 3-46 所示。

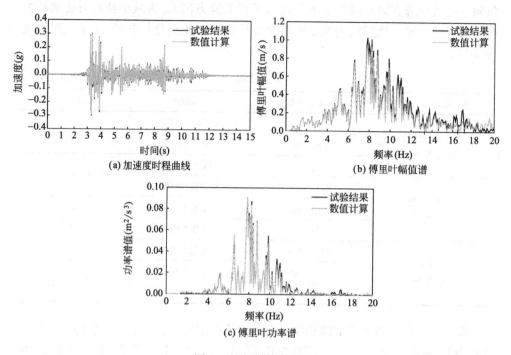

(a) 加速度时程曲线

(b) 傅里叶幅值谱

(c) 傅里叶功率谱

图 3-46　频谱特征曲线

由图 3-46 可以看出，有限元计算得出的加速度时程曲线、傅里叶谱、傅里叶功率谱与试验结果较为吻合。为定量描述两者差异，计算图 3-46 中加速度时程、傅里叶幅值谱和功率谱的偏差值 μ，μ 值按下式求出[124]：

$$\mu = \frac{\| x_i - y_i \|}{\| x_i \|} = \sqrt{\frac{\sum (x_i - y_i)^2}{\sum x_i^2}} \tag{3-17}$$

式中　x_i——试验测得的信号；

　　　y_i——数值计算的信号。

μ 值越接近 0，说明 2 个信号之间差异越小。

计算所得加速度时程、傅立叶幅值谱和功率谱的 μ 值分别为 0.20、0.14、0.08，均不超过 0.2，说明数值模拟结果和试验结果吻合较好，数值模型是合理的。

3.3.3　计算结果分析

1.地震动强度指标

（1）峰值加速度（PGA）

峰值加速度（Peak Ground Acceleration）是可以直接由地震记录获得的强度指标，也是目前许多国家结构抗震设计采用的地震动参数，而且在试验中，加速度也是最易测量且最可靠的参数。数学关系式定义为：

$$PGA = \max|a(t)| \tag{3-18}$$

式中　$a(t)$——地震加速度时程。

但各种分析研究和震害经验表明仅用 PGA 强度指标设计和分析是不合理的，与中长周期结构最大响应的相关性较差[125,126]。

（2）峰值速度（PGV）

峰值速度（Peak Ground Velocity）与地面运动最大动能相关，数学关系式定义为[126]：

$$PGV = \max|v(t)| \tag{3-19}$$

式中　$v(t)$——地震速度时程。

Akkar[127] 和 Neumann[128] 等认为用 PGV 比 PGA 更能体现地震动强度等级，更适合中长周期结构的损伤分析；日本目前就采用 PGV 作为评价地震烈度的物理指标。

（3）Arias 能量强度（I_A）

Arias 强度（Arias Intensity）是指以单位质量弹塑性体系的总滞回耗能作为结构地震响应参数，包含了振幅和持时等特征，可以反映地震振动过程中释放的能量，与结构输入能量有较好的相关性[129]，数学关系式定义为[130]：

$$I_A = \frac{\pi}{2g} \int_0^{t_d} a^2(t) \mathrm{d}t \tag{3-20}$$

式中　g——重力加速度；

　　　t_d——地震记录总持时；

　　　$a(t)$——地震加速度时程。

（4）Housner 强度（HI）

Housner 强度（Housner Intensity），可表示为周期在 0.1～2.5s 内拟速度反应谱所围成面积的平均值[131]，数学关系式定义为：

$$HI = \frac{1}{2.4} \int_{0.1}^{2.5} PSV(\xi = 5\%, T) \mathrm{d}T \tag{3-21}$$

式中　$PSV(\xi = 5\%, T)$——阻尼比 5% 时的拟速度谱；

　　　T——SDOF 体系的自振周期。

2. 地裂缝场地地震动强度放大效应

本节对地裂缝场地三维模型进行动力计算，提取图 3-45 中各监测点的计算结果进行分析，并将计算所得 X 正向输入的加速度响应结果与试验结果对比，由此揭示地裂缝场地地表动力响应分布规律。地震动强度（PGA、PGV、I_A 和 HI）放大系数定义为地裂缝场地地表地震动强度与输入地震动强度的比

71

值，地裂缝场地各监测点在 27 个工况作用下的放大系数如图 3-47 和图 3-48 所示。

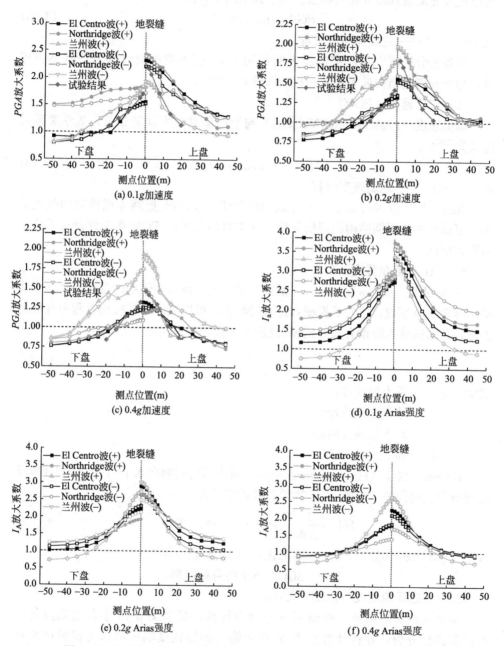

(a) 0.1g加速度

(b) 0.2g加速度

(c) 0.4g加速度

(d) 0.1g Arias强度

(e) 0.2g Arias强度

(f) 0.4g Arias强度

图 3-47　X（正、负）向地震作用下地裂缝场地动力响应放大系数（一）

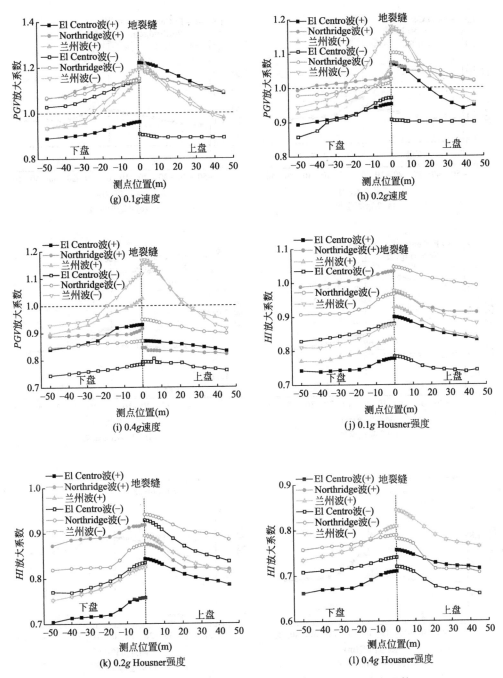

图 3-47 X（正、负）向地震作用下地裂缝场地动力响应放大系数（二）

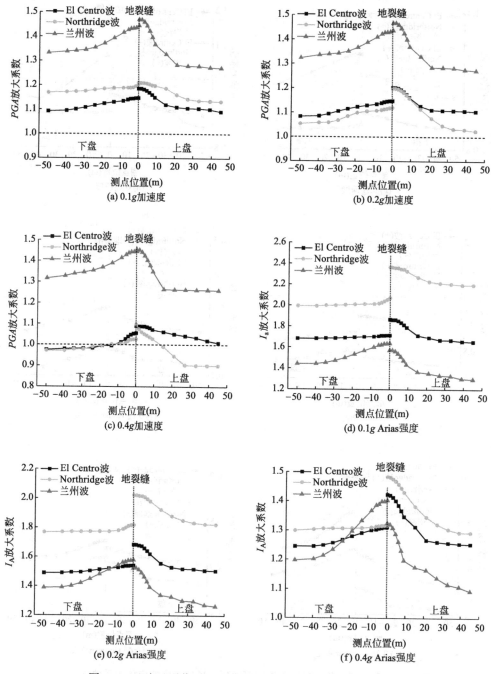

图 3-48　Y 向地震作用下地裂缝场地动力响应放大系数（一）

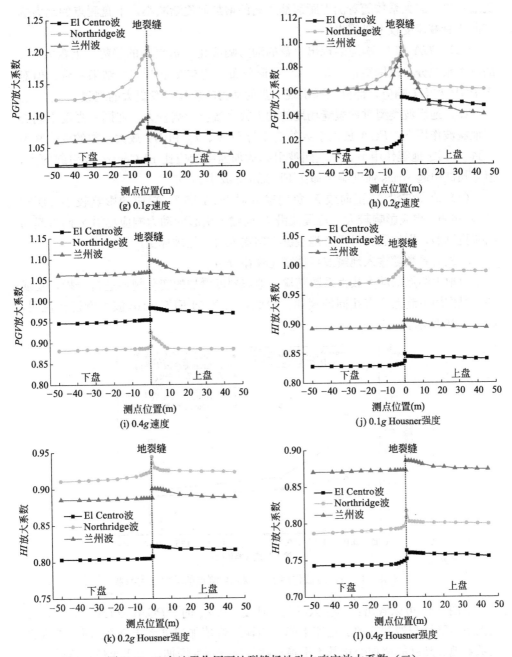

图 3-48 Y 向地震作用下地裂缝场地动力响应放大系数（二）

由图 3-47 和图 3-48 可以看出：

（1）计算所得的在 X 向地震作用下的加速度响应与试验结果有较好的一致性；各监测点的动力响应放大系数在地表变化规律基本一致，均在靠近裂缝处达到最大值，放大系数随着测点距裂缝距离的增加而逐渐减小，下盘测点的动力响应曲线衰减速度较上盘缓慢。

（2）PGA 和 I_A 响应表现出上盘的动力响应比下盘更大的趋势，上盘大于 1 的放大系数分布范围更广，呈"λ"字形分布，这与文献[117-119] 结果一致；但对于 PGV 和 HI 响应，部分工况出现下盘的动力响应比上盘更大的现象。

（3）地震波类型对地裂缝场地的动力放大效应影响较大。在同一强度不同类型地震波作用下，PGA 放大系数的变化与 PGV、I_A 和 HI 放大系数的变化并不一致。$0.1g$ 地震作用下，由兰州波引起的加速度响应比 El Centro 波引起的大，但兰州波引起 Arias 强度响应却比 El Centro 波小。

（4）地震波沿 X 正向或 X 负向输入对 PGA 和 I_A 响应的影响较小，而对 PGV 和 HI 响应影响较大；地震波沿 X 向输入引起的动力响应比沿 Y 向引起的响应更剧烈，即地震波沿垂直地裂缝方向输入对场地破坏更严重。

3. 放大系数随输入地震波峰值变化规律分析

对地表测点的动力放大系数随输入地震烈度增加的变化规律进行分析，发现各工况作用下测点具有相同的规律。因此，以 X 向 El Centro 波为例进行说明，如图 3-49 所示。

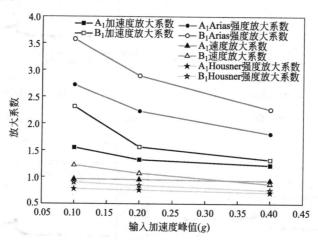

图 3-49　El Centro 波作用下 A_1 和 B_1 测点的动力放大系数

由图 3-49 可以看出：当输入峰值加速度≤$0.2g$ 时，PGA、PGV、I_A 和 HI 放大系数随地震烈度的增加迅速下降；当输入峰值加速度大于 $0.2g$ 时，放大系数随着地震烈度的增加变化基本平稳；随着地震烈度增加，由于土体逐渐软化进入非线性，上、下盘动力响应放大系数差值逐渐减小。

4. 地裂缝场地的频谱特性

Rathje 等[132] 对 1208 条强地震动记录频谱特性的 4 个周期参数进行回归分析，认为 Fourier 幅值谱平均周期 T_m 是最佳的频谱参数，其能更好地区分强地震动的频率成分。因此，通过对上、下盘各监测点的地震波时程进行 FFT 计算，求得 $0.1g$、$0.2g$ 和 $0.4g$ 地震作用下各监测点地震响应的平均周期，计算结果如表 3-18～表 3-20 所示。

X 正向地震作用下地表各测点平均周期（s） 表 3-18

地震强度		下盘					上盘				
		A_{12}	A_{10}	A_8	A_5	A_3	B_3	B_5	B_8	B_{10}	B_{12}
$0.1g$	El Centro 波	0.429	0.409	0.364	0.309	0.299	0.290	0.299	0.352	0.403	0.423
	Northridge 波	0.451	0.438	0.414	0.377	0.371	0.309	0.319	0.362	0.416	0.432
	兰州波	0.332	0.302	0.266	0.225	0.215	0.204	0.212	0.262	0.302	0.331
$0.2g$	El Centro 波	0.440	0.422	0.378	0.318	0.307	0.304	0.314	0.365	0.418	0.427
	Northridge 波	0.486	0.472	0.448	0.409	0.402	0.336	0.345	0.374	0.410	0.434
	兰州波	0.337	0.308	0.268	0.227	0.218	0.205	0.209	0.259	0.299	0.323
$0.4g$	El Centro 波	0.447	0.426	0.386	0.330	0.320	0.310	0.322	0.374	0.423	0.444
	Northridge 波	0.506	0.487	0.458	0.417	0.410	0.374	0.382	0.414	0.444	0.468
	兰州波	0.344	0.311	0.267	0.227	0.218	0.202	0.209	0.258	0.297	0.328

X 负向作用下地表各测点平均周期（s） 表 3-19

地震强度		下盘					上盘				
		A_{12}	A_{10}	A_8	A_5	A_3	B_3	B_5	B_8	B_{10}	B_{12}
$0.1g$	El Centro 波	0.431	0.413	0.374	0.319	0.311	0.279	0.290	0.343	0.405	0.425
	Northridge 波	0.446	0.433	0.392	0.366	0.359	0.326	0.335	0.367	0.423	0.440
	兰州波	0.332	0.302	0.266	0.225	0.215	0.204	0.212	0.262	0.302	0.331
$0.2g$	El Centro 波	0.448	0.429	0.388	0.329	0.320	0.294	0.307	0.357	0.416	0.436
	Northridge 波	0.463	0.444	0.410	0.382	0.375	0.355	0.363	0.402	0.432	0.449
	兰州波	0.337	0.308	0.268	0.227	0.218	0.201	0.209	0.259	0.299	0.328
$0.4g$	El Centro 波	0.456	0.434	0.394	0.335	0.325	0.311	0.324	0.370	0.416	0.441
	Northridge 波	0.506	0.487	0.458	0.417	0.410	0.374	0.382	0.414	0.444	0.468
	兰州波	0.344	0.311	0.267	0.227	0.218	0.202	0.209	0.258	0.297	0.328

Y 向作用下地表各测点平均周期（s） 表 3-20

地震强度		下盘					上盘				
		A_{12}	A_{10}	A_8	A_5	A_3	B_3	B_5	B_8	B_{10}	B_{12}
$0.1g$	El Centro 波	0.419	0.416	0.413	0.399	0.395	0.391	0.392	0.396	0.401	0.403
	Northridge 波	0.432	0.430	0.429	0.427	0.425	0.414	0.415	0.423	0.429	0.431
	兰州波	0.308	0.305	0.291	0.290	0.286	0.264	0.266	0.277	0.285	0.290

续表

地震强度		下盘					上盘				
		A_{12}	A_{10}	A_8	A_5	A_3	B_3	B_5	B_8	B_{10}	B_{12}
0.2g	El Centro 波	0.422	0.425	0.421	0.407	0.404	0.399	0.400	0.404	0.410	0.413
	Northridge 波	0.442	0.439	0.433	0.433	0.432	0.422	0.424	0.432	0.432	0.432
	兰州波	0.309	0.306	0.295	0.293	0.288	0.267	0.268	0.277	0.285	0.290
0.4g	El Centro 波	0.422	0.426	0.414	0.408	0.404	0.395	0.396	0.403	0.410	0.415
	Northridge 波	0.466	0.461	0.452	0.446	0.446	0.439	0.441	0.448	0.448	0.450
	兰州波	0.316	0.310	0.300	0.299	0.294	0.267	0.269	0.282	0.292	0.297

分析表 3-18～表 3-20 中数据可知：

（1）各工况地震作用下，地裂缝场地地表地震动的平均周期均在裂缝处达到最小，从裂缝处向两侧递增，越靠近地裂缝，加速度变化越剧烈，从地裂缝处向两侧逐渐趋于稳定。

（2）地裂缝场地下盘地震动的平均周期均大于上盘场地的对应值，说明下盘场地的地震动长周期分量较丰富。

（3）地裂缝场地在 X 向地震波作用下地表测点的平均周期比在 Y 向作用下更小，说明地震波沿垂直地裂缝方向输入造成的加速度变化较频繁，引起的动力响应更剧烈。

3.4 地裂缝场地土体本构模型与动力响应影响参数的进一步分析

土的动力本构关系是了解在动荷载作用下土体及土-结构相互作用受力特性的基础，也是利用数值计算手段进行力学分析的前提条件。因此，选择一个合理的动力本构是研究地震作用下地裂缝场地土体动力响应规律的关键。为了系统地研究地裂缝场地土体的动力响应分布规律，本节结合土体本构模型的研究，通过运用 ABAQUS 有限元分析软件建立地裂缝场地的多尺度三维动力计算模型，对地裂缝场地的动力响应参数进行再研究。同时，将地裂缝场地的有限元模拟结果和振动台试验结果进行对比分析，来验证本文所选用的土体本构模型的合理性，以此获得地裂缝场地精细化建模方法。

3.4.1 土体本构模型的进一步研究

本节通过以往学者对土体动力本构模型的研究，选取了等效线性化模型、多屈服面模型、边界面模型、多机构概念的塑性理论和摩尔-库仑模型进行了简单总结[12,13]。其中，等效线性化模型、多屈服面模型、边界面模型、多机构概念的塑性理论都是土的动力本构模型，而摩尔-库仑模型是以往研究较多采用的 ABAQUS 自有的静力模型。表 3-21 是对这些模型的优缺点及使用条件进行的对比分析。

从表 3-21 发现：等效线性化模型应用广泛，但计算误差较大；边界面模型能够反映土体在动力荷载作用下的复杂变形特性；多屈服面模型对计算机要求较高；多机构概念的塑性理论研究相对较少。因此，初步选择了土体动力本构模型为等效线性化模型和边界面模型，静力本构模型选用 ABAQUS 自有的摩尔-库仑模型进行分析。

各种本构模型优缺点　　　　　　　　　　　表 3-21

本构类型		优点	缺点
动力本构模型	等效线性化模型	模型参数不多，计算量较少，工程应用较多，适用于地震动较小，坚硬和中硬的场地条件；所用的等效线性化迭代等概念容易被工程技术人员接受和掌握	不能反映土层中真实的运动过程，在地震动输入较大时，计算误差较大；不能考虑土体应变软化、土体的各向异性和应力路径的影响
	多屈服面模型	模型参数不多，计算量较少，工程应用较多，适用于地震动较小，坚硬和中硬的场地条件；所用的等效线性化迭代等概念容易被工程技术人员接受和掌握	计算时必须对每一个屈服面的位置、大小及塑性模量进行定义、更新和记忆，使计算变得复杂，不利于工程使用
	边界面模型	模型能较真实地描述土体在循环荷载、反向加载及其他复杂应力条件下的变形特性；模型取消了屈服面的概念，无需大量的嵌套面来表达土的塑性关系，更适用于循环荷载	模型参数较多，确定较为困难；模型要求事先选择加载面的硬化准则，所选的硬化准则带有一定的经验性
	多机构概念的塑性理论	模型将土的复杂机理分解为一系列简单的剪切机理，具有能够模拟复杂荷载作用下主应力轴偏转等优点	模型利用 Masing 准则模拟虚拟单应力应变时确定比例参数复杂，且国内外研究该本构较少
静力本构模型	摩尔-库仑模型	模型参数少，容易获取，应用比较广泛；ABAQUS 软件中摩尔-库仑模型采用了非相关流动法则，且对屈服面的棱角奇异性进行了优化	为理想弹塑性模型，不能反映土体的塑性变形；不能反映 σ_2 对屈服和强度的影响

3.4.2 等效线性化模型简介

等效线性化模型作为岩土地震分析中的一种重要模型，通过多次线性迭代的手段来考虑土体的动力非线性性质。等效线性化模型通过黏弹性 Kelvin 模型来反映土体在动荷载下的滞回效应[12]。Kelvin 模型示意如图 3-50 所示，图中 G 为剪切模量，η_G 为剪切黏滞系数。

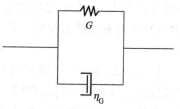

图 3-50　Kelvin 模型示意图

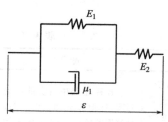

图 3-51　HK 体模型示意图

ABAQUS 子程序中提供了二次开发所得的 HK 体模型的用户子程序，模型示意如图 3-51 所示，图中 E 为弹性模量，μ_1 为 HK 体黏滞系数，ε 为应变。等效线性模型计算土层地震反应的关键在于确定等效剪切模量和等效阻尼比，土体等效线性黏弹性模型的 UMAT 程序代码中共有 4 个材料参数，分别代表最大动剪切模量参数 $G_{\max} = kp_a(\sigma_m/p_a)^n$ 的拟合参数 k、n 以及泊松比 ν 和圆频率 ω，其中 p_a 为标准大气压，σ_m 为固结压力。4 个求解状态变量 STATEV（1）～STATEV（4），分别对应于地震前的土体围压、与应力水平有关的剪切模量比 $G/G_{\max}$、阻尼比 D 和地震过程中的最大剪切模量 γ_{dmax}。

3.4.3 边界面模型简介

边界面模型由于可以较好地模拟土体在动力循环荷载作用下产生的塑性累积变形，受到了广泛的发展和应用，主要具有以下特点：

（1）在应力空间中设定一个边界面，材料受荷载作用引起的应力位置必须在边界面的范围之内（也可在边界面上）。

（2）假设存在一个与边界面形状相似的内部加载面，大小由硬化规律决定。

（3）当应力坐标点发生在边界面上时，采用流动法则确定应变增量。

（4）土体在边界面内部也能发生塑性变形，塑性模量的大小由当前应力点与其在边界面上的投影点之间的距离确定，即模型的映射准则。

本节采用零弹性域的概念，即边界面内部没有纯弹性区域。在加载和卸载时的映射中心固定在原点，如图 3-52 所示。该模型的边界面和加载面均采用辛克维兹-潘德（Zienkiewice-Pande）形式。

屈服曲线在 p-q 子午线平面上的图形为椭圆，该方程的简化形式为：

$$F = \bar{s}_{ij} \cdot \bar{s}_{ij} + \frac{2}{3} M(\theta_\sigma)(\bar{p}^2 - \bar{p}\,p_c + \bar{p}d - p_0 d) = 0 \tag{3-22}$$

式中　$\bar{s}_{ij}$——边界面上的偏应力；

$\overline{p}$——边界面上映射点的平均应力；

p_c——前期固结压力；

p_0——土体前期固结压力；

$M(\theta_\sigma)$——确定边界面在主应力空间中形状的参数，由下式确定：

$$M(\theta_\sigma) = \frac{2mM_C}{(1+m)-(1-m)\sin3\theta_\sigma} \tag{3-23}$$

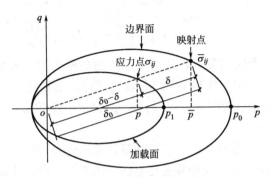

图 3-52　模型的映射准则

式中　m——土材料参数，表示 p-q 平面内轴对称拉伸破坏线斜率 $M_e = 6\sin\varphi/3 + \sin\varphi$ 与轴对称压缩破坏线斜率 $M_C = 6\sin\varphi/3 - \sin\varphi$ 之比，即 $m = M_e/M_C$；

θ_σ——罗德角，与应力偏张量 J_2 和 J_3 有关：

$$-\frac{\pi}{6} \leqslant \theta_\sigma = \frac{1}{3}\sin^{-1}\left[\frac{3\sqrt{3}}{2}\left(\frac{J_3}{J_2^{3/2}}\right)\right] \leqslant \frac{\pi}{6} \tag{3-24}$$

加载面采用与边界面相似的形式，采用简单的线性径向映射规则，取应力空间的零点为映射中心点，由图 3-52 可得：

$$\overline{\sigma}_{ij} = b\sigma_{ij}, \quad b = \frac{\delta_0}{\delta_0 - \delta} \tag{3-25}$$

式中　b——加载面与边界面之间距离的度量，且 $b \geqslant 1$。

采用相关联的流动法则，即 $F = Q = (\overline{\sigma}_{ij}, q_n) = 0$，加载时的塑性应变方向由边界面上映射点处的法线方向确定，即

$$\mathrm{d}\varepsilon_{ij}^{\mathrm{p}} = \left(\frac{1}{\overline{K}_p}\frac{\partial F}{\partial \overline{\sigma}_{ij}}\mathrm{d}\overline{\sigma}_{ij}\right)\frac{\partial Q}{\partial \overline{\sigma}_{ij}} = \left(\frac{1}{K_p}\frac{\partial F}{\partial \overline{\sigma}_{ij}}\mathrm{d}\sigma_{ij}\right)\frac{\partial Q}{\partial \overline{\sigma}_{ij}} \tag{3-26}$$

式中　$\overline{K}_p$——由边界面上的虚应力求得的塑性模量；

K_p——真实应力点的塑性模量。真实塑性模量 K_p 可以通过边界面上塑性模量 $\overline{K}_p$ 和真实应力 σ_{ij} 与虚应力 $\overline{\sigma}_{ij}$ 之间的距离 δ 求得，Dafalias 提出的插值函数为：

$$K_p = \overline{K}_p + H(\sigma_{ij}, q_n) \frac{\delta}{\delta_0 - \delta} \qquad (3\text{-}27)$$

式中 H——硬化参数。

当 $\delta = \delta_0$ 时，$\overline{K}_p$ 为零；当 $\delta = 0$ 时，$K_p = \overline{K}_p$。

最后求得边界面模型的增量应力-应变关系为

$$\mathrm{d}\sigma_{ij} = \left[D^e_{ijkl} - h(L) \frac{D^e_{ijab} \dfrac{\partial Q}{\partial \sigma_{cd}} \left(\dfrac{\partial F}{\partial \sigma_{ab}} \right)^T D^e_{cdkl}}{K_p + \left(\dfrac{\partial F}{\partial \sigma_{ab}} \right)^T D^e_{abcd} \dfrac{\partial Q}{\partial \overline{\sigma}_{cd}}} \right] \mathrm{d}\varepsilon_{kl} \qquad (3\text{-}28)$$

模型中共有 10 个模型参数，分别是土体的黏聚力 C，内摩擦角 φ，土体的初始固结压力 P_∞，确定塑性功 W_p 的参数 m 和 l，泊松比 ν，破坏比 R_f，硬化参数 H 以及确定初始剪切模量 $G = k p_a (\sigma_3 / p_a)^n$ 中的 k 和 n。材料本构模型的实现主要包括两个部分：

（1）根据有限元主程序传入的应变增量计算出应力增量；

（2）由应变增量对雅克比矩阵进行更新，用于下一步的计算。

3.4.4 地裂缝场地的动力响应数值模拟参数分析的确定

1.地裂缝的模拟

地裂缝为一不连续软化结构面，裂缝带内土质与其周围土质的力学性能具有显著差异，以往研究者对于地裂缝的模拟通常把场地直接断开，再考虑上下盘的接触，这种建模方法必然使得计算结果失真。因此，本文建模考虑地裂缝带的影响。李新生等[94] 认为土层深度 6.0m、宽度 10.0m 的范围内影响最为显著，表现为地裂缝上盘土体的压缩系数、含水率增大，抗剪强度指标明显降低。李忠生等[93] 通过对地裂缝处土质进行剪切波速测试，确定上盘裂缝带影响宽度为 3.5～5.7m，下盘宽度为 2.0～3.3m。基于上述研究结果取上盘地裂缝带宽度为 4.5m，下盘宽度为 3.0m，裂缝带宽度沿深度逐渐减小。上、下盘土体之间通过设置合适的接触面来模拟地裂缝的作用，法向作用为硬接触，即上、下盘土体之间有间隙时不传递法向压力；切向作用通过设置罚摩擦来模拟，当上、下盘接触面变为闭合状态（有法向接触压力）时，接触面可以传递切向应力（摩擦力），摩擦系数取为 0.3[124]。

胡志平[95] 对地裂缝两侧土体进行物理力学性质试验发现：越靠近地裂缝土样的天然密度、含水量、液塑限越大，而孔隙比、黏聚力和内摩擦角则越小，均以地裂缝为中心近乎呈对称分布。因此，本节对影响区土体的弹性模量、黏聚力和内摩擦角均考虑 15% 的劣化，密度考虑 5% 的增大。

2.单元划分

本节以 f_4 地裂缝场地为分析对象，采用有限元分析软件 ABAQUS，建立了地裂缝场地的三维实体单元模型。在试验模型的相似关系上，对模型的长度和宽

度方向进行了扩大，高度方向仍按照相似关系确定，土体模型大小为 60m（长）×
30m（宽）×22.5m（深）。

根据本章场地土体和地震波的性质，最终确定高度方向的单元网格尺寸在 1.4～
1.67m 之间。以前学者在建立地裂缝场地的有限元模型时，只是通过对上下两盘土体
设置接触来模拟地裂缝，而没有考虑地裂缝带的影响。本节对上盘地裂缝带宽度取
6m，下盘取 4.5m，沿高度方向向下逐渐尖灭，同时对地裂缝带中土体的物理性质进
行 10% 的弱化。在划分网格时，由于地裂缝倾角的存在和上、下盘地质构造不同，
各土层的网格尺寸并不相同，下盘网格划分较为密集，上盘较为宽松；同时考虑到地
裂缝带的特殊性，对地裂缝影响区域的网格划分较密，如图 3-53 所示。

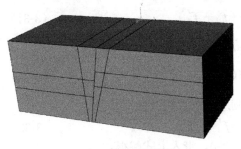

(a) 未划分网格的土体模型

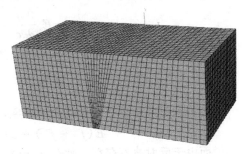

(b) 划分网格后的土体模型

图 3-53　土体三维实体模型

3. 土体边界设置

在实际工程中，场地地震响应分析属于半无限介质动力问题，而利用有限元
法求解时需要截取有限的区域进行计算。要使计算结果符合实际情况，就需要在
截取区域的边界上建立一定的人工边界来模拟连续介质的辐射阻尼，使地震波不
会在边界处产生反射效应[133,134]，但是该方法对足够大区域的界定以及地震波在
边界处的反射和散射效应等方面还存在争议[135]。

在处理无限域的问题上还可以采用另外一种解决办法，在分析区域一定远的
位置设置无限元，它是有限元的延伸，是一种几何上可以趋于无限远处的单元，
可以实现与有限元之间的无缝连接，比边界元等其他求解无界域问题的人工边界
更具有优势。无限元与有限元耦合模型在求解土-结构共同作用的问题上，建模
方法简单、计算精度高、计算结果稳定，还可以减少计算时间和数据准备工作
量，具有广泛的实用性。下面以一维波的传导说明无限元的基本原理[136]。

假设动力分析研究中，无限元的材料是线性的，则动力平衡方程为：

$$-\rho \ddot{u} + E \frac{\partial^2 u}{\partial x^2} = 0 \tag{3-29}$$

式中　ρ——密度；

　　　u——介质位移；

E——弹性模量；

x——轴向坐标。

上式的解为：

$$u = f(x \pm ct) \tag{3-30}$$

式中　c——波速，$c = \sqrt{E/\rho}$；

t——时间。

考虑到波沿 x 轴传播，假如无限元与有限元的分界截面 $x=L$，当波传到该截面位置时，波的形式为 $u=f(x-ct)$，则反射波的形式为 $u=f(x+ct)$，因此，边界处的应力为：

$$\sigma = E \frac{\partial u}{\partial x} = E(f'_1 + f'_2) \tag{3-31}$$

在边界处设置一个阻尼边界条件，边界上产生的应力为：

$$\sigma = -d \frac{\partial u}{\partial t} = -d(-cf'_1 + cf'_2) \tag{3-32}$$

为了满足地震波不产生反射的现象，则应力应该相互抵消，即：

$$E(f'_1 + f'_2) + d(-cf'_1 + cf'_2) = 0 \tag{3-33}$$

而由于反射波不存在，则有 $f_2 = 0$，$f'_2 = 0$，带入上式解得：

$$d = \rho c \tag{3-34}$$

由此，可以说明只要边界阻尼参数选择恰当，就可以达到边界无反射的理想状态。因此，本章采取无限元与有限元耦合的方法，建立地裂缝场地和普通场地土体的数值计算模型。有限元区域的单元类型设置为 C3D8 单元，无限元区域的单元类型设置为 CIN3D8 单元，沿地震波输入方向设置。

4. 土体本构设置

为了检验上述 3 种本构模型的滞回效应，分别建立了 1m×1m×1m 的立方体模型，并对 3 种本构模型施加了频率为 1Hz，单幅值为 50kPa 的正弦波循环荷载，模型计算的滞回曲线关系如图 3-54 所示。

3.4.5　试验结果与数值模拟结果对比分析

为了找出更适合地裂缝场地土体的动力本构模型，将 3 种本构模型的数值模拟结果与试验结果进行对比分析。选取了 0.1g、0.2g 和 0.4g 江油波和 El Centro 波作用下的试验台面加速度响应作为数值模拟输入的地震波。令与试验模型中测点 B_{30}、B_{32} 和 A_{30} 相对应位置的数值模型测点为 B_1、B_2 和 A_1，对比对象为 3 种本构模型各测点数值模拟峰值加速度与试验峰值加速度的相对差值 Δ 为：

$$\Delta = \left| \frac{A_m - A_s}{A_s} \right| \tag{3-35}$$

式中　A_m——数值模拟模型峰值加速度；

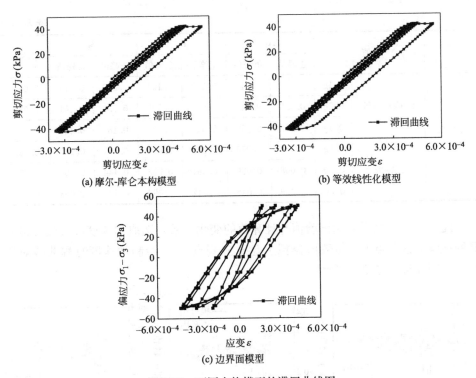

(a) 摩尔-库仑本构模型　　　　　(b) 等效线性化模型

(c) 边界面模型

图 3-54　不同本构模型的滞回曲线图

A_s——试验所得峰值加速度，计算所得结果如表 3-22 所示。

试验值与计算值峰值加速度相对差值Δ　　　　　　　　表 3-22

Δ值		A₁		B₁		B₂		平均值
		正峰值	负峰值	正峰值	负峰值	正峰值	负峰值	
摩尔-库仑本构模型	El Centro 波	0.141	0.254	0.224	0.106	0.147	0.144	0.169
		0.029	0.067	0.218	0.275	0.132	0.225	0.158
		0.084	0.091	0.103	0.107	0.069	0.345	0.133
	江油波	0.010	0.058	0.058	0.022	0.139	0.128	0.069
		0.135	0.116	0.127	0.057	0.249	0.161	0.141
		0.158	0.058	0.015	0.034	0.286	0.176	0.121
等效线性化模型	El Centro 波	0.117	0.061	0.047	0.153	0.115	0.103	0.099
		0.202	0.030	0.154	0.144	0.047	0.048	0.104
		0.230	0.208	0.204	0.164	0.079	0.051	0.156
	江油波	0.008	0.044	0.048	0.101	0.121	0.005	0.055
		0.122	0.171	0.044	0.210	0.198	0.194	0.156
		0.206	0.016	0.052	0.234	0.201	0.284	0.165

注：表中第一列"Δ值"下分别为0.1g、0.2g、0.4g三组。

续表

	Δ值		A₁		B₁		B₂		平均值
			正峰值	负峰值	正峰值	负峰值	正峰值	负峰值	
边界面模型	El Centro 波	0.1g	0.057	0.148	0.053	0.104	0.060	0.114	0.089
		0.2g	0.058	0.147	0.016	0.125	0.036	0.101	0.081
		0.4g	0.062	0.059	0.011	0.005	0.187	0.120	0.074
	江油波	0.1g	0.176	0.053	0.005	0.012	0.147	0.135	0.088
		0.2g	0.068	0.036	0.061	0.063	0.144	0.064	0.073
		0.4g	0.069	0.046	0.012	0.099	0.145	0.093	0.077

此外，为了直观表达试验值与计算值的变化关系，选取加速度放大效应最明显的试验上盘测点 B_{30} 与数值模拟上盘对应测点 B_1，绘制加速度时程曲线对比图，如图 3-55～图 3-58 所示。

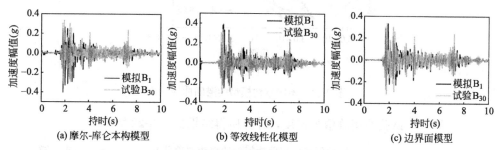

图 3-55 0.2g El Centro 波作用下 B_{30} 与 B_1 加速度对比图

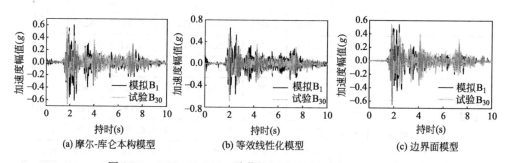

图 3-56 0.4g El Centro 波作用下 B_{30} 与 B_1 加速度对比图

由图 3-55～图 3-56 可知，在 El Centro 波作用下，0.2g 强度作用时，摩尔-库仑模型和边界面模型的时程曲线较一致，正负峰值加速度同时出现，但等效线性化模型却滞后了 0.062 5s 左右，与试验时程曲线拟合较差；0.4g 强度作用时，摩尔-库仑模型和等效线性化模型均出现多个峰值加速度，且加速度时程曲线与试验时程曲线差别较大，而边界面模型却与试验的时程曲线较一致。

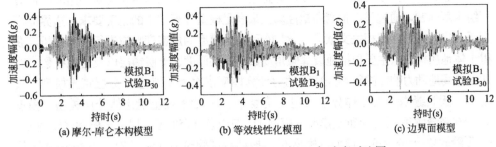

图 3-57　0.2g 江油波作用下 B_{30} 与 B_1 加速度对比图

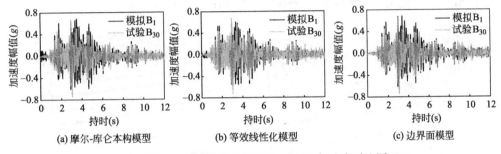

图 3-58　0.4g 江油波作用下 B_{30} 与 B_1 加速度对比图

由图 3-57 和图 3-58 可知，在江油波作用下，0.2g 强度作用时，3 种本构模型所得加速度时程曲线与试验时程曲线较一致，但等效线性化模型拟合效果较差，边界面模型拟合效果较好；0.4g 强度作用下，3 种本构模型所得峰值加速度与试验峰值加速度几乎同时出现，边界面模型时程曲线与试验加速度时程曲线吻合更高，但摩尔-库仑模型和等效线性化模型出现多点峰值加速度。

由表 3-22 可知，在 El Centro 波各强度作用下，边界面模型算得的各测点相对差值最小，等效线性化模型次之，摩尔-库仑模型最大；在江油波作用下，0.1g 3 种本构模型相对差值大小顺序为：等效线性化模型＜摩尔-库仑模型＜边界面模型，而 0.2g、0.4g 作用时相对差值大小顺序为：边界面模型＜摩尔-库仑模型＜等效线性化模型。

综上可知：在低强度地震作用下，3 种本构模型与试验结果较一致，土体处于弹性阶段，等效线性化模型拟合度更高；高地震作用下，土体发生较大的塑性变形，考虑土体塑性变形的边界面模型拟合度最好。

3.4.6　地裂缝场地土的动力响应影响参数的进一步分析

1.计算模型概况

本节采用类似于 Manzari[137] 等人提出的基于径向回退概念的隐式 Euler 向后积分

算法。它将本构关系写成一组非线性方程组，将应力更新问题转化为对一组非线性方程组求解问题，通过弹性预测和塑性修正来满足模型计算结果的精度要求，边界面模型子程序代码可参照相关文献[138]，对10种动力模型的加速度响应进行对比分析，获得土体地质构造（主要包括地裂缝倾角度数、土层厚度、土层错层以及台地级数）对地裂缝场地动力响应的影响规律。动力计算模型依次为无裂缝-不分层黄土模型（模型1）、无裂缝-按下盘土体分层模型（模型2）、无裂缝-按上盘土体分层模型（模型3）、80°裂缝倾角-不分层黄土模型（模型4）、70°裂缝倾角-无分层黄土模型（模型5）、60°裂缝倾角-无分层黄土模型（模型6）、振动台试验模型（模型7）、80°裂缝倾角-按下盘土体分层模型（模型8）、80°裂缝倾角-按上盘土体分层模型（模型9）以及80°裂缝倾角-三级台地模型（模型10），各模型工况如图3-59所示。

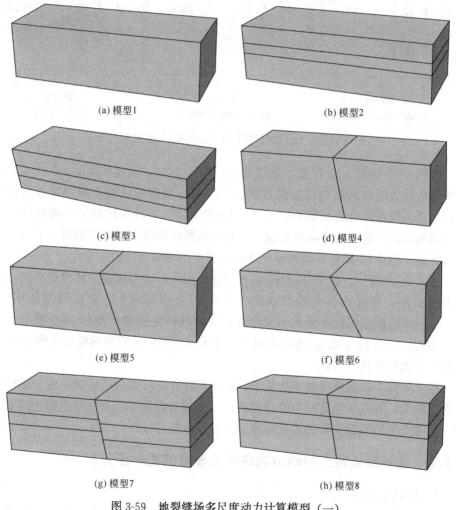

(a) 模型1　　(b) 模型2　　(c) 模型3　　(d) 模型4　　(e) 模型5　　(f) 模型6　　(g) 模型7　　(h) 模型8

图 3-59　地裂缝场多尺度动力计算模型（一）

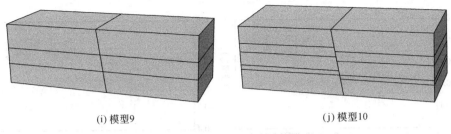

(i) 模型9   (j) 模型10

图3-59 地裂缝场多尺度动力计算模型（二）

2. 土体结构分层的影响

为了研究土体结构分层对地裂缝场地动力响应的影响规律，分别建立无裂缝-无分层黄土模型（模型1）、无裂缝-按下盘土体分层模型（模型2）和无裂缝-按上盘土体分层模型（模型3），对3种模型的加速度响应进行对比分析。其中，分层土体由上到下分别为黄土层、古土壤层和粉质黏土层，土体其他物理力学参数与振动台试验模型的一致。

地震作用下土体地表的加速度时程曲线如图3-60所示，提取图中峰值加速度及对应时刻如表3-23所示。

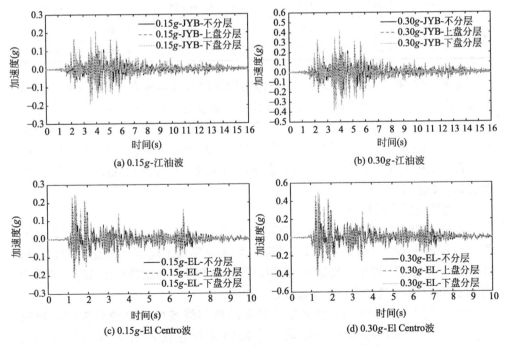

(a) 0.15g-江油波   (b) 0.30g-江油波

(c) 0.15g-El Centro波   (d) 0.30g-El Centro波

图3-60 地震作用下考虑分层场地地表加速度时程曲线（一）

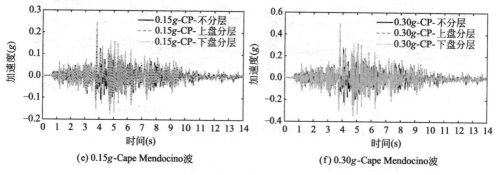

(e) 0.15g-Cape Mendocino波　　　　(f) 0.30g-Cape Mendocino波

图 3-60　地震作用下考虑分层场地地表加速度时程曲线（二）

考虑分层场地地表峰值加速度及对应时刻　　　　　表 3-23

模型工况		江油波		El Centro 波		Cape Mendocino 波	
		对应时刻(s)	$PGA(g)$	对应时刻(s)	$PGA(g)$	对应时刻(s)	$PGA(g)$
模型 1	0.15g	2.250 0	0.159	1.862 5	0.207	3.825	0.210
	0.30g	2.250 0	0.319	1.862 5	0.416	3.825	0.418
模型 2	0.15g	3.987 5	0.210	1.362 5	0.247	3.825	0.249
	0.30g	3.987 5	0.422	1.362 5	0.492	3.825	0.498
模型 3	0.15g	3.987 5	0.205	1.362 5	0.243	3.825	0.249
	0.30g	3.987 5	0.411	1.362 5	0.482	3.825	0.495

由图 3-60 和表 3-23 可以看出，土体结构分层对地震波在土体介质中的传播具有很大的影响。一方面改变了地震波传播到地表的时间，对于不同频谱特性的地震波改变方式不同，或是滞后（江油波），或是提前（El Centro 波），或是保持不变（Cape Mendocino 波）；另一方面增大了地震波的幅值，模型 2 和模型 3 的地表峰值加速度均大于模型 1 的地表峰值加速度，具体排列顺序为：模型 2＞模型 3＞模型 1。

3.地裂缝倾角的影响

西安地裂缝场地的竖向裂缝倾角通常为 60°～80°，因此分别建立 80°裂缝倾角-无分层黄土模型（模型 4）、70°裂缝倾角-无分层黄土模型（模型 5）和 60°裂缝倾角-无分层黄土模型（模型 6）用以研究竖向裂缝倾角度数对地裂缝场地动力响应的影响，3 种模型的其他参数设置均相同。

地震作用下，60°～80°竖向裂缝倾角的地裂缝场地上盘地表裂缝处加速度时程曲线如图 3-61 所示，提取图中的峰值加速度及对应时刻如表 3-24 所示。

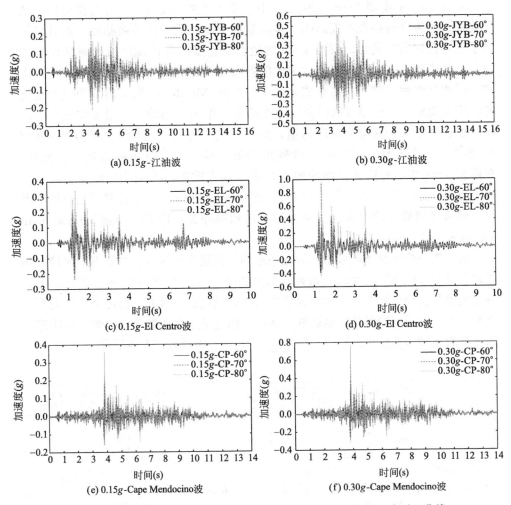

图 3-61　地震作用下 60°～80°倾角地裂缝场地地表裂缝处加速度时程曲线

60°～80°倾角地裂缝场地上盘地表裂缝处峰值加速度及对应时刻　表 3-24

模型工况		江油波		El Centro 波		Cape Mendocino 波	
		对应时刻(s)	$PGA(g)$	对应时刻(s)	$PGA(g)$	对应时刻(s)	$PGA(g)$
模型 4	0.15g	3.637 5	0.232	1.400 0	0.344	3.850 0	0.359
	0.30g	3.600 0	0.512	1.400 0	0.975	3.850 0	0.767
模型 5	0.15g	3.625 0	0.179	1.262 5	0.236	3.850 0	0.229
	0.30g	3.625 0	0.412	1.387 5	0.943	3.837 5	0.553
模型 6	0.15g	5.687 5	0.159	1.875 0	0.218	3.837 5	0.193
	0.30g	5.687 5	0.314	1.875 0	0.438	3.837 5	0.392

将表 3-24 中模型 4～6 与表 3-23 中模型 1 的加速度时程进行对比分析，结果表明：地裂缝的存在不仅影响了地震波在土体介质中的传播路径，而且也影响了地震波幅值的变化。模型 4～6 的地表加速度时程出现峰值的时间均不相同，且与模型 1 的也不相同，对于含低频成分较多的江油波，出现峰值加速度的时间明显滞后，对于含高频成分较多的 Cape Mendocino 波，出现峰值加速度的时间略微滞后。模型 6 的峰值加速度略小于模型 1 的值，模型 4 和模型 5 的峰值加速度均大于模型 1 对应的值，具体排列顺序为：模型 4＞模型 5＞模型 1＞模型 6，这表明 70°和 80°裂缝倾角的黄土模型均表现出放大效应。另外，在模型 1～3 中，地震波引起的地表加速度放大效应由大到小的顺序为：Cape Mendocino 波＞El Centro 波＞江油波；而在模型 4～6 中，地震波引起的加速度放大效应排列顺序发生变化，由大到小排列顺序为：El Centro 波＞Cape Mendocino 波＞江油波。

为了进一步研究不同倾角地裂缝场地的加速度变化规律，绘制不同裂缝倾角的地裂缝场地地表加速度放大系数，如图 3-62 所示。由图 3-62 可以看出，不同倾角的地裂缝场地地表加速度放大系数均在裂缝处达到最大，由地裂缝处向两侧逐渐减小；对于不同倾角的地裂缝，其地表加速度放大系数和放大效应影响范围随着地裂缝倾角的减小而减小，倾角越大，"上、下盘效应"越明显。

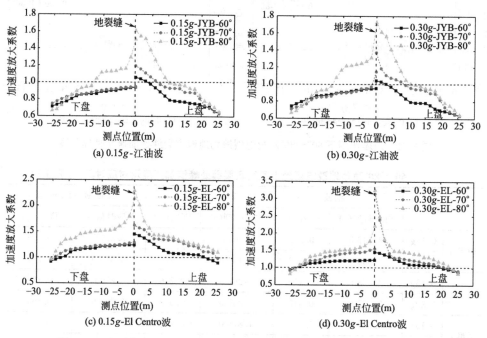

(a) 0.15g-江油波

(b) 0.30g-江油波

(c) 0.15g-El Centro 波

(d) 0.30g-El Centro 波

图 3-62　地震作用下 60°～80°倾角地裂缝场地地表加速度放大系数（一）

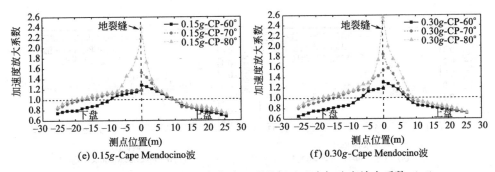

(e) 0.15g-Cape Mendocino波　　　　　　(f) 0.30g-Cape Mendocino波

图 3-62　地震作用下 60°~80°倾角地裂缝场地地表加速度放大系数（二）

4. 土体结构错层的影响

地裂缝两侧土层错层也是地裂缝场地的主要特征之一，因此分别建立振动台试验模型（模型 7）、80°裂缝倾角-按下盘土体分层模型（模型 8）、80°裂缝倾角-按上盘土体分层模型（模型 9），对 3 种模型的加速度响应进行对比分析。其中，土层由上到下分别为黄土层、古土壤层和粉质黏土层。

地震作用下考虑错层的地裂缝场地地表加速度时程曲线，如图 3-63 所示，提取图中峰值加速度及对应时刻如表 3-25 所示。由图 3-63 和表 3-25 可以看出，土层错层对地震波在土体介质中的传播路径影响较小，而对地震波幅值的影响较大。在输入地震动峰值加速度为 0.15g 的地震作用下，3 个模型的地表加速度时程均在同一时刻出现最大值，随着输入地震动峰值加速度的增大，3 个模型中部分工况的加速度时程出现时间差。

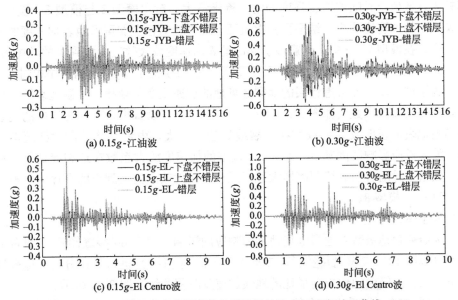

(a) 0.15g-江油波　　　　　　　　　　(b) 0.30g-江油波

(c) 0.15g-El Centro波　　　　　　　(d) 0.30g-El Centro波

图 3-63　地震作用下考虑错层的地裂缝场地地表加速度时程曲线（一）

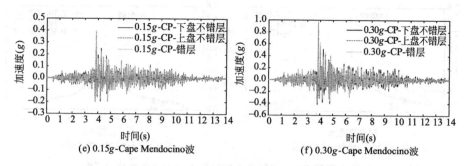

图 3-63　地震作用下考虑错层的地裂缝场地地表加速度时程曲线（二）

考虑错层的上盘地表裂缝处峰值加速度及对应时刻　　　　表 3-25

模型工况		江油波		El Centro 波		Cape Mendocino 波	
		对应时刻(s)	$PGA(g)$	对应时刻(s)	$PGA(g)$	对应时刻(s)	$PGA(g)$
模型 7	0.15g	4.012 5	0.378	1.387 5	0.595	3.850 0	0.398
	0.30g	4.175 0	0.888	1.387 5	1.189	3.837 5	1.085
模型 8	0.15g	4.012 5	0.318	1.387 5	0.517	3.850 0	0.352
	0.30g	4.012 5	0.748	1.387 5	1.010	3.850 0	0.884
模型 9	0.15g	4.012 5	0.324	1.387 5	0.583	3.850 0	0.379
	0.30g	4.175 0	0.854	1.387 5	1.090	3.837 5	0.955

在输入地震动峰值加速度为 0.15g 的地震作用下，3 个模型的加速度幅值差别较小，数值差异随着地震强度的增大逐渐增大。对比模型 2 与模型 8，模型 3 与模型 9 的加速度响应，结果再一次验证了地裂缝的存在加重了地表加速度的放大效应。在模型 7~9 中，地震波引起的地表加速度放大效应由大到小的顺序为：El Centro 波＞Cape Mendocino 波＞江油波，这与模型 4~6 的排列顺序相同。

为了进一步研究考虑错层的地裂缝场地的加速度变化规律，绘制地裂缝场地地表加速度放大系数，如图 3-64 所示。由图 3-64 可以看出，有、无错层的地裂缝场地地表加速度放大系数均在地裂缝处达到最大，由地裂缝处向两侧逐渐减小，放大效应影响范围基本一致；3 个模型的加速度放大系数在地裂缝处差异最大，数值差异随着与裂缝距离增大逐渐减小，放大效应由大到小的顺序为：模型 7＞模型 9＞模型 8。

5. 土体结构复杂程度的影响

为研究台地级数对地裂缝场地动力响应的影响，建立 80°裂缝倾角-三级台地模型（模型 10）与 80°裂缝倾角-二级台地模型（模型 7）进行对比分析。地震作用下，二、三级台地地裂缝场地的地表加速度时程曲线如图 3-65 所示。

由图 3-65 可以看出，在输入地震动峰值加速度为 0.30g 的江油波作用下，

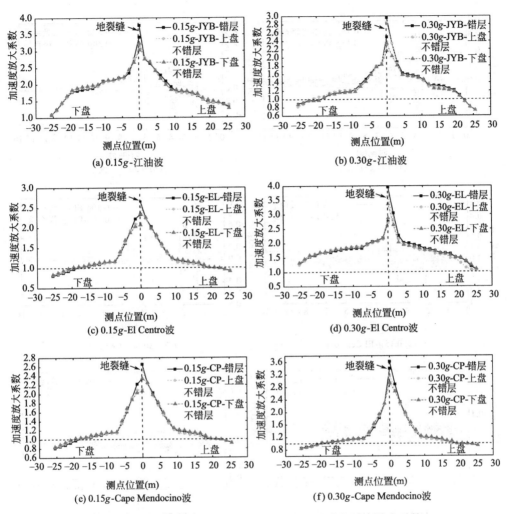

图 3-64　地震作用下考虑错层的地裂缝场地地表加速度放大系数

二、三级台地地表上盘地裂缝处峰值加速度分别为 0.854g、0.788g，对应时刻分别为 4.012 5s、5.675 0s；在输入地震动峰值加速度为 0.30g 的 El Centro 波作用下，二、三级台地上盘地表裂缝处峰值加速度分别为 1.010g、0.970g，对应时刻分别为 1.387 5s、1.387 5s；在输入地震动峰值加速度为 0.30g 的 Cape Mendocino 波作用下，二、三级台地地表上盘裂缝处峰值加速度分别为 1.085g、0.935g，对应时刻分别为 3.837 5s、3.850 0s。以上数据表明：台地级数同时影响了地震波在土体介质中的传播路径和地震波幅值。二级台地和三级台地地裂缝场地的地表加速度时程均不在同一时刻出现最大值，三级台地的地裂缝场地出现峰值加速度的时间明显滞后。

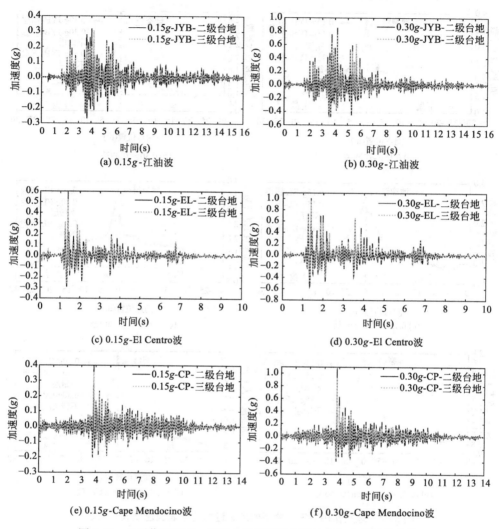

图 3-65 地震作用下二、三级台地地裂缝场地地表加速度时程曲线

为了进一步研究二级台地和三级台地地裂缝场地的加速度变化规律，绘制地裂缝场地地表加速度放大系数，如图 3-66 所示。

由图 3-66 可以看出，二、三级台地的地裂缝场地地表加速度放大系数均在地裂缝处达到最大，由地裂缝处向两侧逐渐减小，加速度放大效应影响范围基本一致；同时，二级台地地裂缝场地峰值加速度大于三级台地对应位置处的峰值加速度，在地裂缝处更加明显，随着与裂缝距离的增大，加速度放大系数差异逐渐变小。由此看出，古土壤层数和厚度的增加降低了地表加速度放大效应，而且延迟了峰值加速度出现的时间。

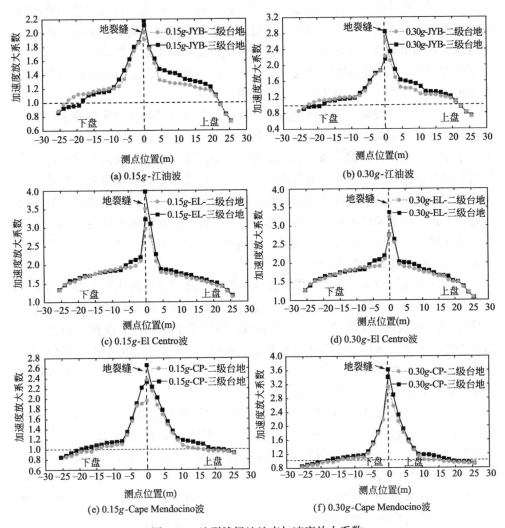

图 3-66　地裂缝场地地表加速度放大系数

3.5　本章结论

　　针对地裂缝场地土体在地震作用下的潜在破坏势和地震动响应研究不足的现状，本章以活动性较弱的西安 f_4 地裂缝（丈八路-幸福北路地裂缝）为研究对象，开展了地裂缝场地土振动台物理模型试验。并采用 ABAQUS 有限元软件分别建立地裂缝场地和无地裂缝场地多尺度数值计算模型，重点研究了地裂缝场地土体的地震破坏特征及地震动参数分布规律。主要得出以下结论：

（1）研究结果表明，不同地震波作用下，不同结构形式的普通场地和地裂缝场地均表现出对地震波的放大作用，而且地裂缝场地的动力响应具有明显的上下盘效应，且峰值加速度从地裂缝处向模型两侧递减。由于土层结构的差异，不同地震波作用下，3 种普通场地的地表动力响应不尽相同，表现出在与模型自振频率相近的地震波作用下，地表的动力响应更加强烈。

（2）试验结果表明，地裂缝上盘加速度时程曲线与零线相交次数较多，上盘加速度变化频率更快。而速度与位移时程曲线线形基本保持一致，但是上盘幅值均大于下盘。同时，试验结果表明，地裂缝场地速度与位移反应剧烈程度与地震作用强度及地震动类型有关，地震作用的增大会严重影响地裂缝场地动参数的变化程度。不同位置模型土体介质的损伤程度并不相同。在邻近地裂缝的区域损伤程度最严重，随着裂缝距的增加逐渐减小；在输入地震动峰值加速度较小的情况下，古土壤层的损伤程度最大，当输入地震动峰值加速度大于 0.8g 时，靠近地表的黄土层的损伤程度最为严重。

（3）研究结果表明，随着地震动强度的增大，地裂缝场地地表主裂缝逐步开裂、扩展、贯通，裂缝内的混合物不断涌出地表，并且在近地裂缝区域生成与其 45°相交的次生裂缝；上盘次生裂缝出现的时间早于下盘，且上盘次生裂缝的数量和长度均大于下盘；与地裂缝场地下盘土体相比，上盘土体的加速度变化频率更快，地震动强度更大，在靠近地裂缝处尤为显著；地震动幅值从土体底部到地表逐渐增大，表现出明显的放大效应。

（4）研究结果表明，峰值加速度的放大与土层厚度有直接关系，上盘地表的峰值加速度比下盘地表大，这一规律只在地表比较明显，随着深度增加，"上、下盘效应"不再存在；随着输入加速度强度的增大，场地土的放大系数逐渐减小。

（5）研究结果表明，地裂缝场地上下两盘的位移响应差异导致在地震过程中上下两盘相互碰撞并引起加速度放大效应。在上下两盘相互碰撞后，受到撞击力和地裂缝倾角的影响，地裂缝场地表现出明显的上下盘效应。

（6）研究结果表明，随着输入地震动强度的增大，上、下盘刚度均衰退严重，PGA 和 Arias 强度逐渐减小，同时"上、下盘效应"也不再显著；土体介质对地震波有选择过滤性，随着土层厚度的增加，地震波的低频成分增加，高频成分减少，含低频成分较多的地表地震波引起土体的动力响应更大；在靠近地裂缝处的土体地震损伤最严重，随着与裂缝距离的增加逐渐减小，且上盘土体的损伤程度要大于下盘的损伤程度。

（7）研究结果表明，地裂缝场地地表地震动的卓越周期和平均周期有别于普通场地。地震波平均周期越大，上盘的加速度放大系数和放大效应响应范围越大，在地裂缝处尤为显著；地震波卓越周期越大，上盘的 Arias 强度放大系数和放大效应响应范围越大；强震持时长的地震波在地裂缝附近的能量释放量更大，而持时短的地震波能量释放更快。

(8) 研究结果表明，不同工况下，地裂缝场地地表地震波能量普遍大于普通场地地表的地震波能量，在地裂缝处最大，从地裂缝处向两侧递减。强震持时长的地震波在地裂缝两侧的能量释放量更大，持时短的地震波在地裂缝两侧的能量释放速率更大，即长持时地震波包含的能量更多，短持时地震波瞬时能量释放更快。强震持时较长的地震波引起的放大效应和放大范围更大，对地裂缝处的加速度响应影响程度更加明显。

(9) 动力响应放大系数在靠近裂缝处达到最大值，随着距地裂缝距离增加而减小，且上盘的值减小速率较快；上盘的 PGA 和 I_A 响应比下盘大，放大效应范围较广，呈"λ"字形分布；它与地震波类型、输入方向有关。其中，相同强度不同类型地震波引起的 PGA、PGV、I_A 和 HI 放大系数变化规律并不一致；相同强度不同输入方向引起的上、下盘动力响应中，垂直地裂缝方向作用的地震波对场地破坏较为严重。

(10) 研究结果表明，土体结构分层及错层、竖向裂缝倾角和台地级数均对地震波在土体介质中的传播有明显的影响，不但改变了地震波幅值和频谱特性，而且还改变了地震波传播到地表的时间；地裂缝场地地表加速度放大系数和放大效应影响范围随着地裂缝倾角的增大而增大，土层错层和台地级数仅对地裂缝附近的加速度放大系数影响较大，对放大效应影响范围影响较小。

第4章

湿陷性黄土上部结构-桩-土共同
作用地基特性研究

我国黄土的分布很广，面积约达 60 万 km²。其中湿陷性黄土约占四分之三，遍及甘、陕、晋的大部分地区及豫、宁、冀等部分地区。此外，新疆和鲁、辽等地也有局部分布，由于土的性态非常复杂，它不仅直接影响地基反力的分布和基础的沉降，而且影响基础和上部结构的内力和变形。因此，研究湿陷性黄土上部结构-桩-土共同作用地基土桩的特性是非常必要的，它对于降低工程造价，具有重要的实用价值和社会意义。

4.1 黄土地区上部结构-桩-土共同作用
地基特性的分析与研究

4.1.1 湿陷性黄土地基的各种模型及其优缺点

地基模型亦称土的本构定律，它是研究土体在受力状态下体内应力-应变关系。广义地说，它是应力、应力水平、应力历史、应力路径、加载率、时间及温度等之间的函数关系。近十年来，一些学者在土的本构关系方面作了不少研究。目前有代表性的地基模型有线弹性地基模型、非线性弹性地基模型、弹塑性地基模型、黏弹性地基模型、黏塑性地基模型、准弹性地基模型和其他地基模型。归纳起来，主要分为两大类[139-141]：一类是弹性模型，它包括弹性地基模型和非线性地基模型；另一类是弹塑性模型。下面就常用的几种模型进行比较。

1. 线弹性地基模型

线弹性地基模型认为地基土在荷载作用下，它的应力-应变关系为直线。Winkler 地基模型和弹性半无限体地基模型正好代表线弹性地基模型的两个极端情况。Winkler 地基模型假定地基是由许多独立的且互不影响的弹簧组成，即地基任一点所受的压力强度只与该点的地基变形成比例，且压力强度不影响该点以外的地基的变形。该模型计算简单，只要 k 值选择得当，可获得比较满意的结果。但 Winkler 地基模型忽略了地基中的剪应力，按这一模型，地基变形只发生在基底范围内，基底范围外没有地基变形，这是与实际情况不符的。当地基抗剪强度很低以及压缩层较薄时，选用 Winkler 地基模型比较合适。

弹性半无限体地基模型把地基假设为均匀的、各向同性的、弹性的半无限体。它考虑了压力的扩散作用，比 Winkler 地基模型合理些，但是，该模型没有反映地基土的分层特性，且认为压力扩散到无限远。因此，算得的变形往往是偏大的。分层地基模型是利用我国《建筑地基基础设计规范》GB 50007 计算地基变形的分层总和法，它能较好地反映实际情况和基底下各土层的变化特性，并且在实践中积累了不少经验，共同作用分析能得到比较满意的结果。

层状横向各向同性弹性半无限体模型认为地基土往往是沉积而成的，在各层内比较均匀，而各层之间差别较大。这种地基模型有比较广泛的适用性，利用位移为深度的二次函数及 LAGRANGE 差值公式求出层元分项刚度，其所需存贮单元甚少，可用计算机分析大型的空间问题，有比较广泛的应用前景。

2. 非线性弹性地基模型

非线性弹性地基模型认为地基土的加载应力-应变关系呈非线性。主要包括以下几种：折线型、双曲线型、对数曲线以及用样条函数逼近土体应力-应变试验曲线等。这类模型能够反映土的非线性性质，同时与弹塑性模型相比具有简便、清晰的优点，因此被广泛使用。

3. 弹塑性地基模型

应用于地基基础计算的弹塑性计算模型有以下几种：Mohr-Coulomb 模型、Cambridge 模型、Lade-Puncan 模型、修正 Cambridge 模型、黄文熙模型、Row 模型、上海地基模型。土的弹塑性模型是建立在塑性增量理论的基础上的，它假定土应变可分成可恢复的弹性应变和造成永久变形的塑性应变两部分，其模型计算较复杂。

综上所述，对于共同作用来讲，弹塑性模型比较精确，但模型过于复杂，而线弹性模型过于简单，不能反映地基土实际存在的非线性性质。所以，非线性弹性模型成为湿陷性黄土共同作用分析中的最佳选择。

4.1.2　黄土地基土模量与深度变化关系的研究

为了研究地基土模量随深度的变化，本节采用侧限压缩试验的典型曲线进行分析，导出压缩模量 E_s 随 σ_1 的变化规律，其公式为[17]：

$$E_s = \frac{E_{1\text{-}2}}{144.3} - \ln\left(\frac{\sigma_1}{144.3}\right) \cdot \sigma_1 \tag{4-1}$$

从上式可知，由于不同深度处 σ_1（它等于竖向自重应力）不同，E_s 必有所不同，因而本节认为土的压缩模量 E_s 应该按深度进行修正。介于各土层的 $E_{1\text{-}2}$ 不同，计算不同土层的 E_s 时，应套用不同土层的 $E_{1\text{-}2}$ 值。根据上述概念，根据文献资料[142] 对西安交大图书馆沉降进行验算（西安交大图书馆是十二层钢筋混凝土框架结构），如表 4-1 所示。

西安交大图书馆桩基沉降的计算结果　　　　　　表 4-1

桩入土深度 (m)	作用桩基上的荷载	桩数	E_{1-2} (kN/m²)	计算沉降 (mm)	本文修正沉降 (mm)	实测竣工沉降 (mm)
26.00	5460	6	5 845.0	80.94	29.15	27.10
	3620	4	5 845.0	21.86	21.86	18.13
	2730	3	5 845.0	24.94	24.94	20.60
	4550	5	5 845.0	24.65	24.65	20.45

设桩为纯摩擦桩，桩侧摩阻力为三角形，假定桩的沉降量与桩下土层的压缩沉降量相等。从表 4-1 可以看出进行模量修正不但对桩的沉降而且对地基本身的沉降计算都是合理的。

4.1.3　黄土桩-土共同作用承载力研究

4.1.3.1　现行计算方法主要问题

由于桩-土共同作用的复杂性，各国学者对桩的承载力进行了许多研究。就单桩承载力而言，承载力计算目前主要有规范法[97,143]、按试验成果确定法[97]、α 法、β 法和 λ 法的经验计算法[144-146]、界面单元法[147,148] 等。另外，张耀年等[149]、洪敏康等[138] 通过不同的方法给出了承载力极限值的推荐值，还有利用静力触探数据对桩侧摩阻力进行估计[150,151] 等实用近似计算法。但由于群桩的工作特性比单桩更复杂，桩基承载力计算目前还在继续研究中。通过对大量文献及多年的理论研究，作者认为目前桩基承载力现行计算方法主要存在以下问题：

（1）按照实体深基础的整体剪切破坏法。这是土木工程界最流行的方法，一是以太沙基为代表的方法，广泛应用于日本和美国，其承载力等于群桩底面积与周边上摩阻力之和；其次是以有关规范为代表的方法，如西德、苏联和我国的规范，它们都不计及群桩周边上的抗剪力，而是将群桩底面积扩大，然后再计算它的承载力。这类方法只有在桩距小于等于 3D、群桩可能像实体深基础那样产生整体剪切破坏时才接近实际，这是为大量的模型实验所证实的。如果不是这样，凡是群桩不论桩距大小，它的承载力都按实体基础进行整体剪切计算，那就不符合实际了。

（2）采用桩与基础各自承载力之和的叠加法。其中以澳大利亚 1978 年的桩基规范为代表，其方法之一是低桩基础的承载力等于桩台下各桩的承载力之和，再加上桩台的净面积（扣除桩的面积）的承载力。这样简单地加起来，没有考虑基础和桩对上下端阻力的加强作用、基础对桩身侧摩阻力的削弱作用以及在受荷过程中的滞后作用。近几年,我国有的研究者,虽然在低桩基础的研究中同时考虑了加强作用和削弱作用,并对桩与土承载力都加以修正,但确定具体的修正系数还有一定的困难。

(3) 采用对群桩承载力求和的高桩承台法。当计算桩-浅基础复合基础承载力时,通常假定整个建筑物的荷载全部靠桩传到地基中去,而桩台只起到连接桩头和传递上部荷载的构造作用,即桩台下的地基在承载力的计算中是不起作用的,这显然不符合上部结构桩-土共同作用的实际情况。这只有地基固结而可能使桩台脱空时,该法才接近实际。总的来说,在设计桩-浅基础复合基础时,本法不适用下列情况:1) 对于基础下的桩间土不能产生自重固结沉陷、湿陷而与桩台脱空时的低桩基础;2) 对于桩距大于 $3.5d$ (d 为桩径),桩的入土深度小于 $3.8B$ (B 为基础宽度)且桩台外荷载大于基础极限荷载50%时的低桩基础;3) 对桩尖土的刺入变形大于桩间土的压缩变形的低桩基础。

4.1.3.2 作者建议采用的确定桩基承载力的方法

鉴于上述现行方法存在的主要问题,作者认为桩土复合基础的承载力不能以本地区的局部经验来代替普遍规律,最可靠的方法是进行工程原位试验。但是由于它比单桩试验困难得多,而且费用非常高,是难以实现的。本节采用桩帽着地的单桩现场试验,以便求得单桩承载力,然后乘以群桩效率系数即可得复合基础的承载力。而群桩效率系数可通过现场在同一条件下,用大比尺的单、群桩对比试验的方法[150-152]求得。下面是本节根据文献[153]的试验结果得到的经验公式,它是在黄土状粉质黏土通过不同桩距、不同入土深度及不同桩数的对比性模型试验中完成的,其结果见表4-2。

$$\zeta = 1.127 + 0.049 \frac{D}{d} \qquad (4\text{-}2)$$

式中 ζ——群桩效率系数;

D——桩距;

d——桩径或边长。

桩基础群桩效率系数的比较   表 4-2

桩距	桩入深度	桩数 n	实测值	计算值	误差(%)
$3d$	$24d$	9	1.160	1.254	8.10
$4d$	$24d$	9	1.280	1.303	1.80
$5d$	$24d$	9	1.360	1.352	−0.59
$3d$	$24d$	15	1.210	1.308	8.10
$4d$	$24d$	15	1.340	1.357	1.27
$5d$	$24d$	15	1.410	1.406	−0.28

从表4-2可以看出，对于小桩距（$D=3d$）、$L=B$ 或短桩相对误差偏大（8.1%），但这样桩距的入土深度不是最佳的，已很少采用。对于黏性地基土实际工程的桩复合基础的承载力，在不能做现场试验的情况下，上式的群桩效率系数可供设计参考使用，但对于桩距小于3倍桩径的群桩基础，仍按实体深基础的整体剪切破坏假想进行计算；对于桩台下的地基土，由于固结而可能使桩台基础底面落空时则仍按高桩台式群桩基础进行计算，而不考虑桩间土对承台支承作用。

4.2 在黄土地区上部结构-桩-土共同作用的受力分析与数值模拟研究

4.2.1 引言

当前，上部结构与基础和地基共同作用已成为人们关注的焦点，在理论和实践方面均已取得了很大的进展，得到了一些定性的结论，可用于工程实践。但这些研究主要用在软土地基，而在西安等黄土地区研究应用较少。由于共同作用影响因素相互结合成为一个整体，进行研究确实相当复杂和困难，加之各地区地质条件千差万别，理论的适用有一定的地域性。因此，探讨西安等黄土地区上部结构-箱（筏）基础-地基共同工作的性状和机理显得更为重要。本节在对上部结构与桩-土共同作用分析的基础上，进行了在黄土地区上部结构-桩-土共同作用的受力分析及数值模拟，其结果无论是在静力分析的定性规律上还是在其定量数值上均与测试结果有较好的一致性，为黄土地基高层结构设计提供充足的理论依据。

4.2.2 上部结构的作用

1. 上部结构与基础共同作用的分析

本节把参与共同作用的上部结构连续化成等效梁 A，把箱（筏）形基础连续化成等效梁 B，如图4-1所示。这里所考虑的上部结构是指框架结构或可化为壁式框架和剪力墙结构，且计算过程中箱基主要考虑弯曲变形。

由上部结构等效梁 A 与基础等效梁 B 接触曲率变形相等条件可以得到：

$$\frac{1}{E_1 I_1}[M_1 + \beta_1^2(\overline{q}(x)-q)] = \frac{1}{E_2 I_2}[M_2 + \beta_2^2(p(x)-\overline{q}(x))] \tag{4-3}$$

其中

$$M_1 = ql(x+a) - \int_{-a}^{x}\overline{q}(\zeta)\,d\zeta - \int_{-a}^{x}\frac{h_1}{2}f\overline{q}(x)\,dx \tag{4-4}$$

$$M_2 = \int_{-a}^{x}[p(\zeta)-\overline{q}(\zeta)](x-\zeta)\,d\zeta - \int_{-a}^{x}\frac{h_1}{2}f\overline{q}(x)\,dx \tag{4-5}$$

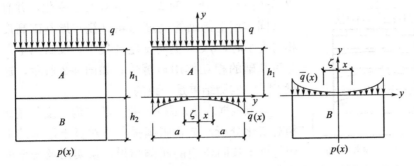

图 4-1 剪力墙与箱（筏）基共同作用分析图

取等效梁 A 和 B 微元体 $\mathrm{d}\zeta$，由平衡条件可得 $p\zeta - \overline{q}(\zeta) = \overline{q}(\zeta) - q$，代入式（4-3）并在等式两边同时对 x 微分二次，令

$$A = \frac{fh_1}{2}\left(1 - \frac{h_2 E_1 I_1}{h_1 E_2 I_2}\right)\bigg/\left(1 + \frac{\beta_2^2 E_1 I_1}{\beta_1^2 E_2 I_2}\right)$$

$$B = \left(1 + \frac{E_1 I_1}{E_2 I_2}\right)\bigg/\left(1 + \frac{\beta_2^2 E_1 I_1}{\beta_1^2 E_2 I_2}\right)$$

$$D = \frac{E_1 I_1}{E_2 I_2}\bigg/\left(1 + \frac{\beta_2^2 E_1 I_1}{\beta_1^2 E_2 I_2}\right)$$

则得：

$$\beta_1^2 \overline{q}''(x) - A\overline{q}'(x) - B\overline{q}(x) = -Dq \tag{4-6}$$

式中 β_1^2、β_2^2——考虑剪切变形影响下的截面系数，对于矩形截面 $\beta^2 = \frac{(1+\nu)}{5}h^2$；

       ν——泊松比；

   h_1、h_2——条带截面高度；

       f——等效梁 A 与等效梁 B 之间的摩擦系数；

   $E_1 I_1$——上部结构连续化抗弯刚度；

   $E_2 I_2$——箱（筏）基础连续化抗弯刚度。

由对称性及 y 方向的平衡条件，解式（4-5）的微分方程，可得：

$$\overline{q} = \frac{qa\left(1 - \frac{D}{B}\right)}{\sinh\lambda a}\cosh\lambda x + \frac{D}{B}q$$

其中 $\lambda = \frac{\sqrt{A + 4\beta_1^2 B}}{2\beta_1^2}$

2. 黄土地区上部结构参与共同工作高度的确定

表 4-3 是 $\overline{q}(x)$ 随着参与共同工作上部结构高度与基础高度相对变化的具体表达。在计算时，令弹性模量 $E_1 = E_2$，略去摩擦力的影响。从表 4-3 可以看

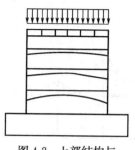

图 4-2 上部结构与
基础共同作用

出，$\overline{q}(x)$ 中间小，两头大，呈双曲线变化，并且在参与共同作用上部结构高度与箱（筏）形基础高度比值相对变小时，$\overline{q}(x)$ 更向支座处集中，反映出上部结构与筏基础的相互作用显著性，如图 4-2 所示，这与文献[154-156] 实测结果是一致的。

本节根据表 4-3 $\overline{q}(x)$ 随上部结构高度与基础高度相对变化分析，结合张国强[154] 对黄土地基的上部结构与桩土共同作用的实测结果，从实用及安全的观点出发，在无对比工程的情况下，作者建议黄土地区上部结构参与共同工作的高度值按下式选用

$$m = \begin{cases} INT[(n-0.5)/3]+1 & [箱（筏）基-剪力墙结构] \\ INT[(n-0.5)/3]+1 & [箱（筏）基-框架结构] \end{cases} \quad (4-7)$$

式中　m——上部结构参与共同工作的层数；

　　　n——上部结构的总层数。

$\overline{q}(x)$ 随着上部结构高度与基础高度相对变化的表达式　　表 4-3

$\dfrac{h_1}{h_2}$	B	D	λ	D/B	$\overline{q}(x)$
1.0	1.0	0.5	$1.0/\beta_1$	0.500	$\dfrac{qa}{\beta_1 \sinh\dfrac{1}{\beta_1}}\cosh\dfrac{1}{\beta_1}x + 0.5q$
1.5	1.75	1.35	$1.32/\beta_1$	0.771	$\dfrac{0.303qa}{\beta_1 \sinh\dfrac{1.323}{\beta_1}}\cosh\dfrac{1.323\,6}{\beta_1}x + 0.771q$
2	3	2.67	$1.732/\beta_1$	0.880	$\dfrac{0.192qa}{\beta_1 \sinh\dfrac{1.732}{\beta_1}}\cosh\dfrac{1.732}{\beta_1}x + 0.88q$
3	7	6.75	$2.65/\beta_1$	0.966 4	$\dfrac{0.089qa}{\beta_1 \sinh\dfrac{2.65}{\beta_1}}\cosh\dfrac{2.65}{\beta_1}x + 0.966\,4q$

应该注意到在式（4-7）确定的共同作用高度之上的结构对共同作用体系没有刚度贡献，只相当于直接施加荷载。另外从表 4-3 观察，考虑共同作用从层次上看要特别注意第二层和较低层的楼面梁，这是因为底层柱脚处产生的相对位移和转角使底层和二、三层的柱与横梁首先受到影响产生较大的内力。

4.2.3　上部结构 $E_1 I_1$ 和箱（筏）形基础 $E_2 I_2$ 的简化取值

1. 上部结构 $E_1 I_1$ 简化取值

高层建筑箱形基础作为一个箱形空格结构，承受上部结构传来的荷载和不均匀地基反力引起的整体弯曲。同时其顶板和底板分别受到由顶板荷载与地基反力

引起的局部弯曲。实例结果和计算分析表明，当上部结构为现浇剪力墙体系，由于上部结构刚度极大，箱形基础整体弯曲甚小，可忽略不计。结合文献［175-177］，上部结构总的折算刚度按下式计算：

$$E_1 I_1 = \sum_{i=1}^{m} \left[E_b I_{bi} \left(1 + \frac{K_{ui} + K_{1i}}{2K_{bi} + K_{ui} + K_{1i}} T^2 \right) \right] + E'_w I'_w \tag{4-8}$$

式中　　　　m——上部结构参与共同工作的层数；

E_b——梁的混凝土弹性模量；

I_{bi}——第 i 楼层梁的截面惯性矩；

K_{ui}、K_{1i}、K_{bi}——第 i 楼层上柱、下柱和梁的线刚度，取 $K_{ui} = I_{ui}/h_{ui}$，$K_{1i} = I_{1i}/h_{1i}$，$K_{bi} = I_{bi}/l$；

I_{ui}，I_{1i}——分别为第 i 楼层上柱、下柱的截面惯性矩；

l——柱距；

E'_w，I'_w——为在弯曲方向与箱形基础相连接的钢筋混凝土墙的弹性模量和截面惯性矩，对于无洞口和开有小面积洞口的墙身，连续钢筋混凝土墙的刚度 E'_w，I'_w 分别表示为：

$$\begin{cases} \dfrac{E_w I_w}{2} \left(\dfrac{L}{h} \right)^2 \xi = \varphi E_w I_w (\text{墙身无洞口}) \\ E'_w I'_w = E_w I_w (\text{墙身开有小面积洞口}) \\ I_w = \dfrac{bh^3}{12} \end{cases}$$

式中　b、h——钢筋混凝土墙的厚度和高度；

φ——折减系数，$\varphi = \dfrac{1}{2} \left(\dfrac{L}{h} \right)^2 \xi$；

L——上部结构弯曲方向的总长度，$L = Tl$，T 为弯曲方向的节间数；

ξ——修正后的放大系数，它反映墙体受框架的约束对自身刚度 $E_w I_w$ 的提高，取值见文献［175-177］。

2. 箱（筏）形基础 $E_2 I_2$ 简化取值

$E_2 I_2$ 为箱（筏）形基础刚度，其中 E_2 为箱（筏）形基础弹性模量，I_2 可按I字形（矩形）截面的箱形基础惯性矩计算。

4.2.4　柱-土共同作用的计算分析

1. 筏（箱）基础计算分析

处于承台中心的土体，由于受承台和桩体的约束，其反力的大小与承台的沉降密切相关。而承台外的土反力在受整体影响的同时，还受到有限筏板刚度引起的局部弯曲的影响。由黄土实测结果[154] 可以看出，承台下黄土反力分布主要体现整体作用，承台外土反力虽然也受整体挠曲影响，但受局部弯曲较为显著。本节取筏基上一个基础梁进行分析，其受力如图 4-3 所示。

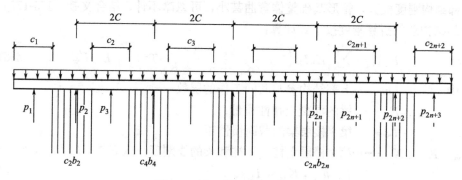

图 4-3　桩-土共同作用分析图

图 4-3 中 c_{2n}、b_{2n} 分别表示第 n 承台的长和宽尺寸。假定承台各轴线距离为 $2C$，p_1、p_2…为未知量，为桩及土的地基反力；$q(x)$ 是上部荷载作用。由文献 [1]，上部结构对基础梁产生的位移微分方程为：

$$w'''' - \alpha w'' = -\eta[p(x) - q(x)] + \gamma[p''[x] - q''(x)] \tag{4-9}$$

$$w'' = -\eta M^{\mathrm{J}} + \gamma[p[x] - q(x)] \tag{4-10}$$

其中，$\eta = \dfrac{1}{1 + \dfrac{k(GF)^{\mathrm{K}}}{(GF)^{\mathrm{J}}}}\dfrac{1}{E_2 I_2}$；　$\gamma = \dfrac{1}{1 + \dfrac{k(GF)^{\mathrm{K}}}{(GF)^{\mathrm{J}}}}\dfrac{k}{E_2 I_2}$；　$\alpha = \eta\left[(GF)^{\mathrm{J}} + \dfrac{6K_{\mathrm{cl}}}{l}\right]$

式中　$(GF)^{\mathrm{K}}$——上部结构的剪切刚度，$(GF)^{\mathrm{K}} = \dfrac{12}{l\left(\dfrac{1}{K_{\mathrm{b}} + K_{\mathrm{c}}}\right)}$；

　　$(GF)^{\mathrm{J}}$——筏基连续化的抗剪刚度；

　　k——剪切系数；

　　K_{b}，K_{c}——分别为共同作用的上部结构梁、柱的刚度，$K_{\mathrm{b}} = \dfrac{\sum EI_{\mathrm{b}}}{l}$，

　　$K_{\mathrm{c}} = \dfrac{\sum EI_{\mathrm{c}}}{h}$，其中 $\sum EI_{\mathrm{b}}$ 为同一开间各层梁的抗弯刚度之和；

　　$\sum EI_{\mathrm{c}}$ 为同一根柱的各层柱的抗弯刚度之和；

　　h——层高；

　　K_{cl}——第 1 层柱线刚度；$K_{\mathrm{cl}} = \dfrac{EI_{\mathrm{cl}}}{h_1}$；

　　M^{J}——基础梁弯矩。

将式（4-10）代入式（4-9）得

$$(M^{\mathrm{J}})'' - \alpha M^{\mathrm{J}} = \left(1 - \dfrac{\alpha\gamma}{\eta}\right)[p(x) - q(x)] \tag{4-11}$$

将式（4-10）及式（4-11）写成差分式

$$M_i^{\mathrm{J}} = \frac{\gamma_i}{\eta_i}(p_i - q_i) - \frac{1}{\eta_i C^2}[1, -2, 1] \begin{Bmatrix} w_{i-1} \\ w_i \\ w_{i+1} \end{Bmatrix} \tag{4-12}$$

$$[1, -(2 + \alpha_i C^2), 1] \begin{Bmatrix} M_{i-1}^{\mathrm{J}} \\ M_i^{\mathrm{J}} \\ M_{i+1}^{\mathrm{J}} \end{Bmatrix} = C^2 (1 - \alpha_i \frac{\gamma_i}{\eta_i})(p_i - q_i) \tag{4-13}$$

对于 M_1^{J}，M_n^{J} 根据边界条件及前差分可得

$$M_1^{\mathrm{J}} = \frac{c_1 C}{4}(p_1 - q_1) - \frac{\alpha_1}{4\eta_1}[-1, 1] \begin{Bmatrix} w_1 \\ w_2 \end{Bmatrix} \tag{4-14}$$

$$M_n^{\mathrm{J}} = \frac{c_n C}{4}(p_n - q_n) - \frac{\alpha_n}{4\eta_n}[-1, 1] \begin{Bmatrix} w_{n-1} \\ w_2 \end{Bmatrix} \tag{4-15}$$

由于 $\{w\} = \{w_1, w_2, w_3 \cdots w_n\}$、$\{p\} = \{p_1, p_2, p_3 \cdots p_n\}$，将式（4-12）、式（4-14）和式（4-15）合并写成矩阵形式

$$[M] = -\frac{1}{\eta C^2}[D]\{w\} + [E] \tag{4-16}$$

其中，
$$[E] = \begin{Bmatrix} \dfrac{c_1 C}{4}(p_1 - q_1) \\[2mm] \dfrac{\gamma}{\eta}(p_2 - q_2) \\[2mm] \dfrac{\gamma}{\eta}(p_3 - q_3) \\ \vdots \\ \dfrac{\gamma}{\eta}(p_{n-1} - q_{n-1}) \\[2mm] \dfrac{c_n C}{4}(p_n - q_n) \end{Bmatrix}$$

式中　$[M]$——基础梁弯矩，即为 $[M] = \begin{bmatrix} M_1^{\mathrm{J}} \\ M_2^{\mathrm{J}} \\ M_3^{\mathrm{J}} \\ \vdots \\ M_n^{\mathrm{J}} \end{bmatrix}$；

C——图 4-3 所示桩-土共同作用分析图中的轴线长度的一半；

$[D]$——地基柔度矩阵，根据 $\{w\} = [D]\{p\}$，由桩顶及地基土在 p_1，p_2，$p_3 \cdots p_n$ 作用下的沉降计算获得，计算见文献 [17]。

2. 黄土地区共同作用承台下沉降计算

在桩基中，桩土的相互作用相当于增加了地基土的弹性模量，从而使桩基沉降比无桩的浅基础的沉降小很多。因此，计算桩基沉降时，应考虑土共同作用的弹性模量。由文献[3,142,155,157] 实测表明，西安地区群桩基础沉降量与软土地区相比较小，结合黄土地区桩-土共同作用的实测结果得出刚性承台下沉降公式：

$$S_c = m_c q \cdot B_e \frac{1-\nu_s^2}{E'_s} I_w \tag{4-17}$$

式中 S_c ——承台下沉降值；

B_e ——基础的等效宽度，取 $B_e = \sqrt{A}$，A 为承台面积；

ν_s ——地基土刚性泊松比，其取值见表4-4；

E'_s ——桩-土共同作用的弹性模量，其取值按照文献[29] 根据桩土共同作用的弹性模量 E'_s 与桩长范围内土的平均厚度加权压缩模量 E_s 之间存在近似的比例关系 $E'_s = 3E_s$ 来确定；

q ——基础底的平均接触应力；

I_w ——影响系数，取决于基础的形状和刚度系数，如表4-5所示；

m_c ——修正系数，它是根据西北黄土地区桩基础实测沉降与计算公式进行比较，综合统计所得见表4-6。

西北地区黄土泊松比的建议值　　　　　　　　　　表4-4

黄土种类	黄土的状态	ν_s
粉质黏土	硬塑状态	0.13
	可塑状态	0.29
	软塑、流塑状态	0.38
黏土	硬塑状态	0.13
	可塑状态	0.35
	软塑、流塑状态	0.44

刚性基础的影响系数 I_w　　　　　　　　　　表4-5

基础形状	圆形	方形	矩形 L/B				
			1.5	2.0	5	10	100
I_w	0.88	0.82	1.06	1.20	1.70	2.10	3.40

黄土地区桩基沉降的经验修正系数的建议值　　　　　　　　　　表4-6

桩入土深度(m)	<25	25~35	35~55	55~65	>65
m_c	0.90	0.8~0.55	0.55~0.38	0.38~0.20	0.20~0.10

3. 筏基的弯矩及相应的剪力

由式（4-17）以及土的沉降计算[158]，可写出桩顶及筏底土在 q_1，$q_2 \cdots q_n$ 作

用下的沉降矩阵 $\{w\}$。将计算出的 $\{w\}$ 代入式（4-16），并结合式（4-13），即可求出 $\{p\}$。把 $\{p\}$ 代入式（4-16）就可求出筏基的弯矩及相应的剪力。

4.2.5 计算结果分析

通过理论与实测分析[52,157,159-164]，影响基底反力大小和分布的主要有上部结构刚度、荷载水平、箱（筏）基刚度、平面尺寸、地基土特性以及基础边界等因素。计算上部结构连续化抗剪刚度时所采用的上部结构高度由式（4-4）确定，式（4-4）确定的共同作用高度之上的结构对共同作用体系不考虑刚度贡献只相当于直接施加荷载。本文按上述方法编制了相应的计算程序，下面以一算例进行分析。

计算实例采用位于西安市朱雀门内五味什字南侧的陕西省建设银行金融大厦，其为高 49.8m 的 14 层框架剪力墙结构。该工程场地地面标高介于 400.00～409.00m，地貌单元属渭南南岸Ⅱ级阶地，地下黄土深度 36m，该工程场地土层详见文献[154]。基础为整体片筏基础，筏板厚度 700mm，主梁梁高 1800mm，次梁梁高 1500mm，其上覆盖土至地下室地坪，桩长为 25m，桩径 800mm，成孔垂直度 0.83，混凝土弹性模量 $E=2\times10^5\mathrm{N/mm^2}$，承台尺寸为 8m×4m，地基 $E_0=3.0\times10^5\mathrm{N/mm^2}$，$v=0.30$，柱距 $s=4.0\mathrm{m}$，层高 $h=3.6\mathrm{m}$。通过分析上部结构，考虑 5 层以下作为共同作用的高度，5 层以上的结构对共同作用体系没有刚度贡献只相当于直接施加荷载。经计算 $K_b=14.0\times10^4\mathrm{N/mm}$，$K_c=24.4\times10^4\mathrm{N/mm}$，$(GF)^K=26.7\times10^4\mathrm{kN}$。计算所得桩顶压力测试结果对比如图 4-4 所示，求出基础梁的弯矩与剪力如图 4-5 所示。

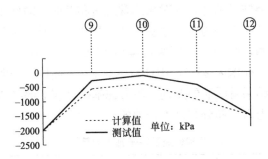

图 4-4　计算与测试桩顶荷载曲线对比

从图 4-4 的计算与测试曲线结果可以看出，在考虑共同作用后，计算结果与测试结果基本上是一致的，桩顶荷载分布产生马鞍形沉降，柱边基础反力增大，桩群内部反力减少。从计算与测试数据对比来看，由于实测数据对实测条件很敏感，其结果受到周围环境的影响和制约。因此，计算结果与实测结果相比有一些数值上的出入；另外，在解析法的分析过程中，所做的基本假定以及一些简化措

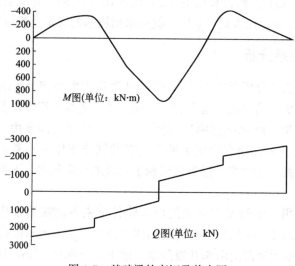

图 4-5　基础梁的弯矩及剪力图

施也是与测试数据存在误差的原因。例如，假定土为均匀弹性介质，在推导中忽略了土的黏性、非线性、滞后性对计算的影响，以致产生的误差是必然的。但从图形总体来看，桩顶反力沿轴线的变化规律都是比较吻合的，并且计算结果均大于实测结果。由此可见，采用本文的计算方法是可行的，数据计算是可靠的。它对于寻找一种简化的基底反力计算方法，了解各种外部因素对基底反力的影响规律，帮助工程师把握正确的方向，从概念上指导工程设计具有现实意义。

　　表 4-7 是利用本文计算方法分析了宽为 1.8m、高为 1.6m、长为 32m 的条形基础弯矩及上部框架柱子轴力，并对采用常规法和考虑共同作用的方法所得的结果进行了对比。其中，地基为黄土地基，地基采用分层地基模型。从表 4-7 可以看出，考虑共同作用，基础中点处弯矩偏小 46%，上柱荷载有向边柱转移的现象，与常规相比，边柱增大 25%，中柱减少 5%。上述比较表明，常规计算方法与共同作用分析的结果有明显的差别，不考虑基础（或上部结构）来分析上部结构（或基础）的内力大小和分布是不合理的。

基础弯矩及柱子轴力计算值　　　　　　　　　　　　　　　表 4-7

计算方法	基础弯矩(kN·m)						柱子轴力(kN)				
	柱间跨中			柱下处			柱下处				
	⑤~⑥	⑥~⑦	⑦~⑧	⑥	⑦	⑧	④	⑤	⑥	⑦	⑧
常规法	302.2	409.3	433.7	572.4	626.8	636.1	203.2	359.2	401.9	399.7	400.1
共同作用法	48.6	51.5	88.4	351.9	365.1	345.1	250.4	389.5	385.0	385.0	385.0

注：梁截面积 $0.32m^2$，柱截面积 $0.24m^2$，基础截面积 $0.99m^2$。

4.3　上部结构-桩-土共同作用特性的分析与研究

　　上部结构-桩-土共同作用，通过理论和实际结果的分析，已得到了一些定性的结论，可用于工程实践。由于共同作用影响因素相互结合成为一个整体，对其进行研究确实相当复杂和困难，主要表现在对上部结构-桩筏基础共同作用受力机理及其变化规律认识不清，而采用许多不合理的计算方法。通过工程实践检验，发现上部结构实际内力往往与常规设计理论有较大差距，底层梁柱尤为明显，甚至出现严重开裂，使结构处于不安全状态，造成经济上的损失。为了全面认识上部结构-桩-土共同作用结构的受力机理以及地震作用下的受力行为及抗震性能，寻求高层建筑设计的合理性，本节通过对上部结构在桩-土共同作用下的特性分析与研究，比较了共同作用与非共同作用抗震与非抗震性能，提出了在实际设计中高层结构设计应注意的问题，为上部结构设计提供理论依据。

4.3.1　上部结构桩-土共同作用的抗震性能

　　1. 上部结构在共同作用下的动力特性

　　为了更深入地研究分析桩-土共同作用的影响，本文把多自由度体系上部结构简化为剪切杆，进行共同作用动力特性的分析。剪切杆在桩-土共同作用下，底部受到桩-土的水平推力，由弹性支承来表示。振动模型如图4-6所示。为了研究方便，把 k_1、k_2 串联，刚度由总合刚度 k 表示，如图4-6（b）所示。k 反映了土壤的支持能力的大小，由土壤性质确定，具体见相关文献[165]。

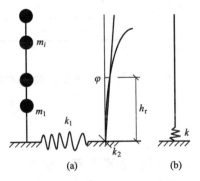

图4-6　共同作用上部结构振动模型

$$k = \frac{1}{\dfrac{1}{k_1} + \dfrac{h_r^2}{k_2}}$$

式中　k_1——地基水平剪切刚度；

　　　　k_2——上部结构的转动刚度；

　　　　h_r——杆的质心到杆底的距离。

　　根据文献[1]，剪切杆自由振动的微分方程为：

$$\frac{\partial^2 u}{\partial x^2} = \frac{1}{v_c} \frac{\partial^2 u}{\partial t^2} \tag{4-18}$$

式中　v_c——$v_c = (E/\rho)^{1/2}$，ρ 为材料的质量密度。

　　经过分离变量代换，式（4-18）的解为：

$$X = C\cos\frac{\omega}{v_c}x + D\sin\frac{\omega}{v_c}x \tag{4-19}$$

对于考虑桩-土共同作用的剪切杆，其上端自由，下端为弹性支承情况时的边界条件为：

(a) 当 $X=0$ 时，$\dfrac{\partial u}{\partial x} - ku = 0$

(b) 当 $X=H$ 时，$\dfrac{\partial u}{\partial x} = 0$

此时的频率方程为：

$$\frac{EA}{k}\left(\frac{\omega H}{v_c}\right)^2 \sin\left(\frac{\omega H}{v_c}\right) = \frac{\omega}{v_c}\cos\left(\frac{\omega H}{v_c}\right) \tag{4-20}$$

令 $\zeta = \dfrac{\omega H}{v_c}$，$\eta = \dfrac{kH}{EA}$，则式（4-20）可以简化为：

$$\zeta \tan\zeta = \eta \tag{4-21}$$

由方程（4-21）可以得到 η 和 ζ 相关值，如表 4-8 所示。

剪切杆基底刚度与固定频率的关系　　　　　　　　　　表 4-8

ζ	0	0.5	1.0	1.2	1.5
η	0	0.273	1.559	3.090	21.385
k	0	$0.273EA/H$	$1.559EA/H$	$3.090EA/H$	$21.385EA/H$
ω	0	$(\pi i - 0.499)A$	$(\pi i - 0.999)A$	$(\pi i - 1.198)A$	$(\pi i - 1.5)A$

注：$A = v_c/H$。

通过表 4-8 可以确定各阶固有频率 ω_i。相应于各阶频率的主振型为

$$X_i = D_i\left[\frac{EA}{k}\frac{\omega_i}{v_c}\cos\left(\frac{\omega_i x}{v_c}\right) + \sin\left(\frac{\omega_i x}{v_c}\right)\right] \tag{4-22}$$

当弹簧系数 k 很小时，即 $k \to 0$，方程（4-19）可变为 $\sin\omega H/v_c = 0$，即为两端自由时的频率方程；反之，当 k 很大，即 $k \to \infty$ 时，式（4-20）可变为 $\cos\omega H/v_c = 0$，方程变为上端自由下端固定的杆频率方程。因此可以看出，根部弹性滑移及弹性转动的存在，可使体系自振频率 ω 大幅度降低。从而进一步说明，考虑共同作用后，结构的自振频率比常规设计要小。

2.上部结构在共同作用下的地震反应

将剪切杆离散化为有限质点，则运动方程写成如下形式

$$[M]\{\ddot{x}\} + [C]\{\dot{x}\} + [K]\{x\} = -\ddot{x}_g(t)[M] - [M][h_r]\{\ddot{\varphi}\} \tag{4-23}$$

式中　　$[M]$，$[C]$，$[K]$——分别为上部结构质量、阻尼、包括 k 在内的刚度矩阵；

$\ddot{x}_g(t)$——地震地面运动加速度。

对方程 (4-23) 进行强行解耦可得：

$$\ddot{q}_j(t) + 2\zeta_j \omega_j \dot{q}_j(t) + \omega_j^2 q_j(t) = -\gamma_j \ddot{x}_g(t) - \gamma'_j \ddot{\varphi}(t) h_j \qquad (4-24)$$

式中　q_j——结构第 j 阶振型广义坐标；

　　　ζ_j、ω_j——结构第 j 阶振型阻尼比和固有频率；

　　　γ_j、γ'_j——分别为共同作用下第 j 阶振型中的 $x_g(t)$、$\varphi(t)$ 对应的振型参与系数。

则第 i 质点的位移反应为：

$$x_i(t) = \sum_{j=1}^n \gamma_j \Delta_j(t) x_{ji}(t) + \sum_{j=1}^n \gamma_j \Delta'_j(t) x_{ji} \qquad (4-25)$$

式中　$\Delta_j(t)$、$\Delta'_j(t)$——分别为阻尼为 ζ_j、自振频率为 ω_j 单自由度体系的水平位移及转动位移反应。

在桩-土共同作用下，由上述可知剪切杆的两种极端情况是：（1）下端自由；（2）下端固定。而下端为自由端的杆根据文献 [166] 可知其加速度分布为"K"形，即两边大，中间小；而对于第二种情况其加速度为"倒三角形"分布。根据式 (4-25) 计算分析结果可知，在桩-土共同作用下，结构地震加速度反应正处于上述两种情况之间，其加速度分布也接近于"K"形分布，造成底层剪力较小，顶层剪力较大，层间剪力与层间位移发生重分布现象，结构的地震作用减弱。

3. 计算与对比

为了分析比较，本节算例选用一栋某 9 层的框架结构，桩截面为 $35\text{cm} \times 35\text{cm}$，桩长 $L_p = 14\text{m}$，桩距 4m，楼层各质量 $m_j = 4.8 \times 10^3 \text{kg}$，各层水平侧移刚度 $k_j = 8.93 \times 10^4 \text{kN/m}$，承台质量 $m_0 = 4.0 \times 10^3 \text{kg}$，高 $h_o = 2\text{m}$，宽 $B = 8\text{m}$，土、桩和结构阻尼分别是 0.2、0.1 和 0.04。本建筑场地由 7 层主要土层组成，下为基岩，土层参数见文献 [17]。地面输入 El Centro 波和 Taft 波（其中采用 El Centro1940NS 地震波记录，峰值加速度为 0.341 7g，持时 4.5s)，分别进行基础固定（地震波从基础地面输入）和考虑桩土参与工作（地震波从基岩输入）计算，并与 Super Flush 程序计算结果进行对比，如表 4-9 所示。

上部结构各楼层最大位移比较　　　　　　　　表 4-9

层数	El Centro				Taft			
	基础固定	Super Flush①	本文 ②	(②－①) /①×100%	基础固定	Super Flush③	本文 ③	(④－③) /③×100%
1	0.31	1.54	1.68	9.09%	0.40	2.04	1.93	−5.39%
2	0.72	1.72	1.80	4.65%	0.98	2.08	2.00	−3.85%
3	1.12	2.00	2.09	4.50%	1.87	2.44	2.30	−5.74%
4	1.65	2.44	2.49	2.05%	1.91	2.96	2.86	−3.38%

续表

层数	El Centro				Taft			
	基础固定	Super Flush①	本文②	(②−①)/①×100%	基础固定	Super Flush③	本文③	(④−③)/③×100%
5	1.89	2.69	2.60	−3.35%	2.00	3.54	3.48	−1.69%
6	2.67	3.34	3.32	−0.60%	2.23	4.56	4.60	0.88%
7	3.06	4.21	4.15	−1.43%	2.54	5.63	5.45	−3.20%
8	3.46	4.89	5.06	3.48%	3.00	6.68	6.80	1.80%
9	3.86	5.56	6.00	7.91%	3.18	7.70	7.60	−1.30%

从表 4-9 可以看出，本文计算结果与 Super Flush 程序相比，在 El Centro 波和 Taft 波作用下，楼层顶层位移误差分别为 7.91% 和 −1.30%，各楼层位移最大误差在 9.09% 范围内，验证了本文编制程序的正确性和适用性。

4.3.2 上部结构共同作用与非共同作用下设计内力的比较

本节假定在共同作用下上部结构以剪切变形为主，利用解析法求出了上部结构在共同作用下内力具体表达式，见文献 [167]。下面通过静力计算分析就上部结构共同作用与非共同作用下设计内力进行比较。

1. 共同作用下上部结构内力的分布

承台、群桩、土相互作用导致群桩基础各桩的桩顶荷载分布不均。一般来说，角桩的荷载最大，中心桩最小，边柱次之。大量的文献实测表明，上部结构作用于基础上的基底反力将呈现与荷载不一致的马鞍形，从而使结构产生次应力，造成上部结构内力的重分布[3,5,15,154,155,157,160,162-164,168]。

通常，建筑物的长高比（L/H）比普通梁构件要小得多，都具有相当的抗弯刚度，若将整个上部结构（地基上的"深梁"）也视作"基础"，并设想它在顶面上的均匀荷载作用下发生纵向挠曲，此时，由于架越作用，上部结构作用于基础上的基底反力也将呈现与荷载不一致的马鞍形，从而在结构中产生次应力。通常框架结构在按整体刚度的强弱对基础不均匀沉降进行调整的同时，也使中柱一部分荷载向边柱转移，使基础转动、梁柱挠曲从而出现次内力。

2. 框架结构刚度与层数的关系

框架结构的刚度随层数的增加而增加，但增加的速度逐渐减慢，达到一定的层数便趋于稳定。上部结构与基础连接在考虑共同作用下有 3 个自由度，即水平位移 u、竖向位移 v 和角位移 θ，其对应于上部结构刚度系数分别是水平刚度 k_{uu}、竖向刚度 k_{vv} 以及抗弯刚度 $k_{\theta\theta}$。通过共同作用分析，发现刚度系数 k_{uu}、k_{vv}、$k_{\theta\theta}$ 给予基础的贡献是不同的，当达到某一"临界层数"后就趋于停息。经过分析，水平刚度和抗弯刚度在层数 $n \geqslant ns$（上节算例 9 层框架 $ns=5$）就保持为常量，仅在较高的层数还存在竖向刚度对基础的贡献。由此可见，上部结构的刚度随层数变化主要是体现在竖向刚度 k_w 的增加，但是它对基础的贡献是有限的，而不像常规方法那样不考虑上部结构的刚度对基础的贡献。

3. 共同作用与一般计算方法对上部结构内力的比较

图 4-7 是考虑共同作用与常规计算方法得到的上部结构弯矩对比图。从图中可以看出，考虑共同作用后，梁柱受到差异沉降的影响，弯矩普遍大于按常规方法求得的结果。

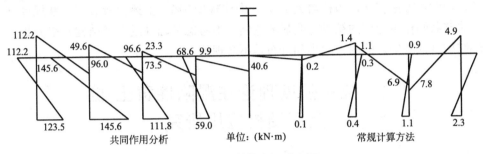

图 4-7 上部结构弯矩对比图

表 4-10 是多层八跨框架，在考虑共同作用下与常规计算柱荷载分布的增减百分数。从表 4-10 可以看出，柱荷载发生了重分布现象。按常规法，各柱的荷载与层数成正比，但实际上，由于基础产生马鞍形沉降，随着层数的增加，作用在基础上的柱荷载显然也将增大，但它绝不是竖向楼层荷载的简单叠加。上部结构参与抵抗这样沉降的发展，边柱因挤压而加载，中柱因拉伸而卸载，从而荷载并不随层数的增加而增大，而是达到一定层数后荷载增值基本趋于稳定。

共同作用与常规计算柱荷载增减表　　　　　　表 4-10

柱	层数			
	6	9	12	15
边柱①	0.25	0.30	0.33	0.35
中柱②	−0.013	−0.013 6	−0.013 8	−0.014 0
中柱③	−0.041 0	−0.042 0	−0.042 5	−0.045 0
中柱④	−0.062 0	−0.067 0	−0.071 0	−0.072 0
中柱⑤	−0.083 0	−0.082 0	−0.088 0	−0.089 0

注：表中计算值为 $(N_g - N_c)/N_g$。

4.3.3　共同作用分析与一般计算方法在基础设计的比较

常规基础设计是假定柱脚固定，求得外荷载作用下的上部结构内力和柱脚反力，然后将柱脚反力反作用于基础上，由此求得基础内力。该法忽略了上部结构刚度对基础的制约作用，其结果是：（1）求得基础弯矩和内力过大；（2）忽略了基础差异沉降引起的上部结构的次内力，低估了框架的内力。本文利用差分法求出了共同作用下，基础梁产生的弯矩与剪力矩阵表达式，（具体见文献 [5]），利用表达式分析了宽为 1.8m、高为 1.6m、长为 32m 的条形基础弯矩及柱子轴力，并对采用常规法和考虑共同作用方法的两者计算值进行了对比，如表 4-7 所示。其中，地基为粉质黏土和淤泥黏土，并采用分层地基模型。从表 4-7 可以看出，考虑共同作用时，基础中点处弯矩偏小 54%，上柱荷载有向边柱转移的现象，与常规方法相比，边柱增大 25%，中柱减少 5%。上述比较表明，常规计算方法与共同作用分析的结果有明显的差别，不考虑基础（或上部结构）来分析上部结构（或基础）的内力大小和分布是不合理的。

4.4　统一强度理论在湿陷性黄土-桩-上部结构应用研究

目前，在桩筏基础分析中地基土大多数仍采用线弹性模型，未能考虑土的非线性和非均匀性。有关地震作用下群桩基础非线性动力反应的定量研究成果仍较少[169]。虽然相关文献针对强震作用下的桩基础的非线性地震反应进行研究[18,169]，但均采用 Drucker-Prager 理想弹塑性模型模拟地基土的非线性。

Drucker-Prager 准则是 Drucker 和 Prager 为了克服 Mises 准则没有考虑静水压力对屈服与破坏的影响以及 Mohr-Coulomb 理论没有考虑中间主压力效应的不足，于 1952 年提出的，其数学表达中包含了中间主应力和静水压力，因此提出后得到广泛的应用和推广。但是由于它不能与试验结果相吻合，计算结果经常与实际情况不符，出现荒谬背离现象[66,68-70]，因此存在较大的缺陷[170,171]。我国俞茂宏教授自 1985 年起基于双剪的概念先后提出了材料的双剪强度理论和统一强度理论，并在一些领域得到了应用[64,172-175]。本节作者应用该强度理论对桩-土共同作用的上部结构在湿陷性黄土下的弹塑性分析作了深入的探讨。

4.4.1　上部结构-土-桩共同作用的计算分析模式

由文献 [175] 可知，上部结构与承台桩-土共同作用的上部结构动力方程为：

$$m_r(\ddot{x}_r + \ddot{x}_g + \ddot{\varphi}h_r) - k_{r+1}(x_{r+1} - x_r) + k_r(x_r - x_{r-1})$$
$$- C_{r+1}(\dot{x}_{r+1} - \dot{x}_r) + C_r(\dot{x}_r - \dot{x}_{r+1}) = 0 \tag{4-26}$$

$$\sum_{r=1}^{n} m_r(\ddot{x}_r + \ddot{x}_g + \ddot{\varphi}h_r) + m_0\left(\ddot{x}_0 + \ddot{x}_g + \frac{h}{2}\ddot{\varphi}\right) + Q(t) = 0 \tag{4-27}$$

$$J_0\ddot{\varphi} + \sum_{r=1}^{n} m_r h_r(\ddot{x}_r + \ddot{x}_g + \ddot{\varphi}h_r) + m_0\left(\ddot{x}_0 + \ddot{x}_g + \frac{h}{2}\ddot{\varphi}\right)\frac{h}{2} + M(t) = 0 \tag{4-28}$$

式中　　　　　J_0——承台绕质心转动惯量；

$Q(t)$、$M(t)$——地基对承台的水平反力和反力矩；

　　　m_r、k_r——第 r 层质量及刚度系数；

　　　h、m_0——承台高度和质量；

　　　　$\ddot{x}_g$——地面加速度。

而

$$Q(t) = C_H \dot{x}_0 + C_{H\varphi} \dot{\varphi} + K_H x_0 + K_{H\varphi} \varphi$$

$$M(t) = C_{H\varphi} \dot{x}_0 + C_\varphi \dot{\varphi} + K_{H\varphi} x_0 + K_\varphi \varphi$$

式中　K_H、K_φ、$K_{H\varphi}$——分别代表水平振动、摇摆振动和水平摇摆之间的耦合
　　　　　振动刚度；

　　　C_H、C_φ、$C_{H\varphi}$——相应的阻尼阻抗，计算见文献［176］。

由互等原理知 $K_{H\varphi} = K_{\varphi H}$；$C_{H\varphi} = C_{\varphi H}$；由式（4-26）得：

$$m_r(\ddot{x}_r + \ddot{x}_g + \ddot{\varphi} h_r) = k_{r+1}(x_{r+1} - x_r) - k_r(x_r - x_{r-1}) + C_{r+1}(\dot{x}_{r+1} - \dot{x}_r) - C_r(\dot{x}_r - \dot{x}_{r+1})$$
$$= 0$$

$$(4\text{-}29)$$

把式（4-29）代入式（4-27），并联合式（4-28）一起用矩阵形式表示为：

$$[\overline{M}] \{\ddot{x} + \ddot{x}_g\} + [\overline{C}] \{\dot{x}\} + [\overline{K}] \{x\} = 0 \tag{4-30}$$

对于相互作用体系运动方程（4-30），本节采用 Newmark 方法在时域中求解。考虑在强震作用下地基土将进入塑性阶段，桩与邻近土体间也可能产生滑移或分离现象，因此，本节采用俞茂宏统一强度理论产生的新模型模拟地基土的非线性。

4.4.2　统一强度理论简介

在主应力空间中，3 个主剪应力及其作用面上的法向正应力分别为：

$$\tau_{13} = \frac{\sigma_1 - \sigma_3}{2} ; \sigma_{13} = \frac{\sigma_1 + \sigma_3}{2}$$

$$\tau_{12} = \frac{\sigma_1 - \sigma_2}{2} ; \sigma_{12} = \frac{\sigma_1 + \sigma_2}{2} \tag{4-31}$$

$$\tau_{23} = \frac{\sigma_2 - \sigma_3}{2} ; \sigma_{23} = \frac{\sigma_2 + \sigma_3}{2}$$

由式（4-31）可知 $\tau_{13} = \tau_{12} + \tau_{23}$，其中，$\tau_{13}$ 为最大主剪应力，τ_{12} 和 τ_{23} 有一个为中间主剪应力，另一个为最小主剪应力。考虑了最大和中间主剪应力的统一强度理论表达式为：

当 $\tau_{12} - \beta\sigma_{12} > \tau_{23} - \beta\sigma_{23}$

$$F = \tau_{13} - \beta\sigma_{13} + b(\tau_{12} - \beta\sigma_{12}) = k \tag{4-32}$$

当 $\tau_{12} - \beta\sigma_{12} \leqslant \tau_{23} - \beta\sigma_{23}$

$$F' = \tau_{13} - \beta\sigma_{13} + b(\tau_{23} - \beta\sigma_{23}) = k \tag{4-33}$$

式中 b——当作用有中间主剪应力及其作用面上的法向正应力时，材料破坏的影响程度；

     β、k——材料参数，可通过拉压试验得出。若规定压应力为正，拉应力为负，则上式的主应力表达式为：

当 $\sigma_2 \leqslant \dfrac{\alpha\sigma_1 + \sigma_3}{1+\alpha}$，

$$F' = \alpha\sigma_1 - \frac{b\sigma_2 + \sigma_3}{1+b} = \sigma_t \qquad (4\text{-}34)$$

当 $\sigma_2 > \dfrac{\alpha\sigma_1 + \sigma_3}{1+\alpha}$，

$$F' = \frac{\alpha}{1+b}(\sigma_1 + b\sigma_2) - \sigma_3 = \sigma_t \qquad (4\text{-}35)$$

式中 α——材料单轴强度拉压比；

     σ_t——材料的单轴抗拉强度。

对于外凸形强度理论而言，b 的取值范围为 $[0，1]$。当 $b=0$ 时，统一强度准则退化成 Mohr-Coulomb 强度准则，它界定了统一强度准则的下限；当 $b=1$ 时，统一强度准则转化成双剪强度准则，它界定了统一强度准则的上限。当 $0 < b < 1$ 时，统一强度准则可分别与其他强度准则作直线近似，如图 4-8 所示。

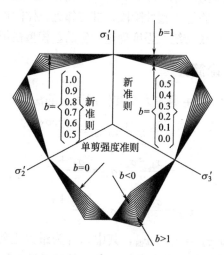

图 4-8   统一强度准则 x 平面破坏极限线簇

4.4.3   统一强度理论对黏性土的理论分析

如图 4-8 所示，统一强度理论包含了无限多个强度理论。对于黏性土而言，若式（4-34）、式（4-35）用主应力、黏性土黏聚力 C_0、黏性土内摩擦角 φ 可表示为：

当 $\sigma_2 \leqslant \dfrac{\sigma_1 + \sigma_3}{2} - \dfrac{\sigma_1 - \sigma_3}{2}\sin\varphi$

$$F = \sigma_1(1 - \sin\varphi) - \frac{b\sigma_2 + \sigma_3}{1 + b}(1 + \sin\varphi) = 2C_0\cos\varphi \tag{4-36}$$

当 $\sigma_2 > \dfrac{\sigma_1 + \sigma_3}{2} - \dfrac{\sigma_1 - \sigma_3}{2}\sin\varphi$

$$F' = \frac{b\sigma_1 + \sigma_2}{1 + b}(1 - \sin\varphi) - \sigma_3(1 + \sin\varphi) = 2C_0\cos\varphi \tag{4-37}$$

根据式（4-36）、式（4-37），在 σ-τ 平面上作出判断黏性土是否发生破坏的莫尔应力圆，如图 4-9 所示。

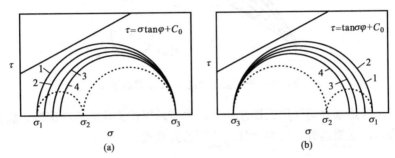

图 4-9　统一强度准则在 σ-τ 平面上的黏土破坏条件

注：圆 1 为 $b=0$ 时；圆 2 为 $b=2$ 时；圆 3 为 $b=1/2$ 时；圆 4 为 $b=1$ 时。

由统一强度理论所作出的黏性土破坏莫尔应力圆可知，黏性土的强度具有如下特征：

（1）中间主应力在一定程度上可使黏性土破坏的莫尔圆应力缩小；

（2）中间主应力效应具有区间性，σ_3 固定不变时，若 σ_2 在 $\sigma_3 \leqslant \sigma_2 \leqslant \dfrac{\sigma_1 + \sigma_3}{2} - \dfrac{\sigma_1 - \sigma_3}{2}\sin\varphi$ 区间变化，抗压强度 σ_1 随 σ_2 的增加而增加，若 σ_2 在 $\sigma_1 \geqslant \sigma_2 > \dfrac{\sigma_1 + \sigma_3}{2} - \dfrac{\sigma_1 - \sigma_3}{2}\sin\varphi$ 区间变化，抗压强度 σ_1 随 σ_2 的增加而又由最高值逐步减少；

（3）σ_3 增加，黏性土强度也会增加；

（4）黏性土强度和中间主应力效应与统一强度理论中的参数 b 有关，b 值越大，中间主应力效应就越显著，$b=0$ 时，中间主应力对黏性土强度无影响。

4.4.4　统一强度理论在地基共同作用下的分析

1.地基共同作用下的塑性性质分析

为了与 Drucker-Prager 准则对比，本节采用 $b=1/2$ 的统一强度理论来进行地基共同作用分析。图 4-10 为统一强度理论 $b=1/2$ 的屈服面，从图 4-10 可以看出，它的极限面接近于圆锥面，即是与 Drucker-Prage 准则屈服面相交的线性屈服面。

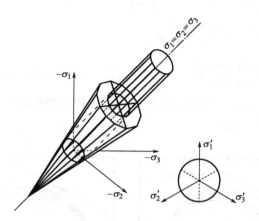

图 4-10　统一强度理论 $b=1/2$ 的屈服面

为了反映地基共同作用的塑性性质，本节采用相关联的流动法则，将塑性应变增量表示成屈服函数与应力微分成比例的关系式：

$$d\{\varepsilon\}_p = \lambda \left\{\frac{\partial F}{\partial \sigma}\right\}$$

其中 $d\{\varepsilon\}_p = \{d\varepsilon_1, \ d\varepsilon_2, \ d\varepsilon_3\}^T$，$\left\{\dfrac{\partial F}{\partial \sigma}\right\} = \left\{\dfrac{\partial F}{\partial \sigma_1}, \ \dfrac{\partial F}{\partial \sigma_2}, \ \dfrac{\partial F}{\partial \sigma_3}\right\}^T$

当 $\sigma_2 \leqslant \dfrac{\sigma_1 + \sigma_2}{2} - \dfrac{\sigma_1 + \sigma_3}{2}\sin\varphi$ 时

$$\left\{\begin{array}{c} \dfrac{\partial F}{\partial \sigma_1} \\[2mm] \dfrac{\partial F}{\partial \sigma_2} \\[2mm] \dfrac{\partial F}{\partial \sigma_3} \end{array}\right\} = \left\{\begin{array}{c} 1 - \sin\varphi \\[2mm] -\dfrac{1}{3}(1 + \sin\varphi) \\[2mm] -\dfrac{2}{3}(1 + \sin\varphi) \end{array}\right\} \tag{4-38}$$

当 $\sigma_2 > \dfrac{\sigma_1 + \sigma_3}{2} - \dfrac{\sigma_1 + \sigma_3}{2}\sin\varphi$ 时

$$\left\{\begin{array}{c} \dfrac{\partial F}{\partial \sigma_1} \\[2mm] \dfrac{\partial F}{\partial \sigma_2} \\[2mm] \dfrac{\partial F}{\partial \sigma_3} \end{array}\right\} = \left\{\begin{array}{c} \dfrac{2}{3}\sigma_1(1 - \sin\varphi) \\[2mm] \dfrac{1}{3}(1 - \sin\varphi) \\[2mm] 1 + \sin\varphi \end{array}\right\} \tag{4-39}$$

2. 达到塑性阶段以后，地基的应力增量与应变增量的关系

由于采用理想弹塑性模型，即

$$\mathrm{d}f = \left\{\frac{\partial f}{\partial \sigma}\right\}^{\mathrm{T}} \mathrm{d}\{\sigma\} = \left\{\frac{\partial F}{\partial \sigma}\right\}^{\mathrm{T}} [D]_{\mathrm{e}} \left(\mathrm{d}\{\varepsilon\} - \lambda\left\{\frac{\partial F}{\sigma}\right\}\right) = 0$$

所以

$$\lambda = \frac{\left\{\dfrac{\partial F}{\partial \sigma}\right\}^{\mathrm{T}} [D]_{\mathrm{e}} \mathrm{d}\{\varepsilon\}}{\left\{\dfrac{\partial F}{\partial \sigma}\right\}^{\mathrm{T}} [D]_{\mathrm{e}} \dfrac{\partial F}{\partial \sigma}} \tag{4-40}$$

由

$$\mathrm{d}\{\sigma\} = [D]_{\mathrm{e}} \mathrm{d}\{\varepsilon_{\mathrm{p}}\} = [D]_{\mathrm{e}}(\mathrm{d}\{\varepsilon\} - \mathrm{d}\{\varepsilon_{\mathrm{e}}\}) \tag{4-41}$$

将式 (4-37) 和式 (4-40) 代入式 (4-41) 得

$$\mathrm{d}\{\sigma\} = [D]_{\mathrm{ep}} \mathrm{d}\{\varepsilon\} \tag{4-42}$$

其中，弹塑性矩阵 $[D]_{\mathrm{ep}} = [D]_{\mathrm{e}} - \dfrac{[D]_{\mathrm{e}}\left\{\dfrac{\partial f}{\partial \sigma}\right\}\left\{\dfrac{\partial f}{\partial \sigma}\right\}^{\mathrm{T}} [D]_{\mathrm{e}}}{\left\{\dfrac{\partial f}{\partial \sigma}\right\}^{\mathrm{T}} [D]_{\mathrm{e}}\left\{\dfrac{\partial f}{\partial \sigma}\right\}}$，$\mathrm{d}\{\varepsilon_{\mathrm{e}}\}$、$\mathrm{d}\{\varepsilon_{\mathrm{p}}\}$

分别为总应变增量的弹性部分和塑性部分。

4.4.5 在柱侧和柱周土接触面上接触单元的设置

工程实践表明，柱侧和柱周土之间不仅能传递摩擦力，而且它们之间还有较大的相对位移。本节将桩取为目标面，土体为接触面，在土与桩-土相应生成目标单元与接触单元，既考虑了剪力的传递，又考虑了相对位移，能更好地模拟桩-土相互作用的真实状态。将接触面与目标面上的相应节点力分解为法向力（压力）F_{n} 和切向力（摩擦力）F_{s}，其表达式分别为：

$$F_{\mathrm{n}} = k_{\mathrm{n}}(u_{\mathrm{n},j} - u_{\mathrm{n},i} - \Delta)$$

$$F_{\mathrm{s}} = k_{\mathrm{s}}(u_{\mathrm{s},j} - u_{\mathrm{s},i} - u_0)$$

式中　k_{n}——法向接触摩擦刚度；

$u_{\mathrm{n},i}$——节点 i 的法向位移；

$u_{\mathrm{n},j}$——节点 j 的法向位移；

Δ——初始间隙；

k_{s}——切向接触刚度；

$u_{\mathrm{s},i}$——节点 i 的切向位移；

$u_{\mathrm{n},j}$——节点 j 的切向位移；

u_0——初始滑移。

当接触面处于紧密接触状态时，$\mu|F_{\mathrm{n}}| > |F_{\mathrm{s}}|$，这里 μ 为摩擦系数；当接

触面之间处于相互滑移状态时，$\mu|F_n|=|F_s|$；当节点之间的距离超出接触范围，即接触面相互分离时，法向接触摩擦刚度 $k_n=0$；可将这些条件写入包含有限元分析的控制方程矩阵组中，该矩阵组中的方程可表达为：

$$\sum_{j=1}^{L}k_{kj}u_j=F_k(1\leqslant k\leqslant L) \tag{4-43}$$

4.4.6 湿陷性黄土在柱-土共同作用模型的参数确定

计算模型需要输入的材料有桩的弹性模量 E_p 和泊松比 ν，土的黏聚力 C_0 和内摩擦角 θ，桩与土间的摩擦系数 μ。

1. 桩的弹性模量确定

按协同工作原理，即桩截面钢筋和混凝土的应变相等可得

$$E_p=\frac{E_cA_c+E_sA_s}{A} \tag{4-44}$$

式中　E_c，E_s——分别为桩中混凝土、钢筋的弹性模量；

A_c，A_s——分别为桩中混凝土、钢筋的截面面积。

在桩-土体系中，桩、土的弹性模量相差很大，有 2 个数量级左右，桩受荷后，一般处于弹性阶段，而其周边的土容易达到塑性状态。因此，在桩-土相互作用分析中，桩采用弹性材料。在实际工程中，为估算基坑开挖后坑底的回弹量，对坑底一定深度范围内的土进行弹性模量试验，可以得到其弹性模量，更深处未测弹性模量的土层，可以根据土的压缩模量 E_{1-2} 和土的物理性质进行估算，且性质相同的土层，其所处的深度越深，弹性模量越大。西安地区土的弹性模量较大，可以取压缩模量 E_{1-2} 的 15～20 倍左右。

2. 土的泊松比 ν、土的黏聚力 C_0、内摩擦角 θ、桩与土间的摩擦系数 μ 的确定

表 4-11 是西北地区黄土的泊松比建议值。湿陷性黄土的泊松比 ν_s 一般取 0.35 左右。土的黏聚力 C_0 和内摩擦角 θ 可根据土的剪切试验得到。桩与土间的摩擦系数 μ，由于无试验，可取 0.3。

西北地区黄土的泊松比建议值 　　　　　　　　表 4-11

黄土的种类	黄土的状态	ν_s
粉质黏土	硬塑状态	0.13
	可塑状态	0.29
	软塑、流塑状态	0.38
黏土	硬塑状态	0.13
	可塑状态	0.35
	软塑、流塑状态	0.44

4.4.7 计算实例与结论

1. 计算实例1

为了分析比较，本文算例选用西安市某栋9层的框架结构，该工程场地地面标高介于 $400.00 \sim 409.00m$，地貌单元属渭南南岸Ⅱ级阶地，地下黄土深度36m，桩截面为35cm×35cm，桩长 $L_p = 25m$，桩距4m，楼层质量 $m_j = 4.0 \times 10^3 kg$，高 $h_0 = 2m$，宽 $B = 8m$，土、桩、结构阻尼分别是0.2、0.1、0.04。本建筑场地由7层主要土层组成，下为基岩，土层参数见文献 [17]。取地下-50m为假想基底。地面输入 El Centro 波和 Taft 波（其中采用 El Centro1940NS 地震波记录，峰值加速度为 $0.341\ 7g$，持时4.5s），分别进行基础固定（地震波从基础底面输入）和考虑桩-土参与工作（地震波从基底输入）计算，其结果见表4-12和表4-13。

上部结构各楼层最大位移（cm）比较　　　　**表 4-12**

层数	El Centro				Taft			
	基础固定	线性①	本文②	(②-①)/①×100%	基础固定	线性③	本文④	(④-③)/③×100%
1	0.31	1.54	1.83	18.83%	0.40	2.04	2.43	19.12%
2	0.65	1.72	1.93	12.21%	0.98	2.08	2.67	28.37%
3	1.12	2.00	2.29	14.50%	1.87	2.44	2.89	18.44%
4	1.65	2.44	2.47	1.23%	1.91	2.96	3.40	14.86%
5	1.89	2.69	2.76	2.60%	2.00	3.54	3.84	8.47%
6	2.67	3.34	3.86	15.57%	2.23	4.56	4.90	7.46%
7	3.06	4.21	4.57	8.55%	2.54	5.63	5.90	4.80%
8	3.46	4.89	5.90	20.65%	3.00	6.68	7.20	7.78%
9	3.86	5.56	5.90	6.12%	3.18	7.70	8.13	5.58%

上部结构各楼层最大剪力（kN）比较　　　　**表 4-13**

层数	El Centro				Taft			
	基础固定	线性①	本文②	(②-①)/①×100%	基础固定	线性③	本文④	(④-③)/③×100%
1	372.8	340.8	310.7	-8.83%	356.17	263.5	200.7	-23.83%
2	354.6	329.4	304.6	-7.53%	347.8	239.6	198.6	-17.11%
3	306.7	289.7	284.6	-1.76%	300.8	210.3	178.4	-15.17%
4	256.8	229.3	216.7	-5.49%	267.9	167.5	142.7	-14.81%
5	217.6	188.5	172.4	-8.54%	228.6	150.3	139.7	-7.05%
6	176.4	166.4	132.5	-20.37%	189.4	127.3	120.6	-5.26%
7	121.5	107.2	100.5	-6.25%	154.6	96.5	90.6	-6.11%
8	98.6	79.6	72.4	-9.05%	96.5	76.3	61.44	-19.48%
9	78.6	70.3	63.8	-9.25%	77.7	66.9	50.97	-23.81%

从表 4-12 和表 4-13 可以看出，考虑非线性相互作用后，各层的最大位移要比考虑线性相互作用产生的位移要大，各层的最大剪力要比考虑线性相互作用产生的剪力要小。另外，由于桩、土参与作用，结构各楼层位移较基础固定情况下增大，尤其在结构底部、顶部楼层位移增大显著，从表 4-12 可以看出，无论采用本文计算方法还是采用线性程序计算楼层剪力，共同作用下计算结构剪力均比固定时计算的要小，这说明考虑相互作用后，结构顶面的加速度明显降低，它随着地基土的软弱程度，其反应更加明显，以上分析结论与文献 [168] 是一致的。

2.计算实例 2

算例 2 选用一幢支承于黄土上的 7 层三跨 22m 高的钢筋混凝土框架楼房，

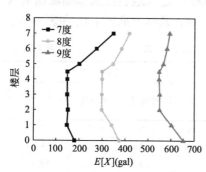

图 4-11　层间位移统计值
与加速度平均值

建筑场地由 7 层主要土层组成，下为基岩，桩截面 35cm×35cm，柱长 $L_p=14m$，柱距 4m。土层参数见文献 [70]。图 4-11 给出了抗震设防烈度为 7、8、9 度（相应峰值为 $0.125g$、$0.250g$、$0.500g$）时按本文方法计算所得结构沿高度分布的加速度平均值。比较上述结果可得出下列结论：考虑相互作用后，结构的上部反应所产生的加速度、位移与不考虑相互作用得到的有很大的区别，最明显的是加速度的形式发生了变化[17]。在考虑共同作用时，结构的加速度分布呈倒三角形分布，但考虑了共同作用后，上部结构加速度分布有向"K"形分布的趋势，这样上部结构产生的地震作用反应减少了，顶点位移增加了，延性系数提高了。

4.5　本章结论

在总结了国内外研究现状的基础上，针对西安地区土质和土层的独特特性，本章进行了黄土地基高层建筑桩-土共同作用数值模拟及动力反应研究，取得主要结论如下：

1.本章对湿陷性黄土上部结构-桩-土共同作用下地基的各种计算模型的适用条件、场地的地基特性进行了分析，找出了适合共同作用下的地基模型，探讨了湿陷性黄土地基土模量与深度变化关系，针对桩基承载力计算方法存在的问题，提出了湿陷性黄土在共同作用下桩基承载力实用计算公式。分析结果表明，桩-土复合基础承载力的确定方法要充分考虑柱基础和桩对上下端阻力的加强作用、基础下柱身上部侧摩阻力的削弱作用、桩间土在受荷过程中的滞后作用等 3 个特性。在不做低桩式群桩试验的条件下，在湿陷性黄土地基上，可按本文推荐的以桩帽着地的单桩试验为对比的群桩效率系数的方法进行计算确定。

2. 通过对高层建筑上部结构与桩-土共同作用的受力行为的进一步分析，定量地说明了上部结构荷载在共同作用下形成重分布，荷载向边柱集中，形成"深梁"；同时给出了共同作用结构内力呈双曲线分布的具体表达式，提出了黄土地区上部结构参与共同作用高度的确定方法；利用差分法求出了基础梁产生的弯矩与剪力的表达式。其结果无论是在静力分析的定性规律上还是在其定量数值上均与黄土地基测试结果有较好的一致性，为黄土地基高层结构设计提供了依据。

3. 利用俞茂宏教授提出的统一强度理论，采用 $b=1/2$ 的一种新的模型来模拟湿陷性黄土地基上部结构-桩-土共同作用地基的非线性，同时在桩-土接触面上设置接触单元模拟桩-土间的接触非线性。工程算例结果表明，强震作用下，湿陷性黄土-桩间的非线性对群桩基础的动力相互作用以及上部结构均有较明显的影响；考虑湿陷性黄土桩-土间的非线性相互作用，将使上部结构的位移反应较线性情况有较明显的增长；层间剪力要比线性体系的层间剪力要大，群桩桩顶的最大弯矩也明显大于线性计算结果。考虑湿陷性黄土-桩的非线性相互作用将使上部结构的位移反应及层间剪力比线性体系得到的结果大，并且考虑共同作用后，结构的动力特性也发生变化，加速度、位移随着地基土软弱程度的增加，反映出越来越接近"K"字形的特征。而随着地基土的软弱程度的增加，其"K"字形特征更加明显。

4. 算例分析结果表明：考虑共同作用时，应特别注意上部结构刚度影响产生的次内力。设计时应增大角柱和边柱的荷载，增大值约在常规设计的 30%。从层次上讲，结合西安等地区的黄土地区群桩基础沉降与软土地区相比较小这一特点，考虑共同作用时，要特别注意第 2 层和较低层的楼面梁。这是因为底层柱脚处产生的相对位移和转角使底层和 2、3 层的柱与横梁首先受到影响，产生较大的内力。因此在设计过程中，要将其计算内力加强。

第**5**章

地震作用下跨地裂缝不同结构的动力响应规律研究

本章根据跨地裂缝结构不同位置的工况，运用 ABAQUS 有限元软件，建立考虑土体作用的跨地裂缝不同结构模型，探讨了非一致地震激励下跨地裂缝结构动力反应的变化规律；同时，设计并完成了 1∶15 缩尺跨越西安地裂缝 f_4（丈八路-幸福北路地裂缝）的某 5 层 3×3 跨框架结构模型试验；通过观察试验现象和分析试验数据，研究了地裂缝场地的动力响应特征，分析出跨地裂缝框架结构的加速度，位移，部分测点钢筋拉、压应变和地震剪力等动力响应规律。

5.1 地震作用下跨地裂缝框架结构的动力响应模拟研究

5.1.1 结构概况

为研究地震作用下跨地裂缝框架结构多点加载的动力反应规律，以中煤西安设计工程公司原办公楼东侧新建的南楼为例模拟建模。该楼是一个跨越西安地裂缝 f_4（丈八路-幸福北路地裂缝）的框架结构。考虑到该模型后续将进行振动台试验，选用平面规则，刚度、质量分布皆均匀的 2×3 跨的三层框架结构。该结构总高为 10.8m，每层层高均为 3.6m，柱网尺寸为 6m×6m，建筑场地类别为 Ⅱ 类，设计地震分组为第一组，框架结构抗震等级为二级。梁柱筋均采用 HRB400 级热轧钢筋，板厚度为 120mm，结构基本信息如图 5-1 所示。

5.1.2 场地土的基本概况

参照《唐延路地下人防工程岩土工程地勘报告》[88]，可获得地裂缝场地各土层的各项指标。该报告是对西安地裂缝 f_4 进行了详细勘察后得出的，该地层剖面各土层的物理力学性质指标如表 5-1 所示。

由于工程场地的土层分布较为复杂，在原地勘报告的基础上对土层的分布进

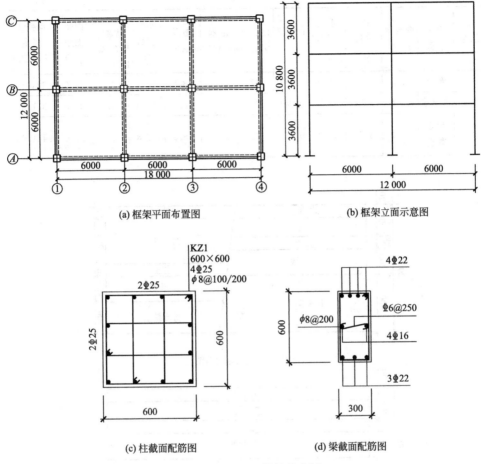

(a) 框架平面布置图　　　　　　　(b) 框架立面示意图

(c) 柱截面配筋图　　　　　　　(d) 梁截面配筋图

图 5-1　跨地裂缝结构信息图

行了简化和小幅度的修改,使土层的分布既具有代表性又较为直观。地裂缝场地的上、下盘不同土层间有明显的错层,而无地裂缝场地的土层则无错层。场地土分布如图 5-2 所示。

地裂缝场地各土层物理力学性质指标　　　　　　　　表 5-1

层号	岩土名称	含水率 $w(\%)$	相对密度 G_s	重度 R(kN/m³)	孔隙比 e_0	饱和度 $S_r(\%)$	液限 $w_L(\%)$	塑限 $w_p(\%)$	塑性指数 IP	黏聚力 C(kPa)	内摩擦角 $\varphi(°)$	动弹性模量 E(MPa)
①	素填土	18.8	2.71	16.0	0.982	53	33.1	19.6	13.6	35	28.0	167.82
②	黄土状土	21.8	2.71	17.2	0.871	67	32.1	19.1	13.0	39	27.1	271.07

续表

层号	岩土名称	含水率 $w(\%)$	相对密度 G_s	重度 $R(kN/m^3)$	孔隙比 e_0	饱和度 $S_r(\%)$	液限 $w_L(\%)$	塑限 $w_p(\%)$	塑性指数 IP	黏聚力 $C(kPa)$	内摩擦角 $\varphi(°)$	动弹性模量 $E(MPa)$
③	黄土	23.5	2.71	16.8	0.961	67	31.5	18.8	12.7	48	27.6	304.83
④	古土壤	22.9	2.71	17.8	0.841	75	31.8	18.9	12.7	49	27.3	371.60
⑤	粉质黏土	25.2	2.71	19.0	0.755	91	31.7	18.9	12.8	45	26.6	441.03

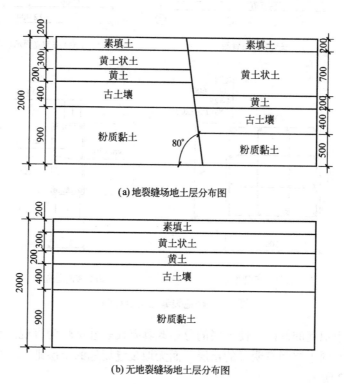

(a) 地裂缝场地土层分布图

(b) 无地裂缝场地土层分布图

图 5-2　场地土层分布图（单位：cm）

5.1.3 有限元模型的建立

1. 单元选择

在 ABAQUS 软件中，为了节约计算时间，获得较精确的计算结果，上部结构的梁柱选用梁单元 B31 来模拟，柱中的钢筋作用是通过 rebar 来实现的，采用未考虑钢筋和混凝土分离的组合式模型，并通过钢筋层命令直接定义。上部结构的楼板采用壳单元来模拟，配筋采用双层双向 $\phi8@200$ 钢筋。土体在地震作用下会出现变形和力学性能的变化，选用三维实体单元 C3D8 来模拟土体，单元中的各个节点有 3 个方向的自由度，而且都属于平动类型，这使得它可以用来模拟材料在 3 个方向上的弹性和塑性变形。

2.本构定义

ABAQUS 软件中混凝土在进行动力分析时常用的本构模型是混凝土塑性损伤模型。但由于混凝土塑性损伤模型不适用于梁单元，因此，梁柱的混凝土本构关系采用清华大学开发的 PQFiber 子程序的 UConcrete02，UConcrete02 为考虑抗拉强度及损伤退化的混凝土模型，如图 5-3 所示。其受压骨架线上升段采用 Hognested 曲线，下降段为直线；受压卸载刚度随历史最大压应变的增大而减小，混凝土达到极限应变后保持不变。图 5-4 是钢筋应力-应变关系图，其中纵筋（HRB400）弹性模量 $E_s = 2.0 \times 10^5$ MPa，屈服强度取 400MPa。

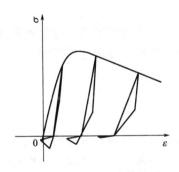

图 5-3 混凝土的本构关系

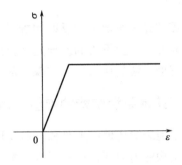

图 5-4 钢筋的应力-应变关系

岩土材料具有非均匀性、各向异性、剪胀性、拉压异性等特性，目前的数学模型均不能精确地表达岩土材料的这些特性。假设土体为理想弹塑性材料，采用理想弹塑性模型的摩尔-库仑准则。摩尔-库仑准则参数设置如表 5-2 所示。

摩尔-库仑准则参数表　　　　　　　　　　表 5-2

层号	岩土名称	黏聚力(Pa)	内摩擦角(°)	膨胀角(°)
1	素填土	35 000	28	9.333 333
2	黄土状土	39 000	27.1	9.033 333
3	黄土	48 000	27.6	9.2
4	古土壤	49 000	27.3	9.1
5	粉质黏土	45 000	26.6	8.866 667

3.边界条件设置与地震波输入

地裂缝场地进行动力分析时，上下盘土体的横向边界通过黏弹性人工边界来设置，具体做法是在相应节点上的法线方向输入弹簧刚度和阻尼系数，两个切线方向则为位移全约束；纵向边界和土体底部纵向位移自由，而另外两个方向的位移全约束；上下盘的顶面位移自由。无地裂缝场地的边界条件设置与地裂缝场地相似。建立黏弹性人工边界后的场地土有限元模型如图 5-5 所示。

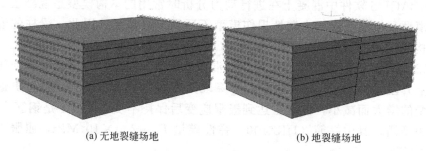

(a) 无地裂缝场地　　　　　　　　(b) 地裂缝场地

图 5-5　场地土有限元模型

地震波经过场地土的反射和折射，使场地土地表的加速度响应沿地震波输入方向差异明显，上下盘的差异尤其突出。因此，将地震波转化为等效节点力的方式来实现地震波的输入即可实现上部结构的多点加载。

5.1.4　跨地裂缝结构的弹塑性时程分析

由于地裂缝场地中上盘和下盘物理性质的差异，上部结构跨越地裂缝的位置对上部结构的内力变化也有影响。本节设置 3 种跨越方式：结构的中跨跨越地裂缝（ZK）；当结构大部分处于上盘时，边跨跨越地裂缝（SK）；当结构大部分处于下盘时，边跨跨越地裂缝（XK）；结构跨越地裂缝位置如图 5-6 所示。将 El Centro 波和兰州波的地震动幅值调整至设防烈度对应的峰值 $0.2g$，在场地土的底部输入 10s 的地震波时程，采用 ABAQUS 隐式分析模块进行上部结构的弹塑性时程分析，得出框架结构在跨越地裂缝不同工况下的地震时程响应。同时为与未处于地裂缝场地的框架结构的时程响应作对比，在计算层间相对位移时加入未处于地裂缝场地工况（WK 工况）。

1.基本假设

（1）土体为各向同性的弹塑性材料，场地土横向边界选用黏弹性人工边界。

（2）模拟地裂缝场地时，上盘土体与下盘土体之间的接触通过设置间隙接触属性来模拟，法向设置为硬接触，切向作用采用罚摩擦公式，摩擦系数取为 0.3。

（3）框架结构与土体连接方式简化为耦合约束，框架梁柱的连接方式简化为刚接，梁板用公共节点绑定的方式来连接。

（4）分析时采用 Rayleigh 阻尼体系，混凝土的阻尼比取为 0.05，钢筋的阻

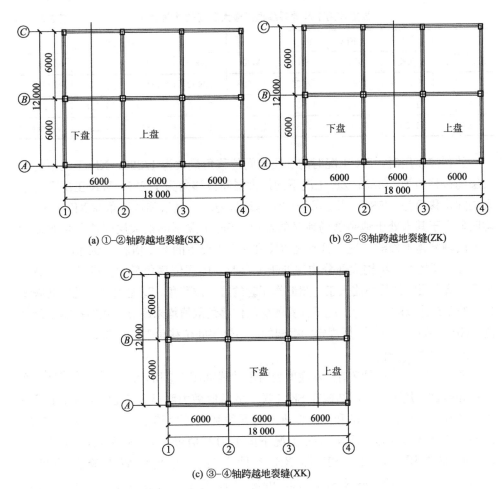

(a) ①-②轴跨越地裂缝(SK)

(b) ②-③轴跨越地裂缝(ZK)

(c) ③-④轴跨越地裂缝(XK)

图 5-6　上部结构跨越地裂缝的位置示意图

尼比取为 0.02，土的阻尼比取为 0.02。由此可得 α 和 β 的取值。

2. 层间相对位移（角）

表 5-3 为不同位置工况下跨地裂缝框架的层间最大位移角对比。由表 5-3 可知，在 El Centro 波作用下，当框架的①-②轴的边跨跨越地裂缝时（SK 工况，下同），2 层层间位移角最大为 1/201，当框架的③-④轴的边跨跨越地裂缝时（XK 工况，下同），最大层间位移角为 1/535；当框架的②-③轴的中跨跨越地裂缝时（ZK 工况，下同）的最大层间位移角为 1/422；当框架并未处于地裂缝场地处时（WK 工况），最大层间位移角为 1/841。因此，当上部结构跨越地裂缝时，其层间位移角明显大于其未处于地裂缝场地时的情况。SK 工况下的最大层间位移角明显大于另两种跨越地裂缝工况，分别比 XK 和 ZK 工况增大了 1.7 倍和 1.1 倍。

强震作用下跨地裂缝框架最大层间位移角对比　　表5-3

楼层	El Centro 波				兰州波			
	XK	ZK	SK	WK	XK	ZK	SK	WK
1层	1/1905	1/935	1/234	1/1538	1/992	1/455	1/306	1/878
2层	1/535	1/422	1/201	1/841	1/485	1/237	1/228	1/580
3层	1/656	1/506	1/234	1/1233	1/620	1/315	1/295	1/841

　　兰州波作用时，SK工况时的2层层间位移角最大为1/228，XK工况下的最大层间位移角为1/485；ZK工况下的最大层间位移角为1/237；WK工况下的最大层间位移角为1/580。当上部结构跨越地裂缝时，其层间位移角除XK工况外，均明显大于其未处于地裂缝场地时的情况；SK工况下的最大层间位移角明显大于另两种跨越地裂缝工况，分别是XK和ZK工况下的2.1倍和1.04倍。

　　综上所述，当结构大部分构件处于上盘时，层间位移角最大。El Centro波作用下的最大层间位移角略大于兰州波作用时的层间位移角，这是由两种地震波频谱特性的差异造成的。以上工况下计算的层间位移角限值均未超过《建筑抗震设计规范》GB 50011—2010[92]所规定的框架的弹塑性层间位移角限值1/50。

3. 楼层剪力分析

　　强震作用下跨地裂缝结构基底剪力时程曲线如图5-7所示。由图5-7可见，在El Centro波作用下，上部结构在SK工况下的基底剪力明显大于ZK和XK工况下的基底剪力。在SK、ZK和XK 3种工况下的基底剪力峰值分别为1 728.75kN、1 289.68kN和1 163.87kN。SK工况下的剪力峰值最大，ZK次之，XK最小。在兰州波作用下，ZK、SK和XK 3种工况下的基底剪力峰值分别为2 666.56kN、2 577.89kN和1 970.79kN。ZK工况下的剪力峰值最大，SK次之，XK最小，但其中SK与ZK的剪力值相差并不大。

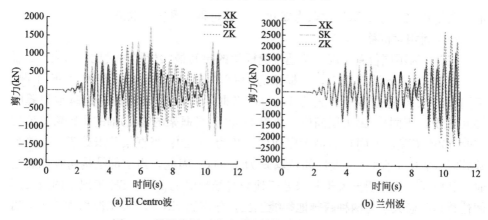

(a) El Centro波　　　　(b) 兰州波

图5-7　强震作用下跨地裂缝结构基底剪力时程曲线

图 5-8 为强震作用下跨地裂缝框架楼层剪力对比。由图 5-8 可知，底层的楼层剪力最大，随着楼层高度的增加，楼层剪力不断减小，并且楼层剪力的变化呈增大的趋势。在 El Centro 波作用下，SK 工况下的楼层剪力明显大于 ZK 和 XK两种工况下的剪力，其中底层剪力最为明显。在兰州波作用下，ZK 工况下的楼层剪力与 SK 工况较为接近，但均明显大于 XK 工况下的剪力。这是由于地震波从柱底传至上部结构经过了地裂缝场地土的反射和折射，而上盘场地的加速度放大响应较下盘相比更加明显，当结构大部分构件处于上盘时，从柱底传来的地震激励就更加激烈。因此，当结构大部分构件处于下盘时，楼层剪力峰值较小，SK、ZK 工况下的剪力都明显大于 XK 工况下的剪力。

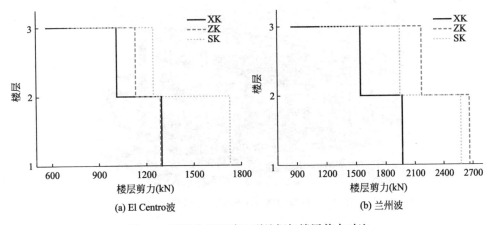

(a) El Centro波　　　　　　　　　　　(b) 兰州波

图 5-8　强震作用下跨地裂缝框架楼层剪力对比

5.2　跨地裂缝结构-土地震模拟振动台模型试验

5.2.1　引言

地震模拟振动台试验[177-179]是研究结构破坏模式、破坏机理，评价结构抗震性能的重要方法。近年来，随着振动台试验技术逐渐发展，振动台试验也逐渐成为结构-土动力相互作用问题分析的重要手段。然而，在结构-土动力相互作用的振动台试验模拟过程中，由于振动台本身尺寸的限制，经常不得不将结构进行缩尺，做成模型与土体一起来考虑相互作用问题，这必将使试验的难度加大。同时，试验中结构与土的相似关系、模型材料的选取与制作、模型试验土体采集与模拟、模型容器的尺寸与规格以及土体边界模拟的技术处理[180-182]等众多问题也将对试验结果产生较大的影响。

为了研究跨地裂缝结构-土共同作用下的破坏机理，本节以西安 f_4 地裂缝（丈八路-幸福北路地裂缝）附近场地为背景，开展了跨越地裂缝场地振动台模型试验，试验如图 5-9 所示。试验内容包括模型的设计与制作、主要材料的材性试验、模型土配制及其性能参数试验、模型箱的设计与制作、土体边界模拟的处理方法、测点布置与试验加载制度等一系列关键技术。通过模拟振动台试验，本节研究了跨地裂缝结构的动力反应规律，分析了地裂缝场地对建筑物的地震响应的影响。

图 5-9　跨越地裂缝场地振动台模型试验

5.2.2　原型结构工程概况

原型结构为跨越西安地裂缝 f_4（丈八路-幸福北路地裂缝）的某框架建筑结构。该结构平面规整，刚度及质量分布均匀，为 3×3 跨的 5 层框架结构，每层设计层高为 3.6m，基础为独立基础，基础高度为 3m；结构纵向长度为 18m，横向宽度为 15.6m，总高度为 21m，每层板厚为 120mm。结构中部设有 2.4m 宽走廊，并跨越下部地裂缝带。边跨柱截面尺寸为 400mm×500mm，中跨柱截面尺寸为 500mm×500mm。建筑场地类别为 Ⅱ 类，设计地震分组为第一组，框架结构抗震等级为二级。地表粗糙度类别为 B 类，基本风压为 0.45kN/m²。结构平面布置图及正立面布置图如图 5-10 所示。

原型结构梁、柱及基础均采用 C30 混凝土，钢筋采用 HRB400 热轧钢筋，钢筋按照规范要求长度采用搭接方式进行连接；楼板混凝土采用 C30，钢筋采用 HPB300，双层双向布筋。楼面恒载（包括自重）标准值取为 5.0kN/m²，楼面活载标准值取为 2.0kN/m²；屋面恒载标准值取 6.0kN/m²，由于屋面为不上人屋面，活荷载标准值取 0.5kN/m²。考虑到结构填充墙及屋顶女儿墙自重，在首

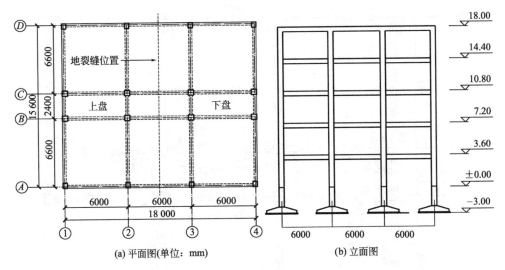

图 5-10　原型结构平面图

层和二层外围一圈框架梁上施加 4.8kN/m 的均布线荷载；在屋面外围一圈框架梁上施加 2.4kN/m 的均布线荷载。其余荷载按照《建筑结构荷载规范》GB 50009—2012 有关规定选取。

5.2.3　原型结构配筋计算

在对梁、板及柱尺寸进行初步设计后，采用 PKPM 中的 STAWE[183,184] 对结构进行配筋计算。计算得出结构标准层梁配筋如图 5-11（a）所示，标准层柱配筋如图 5-11（b）所示，标准层楼板配筋如图 5-11（c）所示。

5.2.4　上部结构模型的设计与制作

1. 相似关系设计

本次振动台模型试验的设计和分析采用相似定理和量纲分析法[185] 来进行。为避免结构模型缩尺比例过小，模型失真，上部结构在设计上的原则是相似比越大越好，但同时模型相似比必须满足振动台台面尺寸、台面最大载重量以及吊装设备高度的限制条件[186]。本试验在确定原型结构和模型土箱尺寸后，综合考虑振动台性能参数、施工、起吊条件和土箱的边界效应等方面的因素[187]，确定模型结构的缩尺比例为 1∶15。

为了更好地考虑结构重力对应力和挠度的影响，本文以相似理论为基础，选择相似关系中的长度 $S_l=1/15$，弹性模量 $S_E=0.1667$ 和加速度 $S_a=2$ 为主控变量，采用人工质量相似模型，通过附加配重来满足结构密度相似比要求，推导出的其他变量相似比见表 5-4。

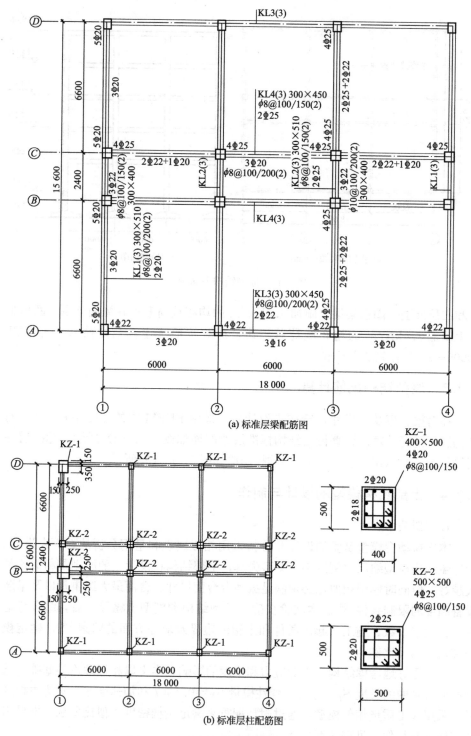

(a) 标准层梁配筋图

(b) 标准层柱配筋图

图 5-11　上部框架结构标准层配筋图（一）

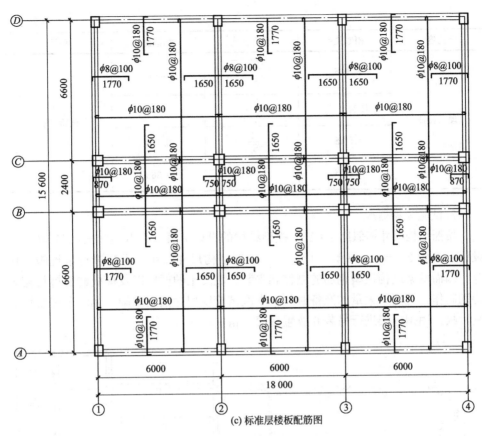

(c) 标准层楼板配筋图

图 5-11　上部框架结构标准层配筋图（二）

振动台模型试验相似关系　　　　表 5-4

内容	相似关系	计算公式	相似比	备注
几何特征	长度 S_l	S_l	1/15	尺寸控制
	线位移 S_x	S_l	1/15	
	面积 S_s	S_l^2	1/225	
	角位移 S_y	S_l	1/15	
材料特征	应变 S_ε	$\dfrac{S_\sigma}{S_E}$	1	材料控制
	应力 S_σ	S_E	0.167 7	
	等效密度 $S_{\bar\rho}$	$\dfrac{S_E}{S_a \times S_l}$	1.258	
	泊松比 S_ν	1	1	
	弹性模量 S_E	S_E	0.167 7	

续表

内容	相似关系	计算公式	相似比	备注
动力特征	频率 S_ω	$\dfrac{\sqrt{S_\sigma/S_{\bar\rho}}}{S_l}$	5.47	试验控制
	加速度 S_a	$\dfrac{S_E}{S_{\bar\rho}S_l}$	2	
	时间 S_t	$\dfrac{1}{S_\omega}$	0.183	
	速度 S_v	$\sqrt{S_E/S_{\bar\rho}}$	0.365	

2.试验模型概况

按照结构尺寸相似比 1∶15，模型结构的设计平面尺寸为 1200mm×1040mm，设计层高为 240mm，见图 5-12。由于模型结构尺寸过小，无法进行常规施工作业，因而框架结构模型钢筋的制作和安装、混凝土的振捣以及模板的安拆均需要特别制作，花费了大量的准备时间。本次试验模型为独立基础，无法采用刚性底座，故选用钢框架进行吊装并放置在模型箱中。

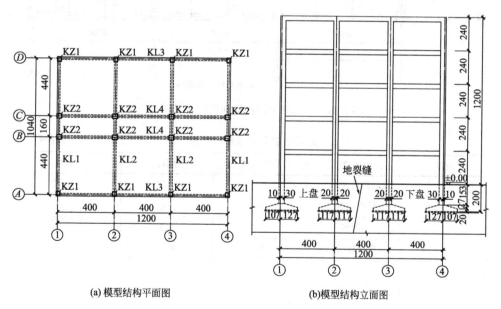

(a)模型结构平面图   (b)模型结构立面图

图 5-12　模型结构布置图

3.试验模型材料选取

本次试验模型混凝土选用微粒混凝土，钢筋选用镀锌铁丝替代。为了模拟原型结构在不同水准的地震作用下的抗震性能，本次试验模型选择为强度模型[188]。其模型钢筋需按 1∶15 的缩尺比进行"等强代换"[189,190]，其中正截面纵筋按抗弯能力等效，斜截面箍筋按抗剪能力等效，试验模型钢筋等效关系如下：

（1）纵筋等效计算

$$M^{\mathrm{p}} = f_{\mathrm{y}}^{\mathrm{p}} A_{\mathrm{s}}^{\mathrm{p}} h_0^{\mathrm{p}} \tag{5-1}$$

$$M^{\mathrm{m}} = f_{\mathrm{y}}^{\mathrm{m}} A_{\mathrm{s}}^{\mathrm{m}} h_0^{\mathrm{m}} \tag{5-2}$$

$$S^{\mathrm{m}} = \frac{M^{\mathrm{m}}}{M^{\mathrm{p}}} = \frac{A_{\mathrm{s}}^{\mathrm{m}}}{A_{\mathrm{s}}^{\mathrm{p}}} \times S_l \times S_{f_{\mathrm{y}}} \tag{5-3}$$

由上式可推出纵向镀锌铁丝的截面面积，如式（5-4）所示：

$$A_{\mathrm{s}}^{\mathrm{m}} = \frac{S^{\mathrm{m}}}{S_l \cdot S_{f_{\mathrm{y}}}} \times A_{\mathrm{s}}^{\mathrm{p}} = \left(\frac{S_\sigma}{S_{f_{\mathrm{y}}}}\right) \times S_l^2 \times A_{\mathrm{s}}^{\mathrm{p}} \tag{5-4}$$

（2）箍筋等效计算

$$V^{\mathrm{p}} = f_{\mathrm{yv}}^{\mathrm{p}} \frac{A_{\mathrm{sv}}^{\mathrm{p}}}{s^{\mathrm{p}}} h_0^{\mathrm{p}} \tag{5-5}$$

$$V^{\mathrm{m}} = f_{\mathrm{yv}}^{\mathrm{m}} \frac{A_{\mathrm{sv}}^{\mathrm{m}}}{s^{\mathrm{m}}} h_0^{\mathrm{m}} \tag{5-6}$$

$$S_V^{\mathrm{m}} = \frac{V^{\mathrm{m}}}{V^{\mathrm{p}}} = \frac{A_{\mathrm{sv}}^{\mathrm{m}}}{A_{\mathrm{sv}}^{\mathrm{p}}} \times \frac{S_l}{S_s} \times S_{f_{\mathrm{yv}}} \tag{5-7}$$

由上式可推导出试验模型箍筋镀锌铁丝截面面积，推导公式如下：

$$A_{\mathrm{sv}}^{\mathrm{m}} = \frac{S_V^{\mathrm{m}}}{S_{f_{\mathrm{yv}}}} \times \frac{S_s}{S_l} \times A_{\mathrm{sv}}^{\mathrm{p}} = \left(\frac{S_\sigma}{S_{f_{\mathrm{yv}}}}\right) S_l S_s A_{\mathrm{sv}}^{\mathrm{p}} \tag{5-8}$$

式中　上标 m、p——分别表示试验模型结构、原型结构；

　　　　f_{y}、f_{yv}——分别表示纵向钢筋和箍筋的强度设计值；

　　　　A_{s}、A_{sv}——分别表示纵向钢筋和箍筋面积；

　　　　h_0——梁截面有效高度。

镀锌铁丝性能参数见表5-5。试验混凝土采用M6微粒混凝土[191-193]，初始割线模量比为0.1677，原型与模型混凝土材料主要性能参数如表5-6所示。结构模型标准层钢筋配筋信息如图5-13所示，屋面板及楼面板钢筋采用φ0.7@15mm工业成品筛网布置。

镀锌铁丝性能参数　　　　　　　　　　　　　表5-5

型号	直径（mm）	面积（mm²）	屈服强度（MPa）	极限强度（MPa）
22号	0.7	0.384	310	376
20号	0.9	0.636	328	396
18号	1.2	1.131	349	420
16号	1.63	2.086	365	496
14号	2.11	3.50	391	560

混凝土材料性能参数　　　　　　　　表 5-6

编号	配合比 (水泥：细骨料：粗骨料：水)	轴压强度(MPa)	初始割线模量
N1	1：1.80：3.19：0.53	38.52	31 000
M6	1：4.38：2.92：1.5	5.24	5200

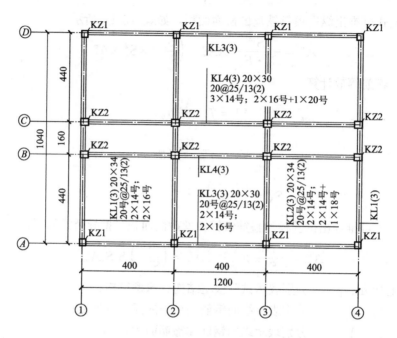

(a) 梁配筋图(mm)

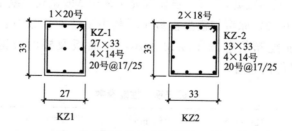

(b) 柱配筋图(mm)

图 5-13　模型结构标准层配筋图

　　结合 1：15 的模型缩尺比，并考虑到缩尺后镀锌铁丝尺寸，经计算，试验模型梁柱钢筋选取 14 号或 16 号镀锌铁丝[194]，箍筋采用 20 号镀锌铁丝来模拟。本次试验镀锌铁丝连接采用锡丝焊接的方法，锡丝焊点较小，能够保证混凝土浇筑时保护层厚度。同时锡丝焊接效果较好，焊点不易脱落，能够固定主筋与箍筋的连接。具体焊接流程为：先使用木板打孔固定好主筋，然后在主筋面上焊接箍筋铁丝，最后形成梁柱的钢筋骨架，试验模型梁柱钢筋笼采用弯钩搭接方式。图5-14为梁柱钢筋笼制作过程。

(a) 主筋固定

(b) 焊接箍筋

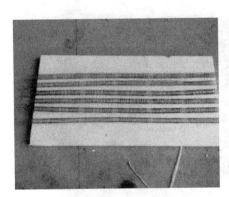
(c) 钢筋笼

(d) 梁柱钢筋笼搭接

图 5-14　试验模型钢筋制作

4. 试验模型配重计算

由于试验模型与原型结构位于同一重力场内，故采用人工质量相似模型[195]，在结构每层通过附加重量来满足结构恒、活荷载及密度相似要求。由上文推导出试验模型配重公式：

$$\Delta_{\mathrm{m}} = m_{\mathrm{m}} - m_{\mathrm{ma}} = S_\rho S_l^3 m_{\mathrm{p}} - m_{\mathrm{ma}} \tag{5-9}$$

式中　m_{m}——试验模型理论质量；

m_{ma}——试验模型实际质量。

由式 $S_a = S_E / S_\rho S_l$ 及试验条件设置 $S_a = 2$，结合微粒混凝土的弹性模量及相似比[196,197] 得到 $S_E = 0.1677$。则模型材料等效密度 $S_\rho = S_E / S_a S_l = 0.1677/2 \times 15 = 1.258$。

原型结构质量 m_p 采用恒载、活载组合计算得到，恒、活荷载计算如下：

结构恒载计算：$V_p = 451.75\ \text{m}^3$，$\rho_p = 2450\text{kg/m}^3$；

结构活载计算：$0.5 \times (2 \times 18 \times 15.6 \times 5 + 0.5 \times 18 \times 15.6) \times 100 = 1.474 \times 10^5\ \text{kg}$；

$$m_p = 451.75 \times 2450 + 1.474 \times 10^5 = 1.254 \times 10^6\ \text{kg}$$

试验模型实际质量：

$$V_{ma} = 0.133\ 7\text{m}^3，\rho_{ma} = 2300\text{kg/m}^3$$
$$m_{ma} = 0.133\ 7 \times 2300 = 307.5\text{kg}$$

试验模型总附加质量：

$$\Delta_m = S_\rho S_l^3 m_p - m_{ma} = 1.258 \times \left(\frac{1}{15}\right)^3 \times 1.254 \times 10^6 - 307.5 = 160\text{kg}$$

因此，结构的每层附加配重为 32kg。试验模型通过添加铅块来施加附加质量，如图 5-15 所示。

图 5-15　试验模型附加配重

5. 底座制作

由于振动台模型试验通常要考虑如何将模型构架吊装至振动台上并且与振动台工作平台固结，因此，一般模型结构制作前均需添加刚性底座。在本试验中，框架结构布置于下部土体内部，下部土体采用土箱进行盛装，土箱与振动平台采用螺栓进行连接即可。因此，本试验主要考虑如何将模型吊装至土箱内。为了更好地反映跨地裂缝结构在地震作用下的动力响应，模型结构采用了独立基础，因此模型下部无法设置刚性底座。此外，结构缩尺比例为 1：15，结构构件承载能力有限，无法在结构自身上设置吊点。因此，必须考虑采用其他装置来完成结构的吊装工作。本试验采用了外部吊架来完成模型结构的吊装工作，吊装图如图 5-16 所示。

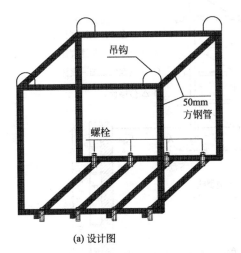

(a) 设计图

(b) 现场吊装图

图 5-16　吊装图

图 5-16 是下部为 4 根 50mm 方钢管（以下简称方钢），上部为方钢焊接而成的吊架，配有 4 个吊点。下部 4 根方钢和上部吊架采用高强度螺栓连接。在吊装过程中，首先将吊架的下部 4 根活动的方钢布设于独立基础的预支模板上，等整个结构混凝土完成浇筑并养护完成后，采用高强度螺栓将吊架上部和下部紧固起来，进行吊装。在完成吊装作业后，松开螺栓，吊架上下部分离，将下部方钢抽出即可。

5.2.5　试验测点布置

本试验地裂缝场地测点布置时考虑地裂缝两侧土体的加速度变化影响，上部结构测点布置也考虑了上部结构加速度和位移响应影响；下部土体关于土箱中轴线处也布置加速度计，分别布置三层，最上层土体加速度用于验证土箱的边界效应，测点布置如图 5-17 所示。同时，在结构每层关于地裂缝对称位置均布置钢筋应变片，如图 5-18 所示。

5.2.6　试验加载制度

本次振动台试验地震波输入与地裂缝场地振动台试验相同，如表 5-7 所示。其中，El 为 El Centro 波；JY 为江油波；CP 为 Cape Mendocino 波；WN 为白噪声，工况代号中数字表示不同加速度量级。

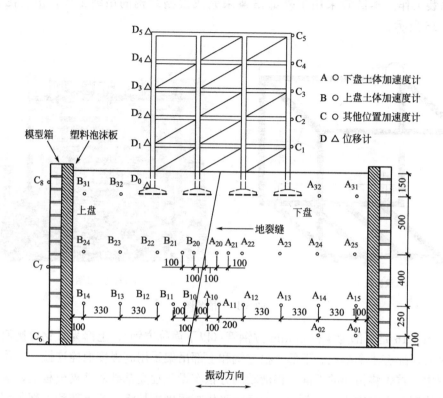

(a) 测点剖面布置图

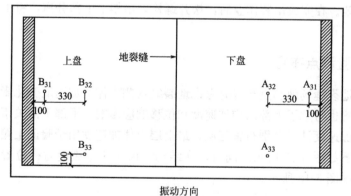

（b）土表面加速度计布置图

图 5-17　测点布置图

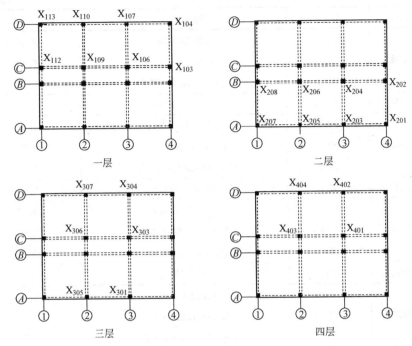

图 5-18　应变片布置图

试验加载工况　　　　　　　　　表 5-7

试验内容	工况号	输入波形	峰值加速度(g)
扫频试验	WN-1	白噪声（单向）	0.05
一级加载	JY-1	江油波（X 向）	0.10
	El-1	El Centro 波（X 向）	0.10
	CP-1	Cape Mendocino 波（X 向）	0.10
扫频试验	WN-2	白噪声（单向）	0.05
二级加载	JY-2	江油波（X 向）	0.20
	El-2	El Centro 波（X 向）	0.20
	CP-2	Cape Mendocino（X 向）	0.20
扫频试验	WN-3	白噪声（单向）	0.05
三级加载	JY-3	江油波（X 向）	0.30
	El-3	El Centro 波（X 向）	0.30
	CP-3	Cape Mendocino（X 向）	0.30
扫频试验	WN-4	白噪声（单向）	0.05

续表

试验内容	工况号	输入波形	峰值加速度(g)
四级加载	JY-4	江油波(X 向)	0.40
	El-4	El Centro 波(X 向)	0.40
	CP-4	Cape Mendocino(X 向)	0.40
扫频试验	WN-5	白噪声(单向)	0.05
五级加载	JY-5	江油波(X 向)	0.60
	El-5	El Centro 波(X 向)	0.60
	CP-5	Cape Mendocino(X 向)	0.60
扫频试验	WN-6	白噪声(单向)	0.05
六级加载	JY-6	江油波(X 向)	0.80
	El-6	El Centro 波(X 向)	0.80
	CP-6	Cape Mendocino(X 向)	0.80
扫频试验	WN-7	白噪声(单向)	0.05
七级加载	JY-7	江油波(X 向)	1.20
	El-7	El Centro 波(X 向)	1.20
	CP-7	Cape Mendocino(X 向)	1.20
扫频试验	WN-8	白噪声(单向)	0.05

5.3 非一致性地震作用下跨地裂缝结构-土地震反应规律研究

本节在成功完成了非一致性跨地裂缝结构-土地震动力试验的基础上，首先通过观察试验现象和分析试验数据，找出了地裂缝场地土测点的加速度反应规律，验证了土体的边界效应及实现跨地裂缝结构非一致性输入的可行性；其次分析了跨地裂缝框架结构在不同地震波作用下的破坏形态、动力特性、结构加速度、结构位移、结构地震剪力的地震响应和钢筋的拉、压应力变化等一系列地震反应规律。

5.3.1 结构模型动力特性

本节在试验前及各试验工况后，均采用峰值加速度为 $0.05g$ 的白噪声对模型进行扫描，对扫频的结构加速度响应进行滤波（高通：0.1Hz，低通：20Hz），利用相应测点的加速度频域传递函数[198-200] 求得试验模型的自振频率变化

（表 5-8），幅频曲线如图 5-19 所示。

模型结构自振频率和自振周期 　　　　表 5-8

扫频工况	一阶		二阶	
	频率(Hz)	周期(s)	频率(Hz)	周期(s)
WN-1	10.16	0.098	15.39	0.065
WN-2	9.53	0.105	14.22	0.070
WN-3	9.38	0.107	12.89	0.078
WN-4	8.12	0.123	11.33	0.088
WN-5	7.50	0.133	10.94	0.091
WN-6	6.48	0.154	10.39	0.096
WN-7	5.47	0.183	9.53	0.105
WN-8	4.45	0.225	9.37	0.107

由表 5-8 及图 5-19 可知，随着输入峰值加速度的增加，试验模型结构的一阶幅值增长速率大于二阶，一、二阶幅值整体不断减小。加载前，结构模型一阶幅值小于二阶；二级加载（输入峰值加速度达到 0.2g）后，试验结构模型一阶幅值逐渐大于二阶，结构三阶幅值不断增大。随着输入峰值加速度的增加，试验模型结构的一阶及二阶自振频率也不断减小，相同扫频工况下二阶自振频率值大于一阶频率值[201]。

按照《建筑地震破坏等级划分标准》[202] 可知，结构的基本自振频率下降 0%～10% 时为基本完好；10%～25% 时为轻微损伤；25%～40% 时为中度破坏；40% 以上为严重破坏。本试验模型结构频率变化情况分析如下：

（1）输入峰值加速度为 0.1g 时：结构模型的一阶自振频率下降 6.2%，二阶自振频率下降 7.6%，结构处于基本完好阶段，模型不需修理即可继续使用；

（2）输入峰值加速度为 0.3g 时：结构模型的一阶自振频率下降 20.1%，二阶自振频率下降 26.4%，结构处于轻微损伤阶段，在此阶段，结构的非承重构架出现损伤，局部承重构架出现细微裂缝，此阶段结构不需修理或者进行简单修理即可使用；

（3）输入峰值加速度为 0.4g 时：结构模型的一阶自振频率下降 26.2%，二阶自振频率下降 28.9%，结构处于中度破坏阶段，在此阶段，多数承重结构出现细微裂缝，部分裂缝扩展明显，部分非承重结构破坏严重，需要进行一般修理后才可使用；

（4）输入峰值加速度为 0.8g 时：结构模型的一阶自振频率下降 46.2%，二阶自振频率下降 57.7%，结构处于严重破坏，多数承重结构破坏严重，结构整体刚度下降大，容易产生局部倒塌，一般难以修复。

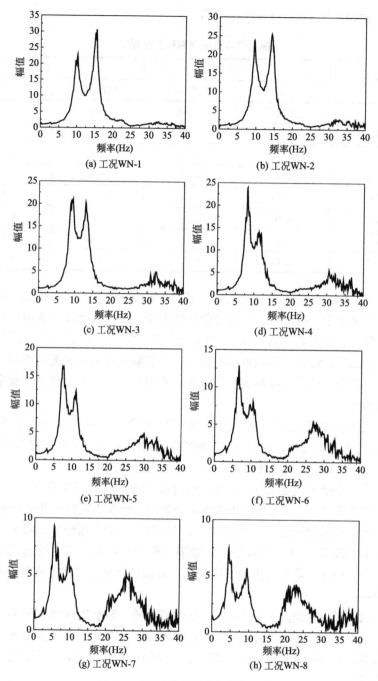

图 5-19　试验模型结构幅频曲线图

图 5-20 为试验模型频率变化图，其中 f_{tk} 为每级加载后扫频测得的模型结构频率，f_{ok} 为加载前测得的结构频率。由图 5-20 可知，在扫频工况 WN-5 之后，

结构一阶自振频率下降速率逐渐大于二阶自振频率下降速率。在扫频工况结束后，结构一阶自振频率整体下降幅度大于二阶自振频率。

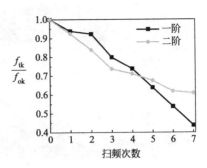

图 5-20 试验模型结构频率变化

5.3.2 试验现象

1. 上部结构变化情况

跨地裂缝框架结构模型如图 5-21 所示，结构在地震波的作用下裂缝开展情况如图 5-22 所示。模型损伤与裂缝发展情况描述如下：

图 5-21 跨地裂缝框架结构模型图

（1）当输入峰值加速度达到 0.2g 时，结构 4 层跨地裂缝梁混凝土出现挤压脱落现象，局部位置出现细微竖向裂缝（图 5-22a）；

（2）当输入峰值加速度达到 0.3g 时，结构 4 层柱顶位置出现横向裂缝并持续扩展。1 层和 2 层板局部有轻微裂缝（图 5-22b）；

（3）当输入峰值加速度达到 0.4g 时，结构出现明显抖动，已有裂缝沿开裂方向继续扩展。2 层梁出现一条竖向裂缝（图 5-22c）；

（4）当输入峰值加速度达到 0.6g 时，结构晃动明显，1 层柱核心区混凝土竖向裂缝扩展成 X 形，部分柱纵向钢筋达到屈服点，进入塑性阶段，部分柱柱顶横向裂缝已贯通（图 5-22d），大部分梁柱节点裂缝从上而下贯通；

（5）当输入峰值加速度达到 0.8g 时，1 层和 2 层板部分裂缝沿梁边界贯通。

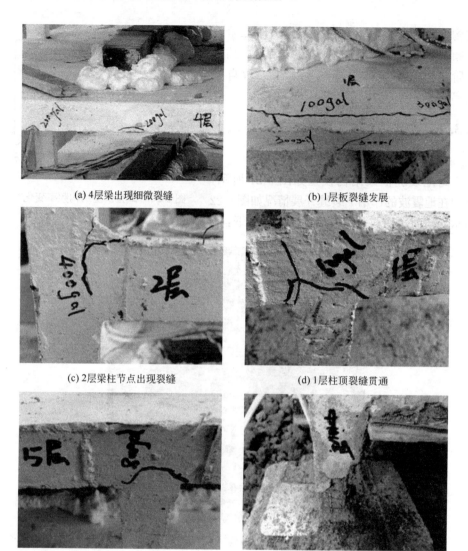

(a) 4层梁出现细微裂缝   (b) 1层板裂缝发展

(c) 2层梁柱节点出现裂缝   (d) 1层柱顶裂缝贯通

(e) 5层柱顶裂缝发展   (f) 基础破坏

图 5-22　结构模型裂缝开展情况图

顶板四角出现八字形裂缝，使梁柱节点与板脱离（图 5-22e）。经检测，大部分柱纵向钢筋已屈服，结构趋于破坏。加载完成挖开地基土后，发现基础表面混凝土大部分已脱落（图 5-22f）。

在试验过程中，结构模型先后出现梁柱节点竖向裂缝、柱顶横向裂缝和板边裂缝，同种裂缝在地裂缝场地的上盘位置出现时间均早于下盘，且裂缝宽度也大于下盘。

2. 地裂缝场地变化情况

图 5-23 是地裂缝场地变化情况图。该图是试验完成后，将土箱矩形框架依

次分层吊出，同时挖除该层土体，从上到下观察模型土体的地裂缝扩展情况和走向变化获得的。由图 5-23(a) 所知，地裂缝在模型结构基础底板高程位置出现扩展横缝，并沿地裂缝上盘方向扩展。同时，主地裂缝走向发生了轻微偏移（图 5-23b），裂缝宽度增大至 3cm（图 5-23c），上盘与下盘之间出现了明显的沉降差。

(a) 扩展裂缝图

(b) 主地裂缝偏移图

(c) 地裂缝宽度变化

图 5-23　地裂缝场地变化图

5.3.3　土体边界效应的验证

为验证试验过程中剪切土箱平行于振动方向的侧壁边界效应[102,203-205]，本试验在模型土地表沿振动方向布置了加速度计 A_{31}、A_{32}、B_{31} 和 B_{32}；同时布置了加速度计 A_{32}、A_{33}、B_{32} 和 B_{33}，用来测试垂直于振动方向模型土箱箱壁的边界效应。其中加速度计布置如图 5-17 所示。通过对比各个测点得到的加速度时程曲线，分析模型土箱的边界效应是否满足条件。

限于篇幅仅选取其中峰值加速度为 $0.1g$ 和 $0.4g$ 时的情况加以对比说明。

图 5-24、图 5-25 为输入峰值加速度分别为 $0.1g$ 和 $0.4g$ 的 El Centro 波作用下各测点的时程曲线对比图。从图 5-24、图 5-25 中可以看出地表加速度时程曲线高度重合，峰值加速度基本接近，强震段持时也基本相同。其中，A_{31}、A_{32}

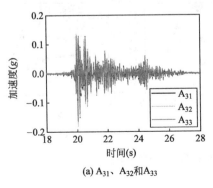
(a) A_{31}、A_{32}和A_{33}

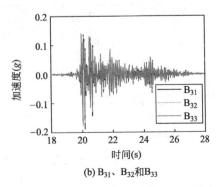
(b) B_{31}、B_{32}和B_{33}

图 5-24　地表加速度时程曲线对比图（$0.1g$）

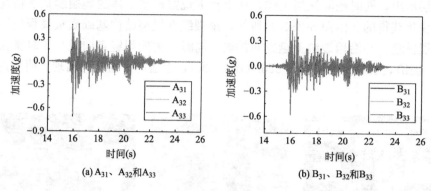

(a) A₃₁、A₃₂和A₃₃   (b) B₃₁、B₃₂和B₃₃

图 5-25 地表加速度时程曲线对比图 (0.4g)

和 A_{33} 在 0.1g 的 El Centro 波作用下峰值加速度分别为 0.168g、0.181g 和 0.166g，说明上盘的边界条件满足要求；B_{31}、B_{32} 和 B_{33} 在 0.1g 的 El Centro 波作用下峰值加速度分别为 0.189g、0.178g 和 0.172g，说明下盘的边界条件同样满足要求。

由图 5-24、图 5-25 可知，0.4g 峰值加速度作用时规律基本与 0.1g 时相同，将平行和垂直于土箱箱壁的加速度传感器进行对比，加速度时程曲线仅在个别点稍有差异，但差异性不大，且强震持时段基本相同，模型土箱的边界效应满足本次试验的要求。综上所述，本试验对土箱边界条件的处理是较合理的。

5.3.4 地裂缝对土体加速度的影响

在相同工况下，模型土响应加速度反应的最大值与振动台面上相应方向加速度输入的最大值的比值，即为该工况下模型土加速度反应的放大系数 K[206-210]。通过数据处理可得到在不同地震动作用下地裂缝场地底层土沿地震波输入方向的加速度放大系数变化曲线，如图 5-26 所示。

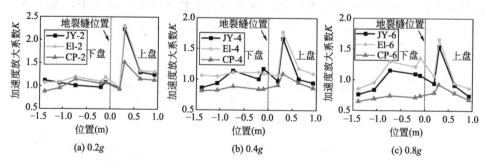

(a) 0.2g (b) 0.4g (c) 0.8g

图 5-26 地裂缝场地土的加速度放大系数变化曲线

由图 5-26 可知：

（1）在不同地震动作用下，加速度放大系数 K 均在上盘距地裂缝 0.3m 处（测点 B_{12} 位置处）达到最大值，并从此处向两侧逐步衰减；同时，上盘的衰减趋势明显大于下盘。说明地裂缝场地土在靠近地裂缝的一定范围内，地震响应较大；且距地裂缝相同距离处，上盘的加速度响应整体强于下盘。

（2）当输入峰值加速度为 $0.2g$、$0.4g$ 和 $0.8g$ 时，地裂缝两侧各测点的响应加速度放大系数最大值分别为 2.31、1.77 和 1.66。因此，加速度放大系数 K 随输入峰值加速度的增大呈减小趋势，且上盘的衰减速率明显大于下盘。

（3）不同波作用下的地裂缝两侧各测点的响应加速度放大系数变化规律有所不同。在 El Centro 波、江油波和 Cape Mendocino 波作用下，加速度放大系数最大值分别为 2.31、2.23 和 1.52。这是由于 El Centro 波和江油波相对于 Cape Mendocino 波，与地裂缝场地土动力特性较为接近，激励作用较大。

5.3.5　跨地裂缝结构加速度响应

1.结构加速度时程反应

图 5-27～图 5-35 是模型结构的底层（第 1 层）、中部（第 3 层）和顶部（第 5 层）的加速度时程曲线。

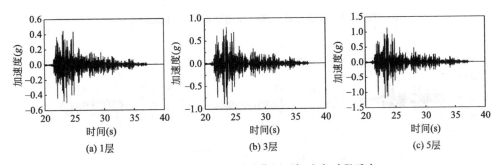

图 5-27　二级加载江油波作用下加速度时程反应

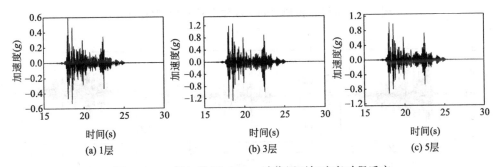

图 5-28　二级加载 El Centro 波作用下加速度时程反应

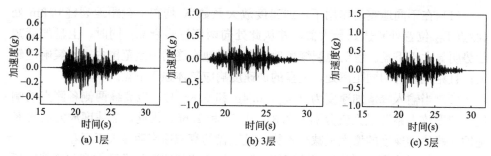

图 5-29　二级加载 Cape Mendocino 波作用下加速度时程反应

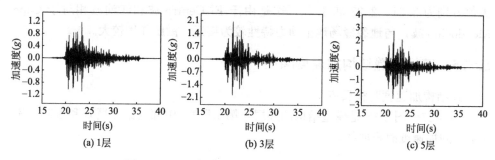

图 5-30　五级加载江油波作用下加速度时程反应

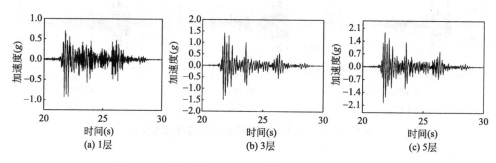

图 5-31　五级加载 El Centro 波作用下加速度时程反应

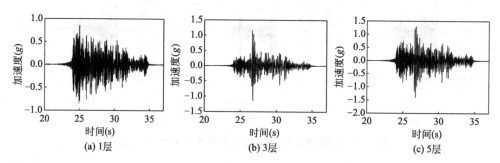

图 5-32　五级加载 Cape Mendocino 波作用下加速度时程反应

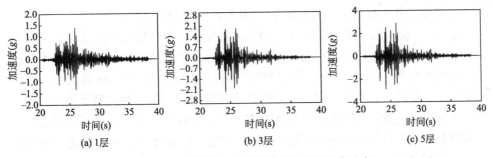

图 5-33　六级加载江油波作用下加速度时程反应

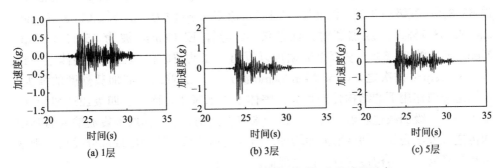

图 5-34　六级加载 El Centro 波作用下加速度时程反应

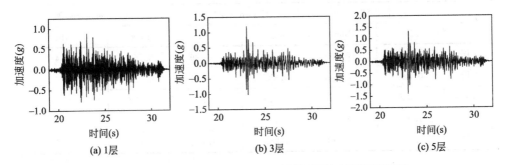

图 5-35　六级加载 Cape Mendocino 波作用下加速度时程反应

由图 5-27～图 5-35 分析可知，随着地震波输入峰值加速度增大，结构各层加速度反应也不断增大，其中不同烈度地震波作用下结构加速度响应由 1 层向 5 层不断增大，说明跨地裂缝结构在地震作用下，顶层的加速度地震响应最大。结构各层的加速度响应峰值区间与输入的地震波有效峰值加速度区间一致。在江油波及 El Centro 波作用下，结构各层加速度时程曲线较"消瘦"，峰值差异明显；Cape Mendocino 波作用下，结构各层加速度时程曲线较"饱满"，峰值加速度差异较小。这是由于土层一般会过滤掉地震波中的高频部分而放大低频部分，但 Cape Mendocino 波没有经过土体的滤波和放大效应，其作为地震波输入最为接近真实情况，其引起的结构峰值加速度响应分布也较均匀。

表 5-9～表 5-11 为跨地裂缝框架结构的各层正、负峰值加速度反应。由表 5-9～表 5-11 可以看出，在不同加载烈度下各测点的正、负峰值加速度数值差异较小，呈对称分布。江油波作用下顶层峰值加速度最大，El Centro 波次之，Cape Mendocino 波最小，这与地震波频谱特性有密切关系，从 3 种波的傅里叶频率分布谱中可以发现地震波高低频的分布状态。不同加载烈度下，取底层和顶层绝对最大峰值加速度计算结构绝对峰值加速度由底层到顶层的传递百分比，其分别为：二级加载时，江油波 58.1%，El Centro 波为 53.5%，Cape Mendocino 波50.8%；三级加载时，江油波 57.4%，El Centro 波为 59.2%，Cape Mendocino 波 62.8%；五级加载时，江油波 57.1%，El Centro 波为 52.8%，Cape Mendocino 波 38.7%；六级加载时，江油波 52.4%，El Centro 波为 45.1%，Cape Mendocino 波 36.6%。从以上数据可以看出，江油波的传递百分比整体上为最大，El Centro 波次之，Cape Mendocino 波最小。随着地震波加载烈度的增大，不同地震波作用下的结构传递百分比整体上不断减小，而三、四级加载却相反。由于一、二级加载地震烈度较小，结构未严重损伤，三、四级地震波输入后其结构传递百分比会随着烈度增大而增加。但四级加载后，结构出现部分损伤，刚度也相应降低，其结构传递百分比也降低。

二级加载结构各层加速度最值（g） 表 5-9

位置	江油波		El Centro 波		Cape Mendocino 波	
	Max	Min	Max	Min	Max	Min
1层	0.445	−0.499	0.592	−0.529	0.550	−0.413
2层	0.634	−0.793	0.832	−0.714	0.732	−0.612
3层	0.805	−0.901	1.019	−0.915	0.797	−0.743
4层	1.014	−1.057	1.170	−1.093	0.960	−0.802
5层	1.135	−1.191	1.259	−1.274	1.118	−0.817

五级加载结构各层加速度最值（g） 表 5-10

位置	江油波		El Centro 波		Cape Mendocino 波	
	Max	Min	Max	Min	Max	Min
1层	1.171	−1.092	0.700	−0.926	0.853	−0.845
2层	1.491	−1.555	1.081	−1.321	0.969	−0.970
3层	2.049	−1.961	1.417	−1.482	1.154	−1.137
4层	2.464	−2.234	1.633	−1.637	1.214	−1.148
5层	2.754	−2.411	1.872	−1.963	1.296	−1.392

六级加载结构各层加速度最值（g）　　　　　　表 5-11

位置	江油波		El Centro 波		Cape Mendocino 波	
	Max	Min	Max	Min	Max	Min
1层	1.394	−1.343	0.916	−1.178	0.878	−0.786
2层	1.730	−1.642	1.445	−1.578	1.263	−0.975
3层	1.963	−2.241	1.810	−1.597	1.194	−1.017
4层	2.592	−2.592	2.010	−1.811	1.194	−1.077
5层	2.926	−2.844	2.086	−2.013	1.320	−1.385

2. 最大加速度反应包络图

图 5-36 是七级加载工况下的模型结构各层加速度反应包络图。由图 5-36 可以看出，在不同加载制度下，结构正、负峰值加速度呈对称分布，并由底层向顶层增大。整体上 Cape Mendocino 波的各层峰值加速度最小，并被江油波及 El Centro 波峰值加速度包络。

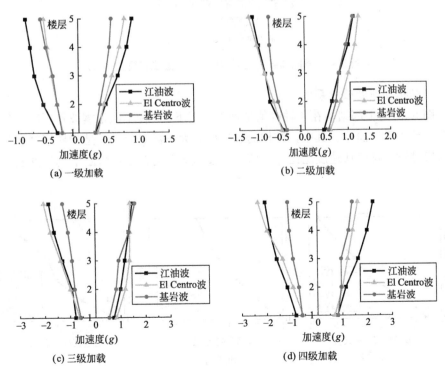

图 5-36　不同加载制度下结构各层加速度包络图（一）

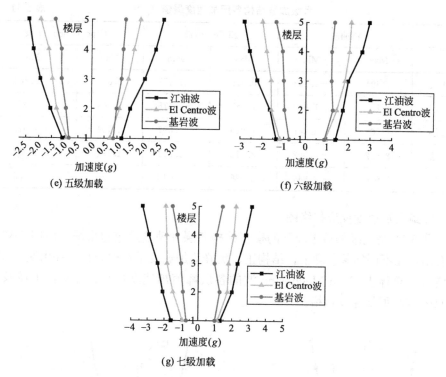

图 5-36　不同加载制度下结构各层加速度包络图（二）

3.结构加速度放大系数

图 5-37 为上部结构在 4 种峰值加速度工况下、3 种不同地震波作用时各层的加速度放大系数曲线。其中，结构的加速度放大系数 ζ [134,211] 是指楼层峰值加速度与底部输入峰值加速度之比，其值是通过上部结构在地震激励下的加速度计测得的。

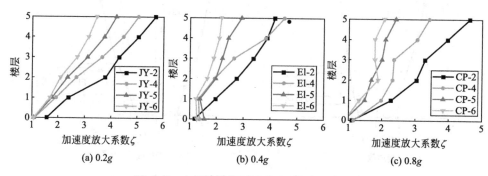

图 5-37　上部结构加速度放大系数变化曲线

由图 5-37 分析可知，上部结构各层加速度放大系数随着楼层的增大而增大，这是基础平动和摆动引起结构反应以及结构多振型反应的复合结果；不同地震波作用下，结构各层加速度放大系数由底层向顶层增加，底层加速度放大系数最小，顶层最大，加速度放大系数呈倒三角形分布；跨地裂缝结构在3种地震波激励下加速度响应也呈现不同的规律。在相同峰值加速度的不同地震波作用下，跨地裂缝结构同一楼层处在江油波作用下的加速度响应比 El Centro 波和 Cape Mendocino 波作用下的加速度响应大。这说明跨地裂缝结构的动力响应与地震波频谱特性有关。

表5-12～表5-14分别为输入峰值加速度为0.1g、0.4g和0.8g作用下结构各层加速度放大系数。

一级加载结构各层加速度放大系数　　　　　　表 5-12

位置	江油波		El Centro 波		Cape Mendocino 波	
	加速度(g)	放大系数	加速度(g)	放大系数	加速度(g)	放大系数
台面	0.102		0.124		0.114	
1层	0.351	3.441	0.320	2.581	0.276	2.421
2层	0.582	5.706	0.421	3.395	0.354	3.105
3层	0.726	7.118	0.562	4.532	0.450	3.947
4层	0.808	7.922	0.688	5.548	0.536	4.702
5层	0.897	8.794	0.773	6.234	0.619	5.430

四级加载结构各层加速度放大系数　　　　　　表 5-13

位置	江油波		El Centro 波		Cape Mendocino 波	
	加速度(g)	放大系数	加速度(g)	放大系数	加速度(g)	放大系数
台面	0.445		0.520		0.411	
1层	0.857	1.926	0.689	1.325	0.814	1.981
2层	1.195	2.685	1.003	1.929	0.952	2.316
3层	1.622	3.645	1.337	2.571	0.969	2.358
4层	1.986	4.463	1.986	3.819	1.255	3.054
5层	2.240	5.034	2.348	4.515	1.403	3.414

六级加载结构各层加速度放大系数　　　　　　表 5-14

位置	江油波		El Centro 波		Cape Mendocino 波	
	加速度(g)	放大系数	加速度(g)	放大系数	加速度(g)	放大系数
台面	0.825		0.825		0.825	
1层	1.394	1.690	1.178	1.228	0.878	1.308
2层	1.730	2.097	1.578	1.645	1.263	1.882

续表

位置	江油波		El Centro 波		Cape Mendocino 波	
	加速度(g)	放大系数	加速度(g)	放大系数	加速度(g)	放大系数
3 层	2.241	2.716	1.810	1.887	1.194	1.779
4 层	2.592	3.142	2.010	2.096	1.194	1.779
5 层	2.926	3.547	2.086	2.175	1.385	2.064

图 5-38 为结构各层加速度放大系数随输入峰值加速度变化曲线。

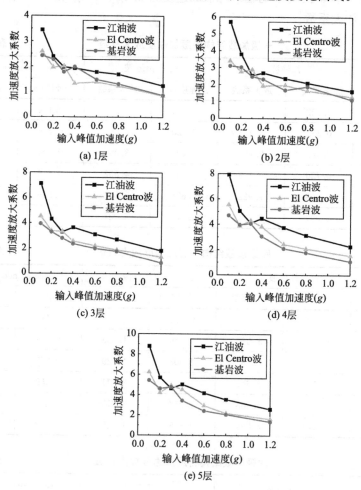

图 5-38　各层加速度放大系数变化

由表 5-12～表 5-14 及图 5-38 分析可知，随着输入峰值加速度的增加，结构各层加速度放大系数均在减小。这是因为随着试验振动次数的增加和输入地震动强度的增强，土体软化、非线性加强，土传递振动能量的能力不断减弱；同时也说明跨地裂缝结构的抗侧刚度一直在不断减小，结构损伤在不断累积。

在相同输入峰值加速度作用下，结构1层在江油波作用下放大系数最大，Cape Mendocino 波次之，El Centro 波最小；结构2层在江油波作用下放大系数最大，Cape Mendocino 波和 El Centro 波大致相同；结构3、4及5层在江油波作用下放大系数也最大，El Centro 波次之，Cape Mendocino 波最小，说明结构不同楼层在加速度传递能力上有较大差异，不同地震波作用下结构的传递能力也不尽相同。

5.3.6 跨地裂缝结构位移响应

1. 顶层位移时程曲线

图5-39～图5-41为各峰值加速度下顶层位移时程曲线。由图5-39～图5-41分析可知，结构顶层位移随着输入峰值加速度的增大而增大。不同工况作用下，结构均在加载前20s左右出现峰值位移。其中江油波作用下结构顶层峰值位移最大，El Centro 波和 Cape Mendocino 波作用下结构各层位移大致相等。不同烈度 Cape Mendocino 波作用下结构各层的位移时程曲线分布较稀疏，而江油波及 El Centro 波作用下的位移时程曲线分布相对较密集，这是由不同地震波峰值频谱差异[212,213]导致。由于土层一般会过滤掉地震波中的高频部分而放大低频部分，Cape Mendocino 波没有经过土体的二次滤波和放大，其作为地震波输入最接近真实情况，Cape Mendocino 波加速度频谱分布均匀，其引起的结构位移峰值响应分布也较均匀。

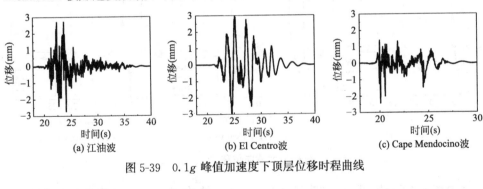

图5-39 0.1g 峰值加速度下顶层位移时程曲线

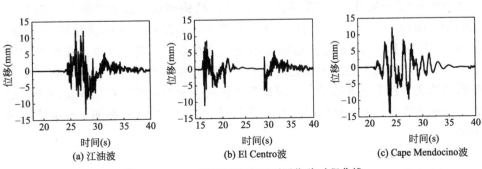

图5-40 0.4g 峰值加速度下顶层位移时程曲线

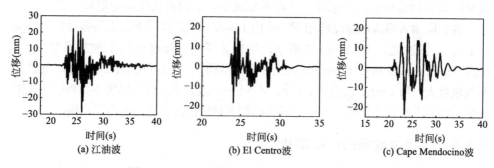

图 5-41 0.8g 峰值加速度下顶层位移时程曲线

2.楼层侧向位移

图 5-42 为跨地裂缝结构在江油波、El Centro 波和 Cape Mendocino 波作用下沿楼层分布的最大侧向位移。由图 5-42 可知，跨地裂缝结构在峰值加速度为 0.2g、0.4g、0.6g 和 0.8g 的地震波下的最大位移分别为 7.321mm、14.994mm、20.756mm 和 28.518mm，说明结构最大位移随着输入地震波峰值加速度的增大而增大。其原因是土体不断软化，结构裂缝不断发展以致刚度降低。

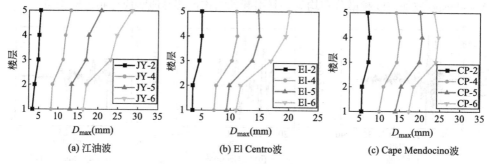

图 5-42 结构最大侧向位移 D_{max} 沿楼层分布

由图 5-42 分析可知，在江油波作用下，结构楼层的最大侧向位移随着楼层的增大而增大，结构的最大位移出现在顶层；而在 El Centro 波和 Cape Mendocino波作用下，结构的最大位移并不是出现在顶层。其原因是：在地震作用下，地裂缝场地的上盘与下盘之间出现的沉降差和水平位移，使结构的基础产生附加的变形、平动和摆动。不同地震波作用下地裂缝场地对结构基础产生的影响与地震本身对上部结构的变形影响在同一时刻可能互相叠加，也可能互相抵消。

3.层间位移角

地震波逐级加载后，由试验数据得到不同地震波作用下、输入峰值加速度为 0.2g、0.4g 和 0.8g 时框架结构的各层层间位移极值分布状况，如表 5-15 所示。

由表 5-15 可知，在 0.2g 峰值加速度作用下，El Centro 波和 Cape Mendocino 波加载时结构模型在 2 层出现最大层间位移角，分别达到 1/202 和 1/103，江油波加载时结构模型在 3 层出现最大层间位移角，其值为 1/176。0.2g 峰值加速度作用下，Cape Mendocino 波引起的结构模型层间位移响应最大，江油波次之，El Centro 波最小。

跨地裂缝框架最大层间位移角对比　　　　　　表 5-15

加速度	楼层	江油波	El Centro 波	Cape Mendocino 波
0.2g	1 层	1/202	1/297	1/107
	2 层	1/198	1/202	1/103
	3 层	1/176	1/218	1/139
	4 层	1/364	1/456	1/420
	5 层	1/261	1/377	1/357
0.4g	1 层	1/86	1/119	1/50
	2 层	1/87	1/83	1/50
	3 层	1/67	1/89	1/64
	4 层	1/156	1/197	1/206
	5 层	1/49	1/75	1/133
0.8g	1 层	1/39	1/56	1/33
	2 层	1/33	1/43	1/30
	3 层	1/37	1/45	1/44
	4 层	1/59	1/66	1/119
	5 层	1/41	1/170	1/103

在 0.4g 峰值加速度作用下，江油波和 El Centro 波作用下最大层间位移角出现在 5 层，分别达到 1/49 和 1/75。Cape Mendocino 波作用下最大层间位移角出现在 1 层和 2 层，其值为 1/50。最大层间位移角已经达到了《建筑抗震设计规范》GB 50011—2010[92] 所规定的框架的弹塑性层间位移角限值 1/50。

在 0.8g 峰值加速度作用下，结构在江油波、El Centro 波和 Cape Mendocino 波作用时均在 2 层出现最大层间位移角，其值分别为 1/33、1/43 和 1/30。此时大部分测点的最大层间位移角均超过 1/50，结构已经完全破坏。

综上所述，当输入峰值加速度达到 0.8g 时，结构模型已破坏。除个别测点外，Cape Mendocino 波引起的层间位移反应大于江油波和 El Centro 波。各层层间位移角均随地震动强度增大而增大的规律，说明结构的破坏跟地震波的强度和类型有关。

5.3.7 跨地裂缝结构模型应变分析

为对比地裂缝上下盘对结构钢筋应变影响的差异[188]，选取结构 1 层及 4 层处上下盘边跨及中跨对称测点，如图 5-43 所示。其中 1 层上盘测点为 X_{113}、X_{110}、X_{112} 及 X_{109}，下盘对应测点为 X_{107}、X_{104}、X_{106} 及 X_{103}；4 层上盘测点为 X_{404}、X_{403}，下盘测点为 X_{402}、X_{401}。

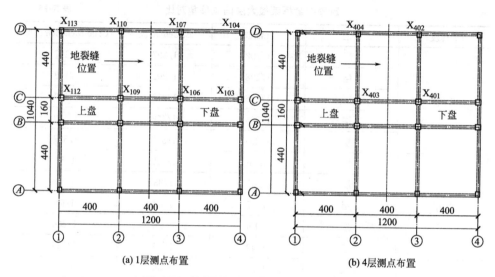

(a) 1层测点布置　　　　　　　　　(b) 4层测点布置

图 5-43　结构 1 层、4 层应变测点布置图

表 5-16、表 5-17 为结构 1 层、4 层不同加载烈度下结构上下盘各个应变测点拉（正）、压（负）峰值应变具体数值。

结构 1 层峰值应变反应（$\mu\varepsilon$）　　　　　　　表 5-16

加载制度	工况	上盘								下盘							
		X_{113}		X_{110}		X_{112}		X_{109}		X_{104}		X_{107}		X_{103}		X_{106}	
		拉	压	拉	压	拉	压	拉	压	拉	压	拉	压	拉	压	拉	压
二级	JY-2	262	−232	430	−194	218	−206	488	−440	158	−128	374	−408	270	−176	340	−242
	El-2	262	−228	184	−442	226	−246	474	−432	62	−218	458	−462	144	−298	322	−240
	CP-2	244	−196	110	−378	170	−190	332	−294	46	−196	336	−338	92	−270	246	−202
四级	JY-4	402	−380	384	−512	348	−338	806	−810	296	−28	692	−730	278	−342	614	−196
	El-4	340	−378	444	−428	300	−318	550	−730	212	−14	614	−694	298	−228	524	−54
	CP-4	256	−362	180	−366	212	−232	460	−538	148	−70	472	−518	136	−272	400	−76

续表

加载制度	工况	上盘								下盘							
		X₁₁₃		X₁₁₀		X₁₁₂		X₁₀₉		X₁₀₄		X₁₀₇		X₁₀₃		X₁₀₆	
		拉	压	拉	压	拉	压	拉	压	拉	压	拉	压	拉	压	拉	压
五级	JY-5	398	−474	310	−846	436	−420	570	−1052	348	−82	954	−784	262	−394	842	−114
	El-5	272	−422	362	−700	334	−376	682	−1076	194	−94	896	−760	246	−304	724	−102
	CP-5	256	−342	86	−528	216	−220	670	−954	140	−104	460	−662	148	−340	478	−108
六级	JY-6	282	−484	426	−824	422	−488	812	−1390	326	−48	1098	−918	348	−294	972	−152
	El-6	214	−450	330	−752	430	−414	680	−1586	260	−86	822	−918	306	−278	758	−150
	CP-6	198	−256	188	−374	100	−258	446	−1106	192	−84	588	−492	112	−248	368	−158

结构4层峰值应变反应（με） 表5-17

加载制度	工况	上盘				下盘			
		X₄₀₄		X₄₀₃		X₄₀₂		X₄₀₁	
		拉	压	拉	压	拉	压	拉	压
一级	JY-1	172	−70	158	−110	348	−184	156	−118
	El-1	66	−62	100	−104	136	−334	82	−98
	CP-1	56	−54	86	−80	240	−124	88	−82
二级	JY-2	612	−72	266	−182	452	−266	220	−170
	El-2	118	−120	316	−218	338	−488	196	−178
	CP-2	122	−100	208	−176	312	−356	166	−178
三级	JY-3	506	−100	498	−390	519	−524	382	−368
	El-3	314	−146	354	−390	772	−292	448	−352
	CP-3	192	−176	290	−264	414	−326	370	−336
四级	JY-4	254	−414	886	−568	748	−604	556	−574
	El-4	354	−230	748	−682	896	−502	612	−486
	CP-4	304	−138	540	−580	546	−500	500	−432
五级	JY-5	934	−600	1354	−902	948	−904	732	−664
	El-5	690	−88	1088	−1062	1060	−866	680	−546
	CP-5	462	−242	930	−806	644	−770	498	−510
六级	JY-6	996	−362	1764	−1054	1468	−964	868	−650
	El-6	720	−48	1510	−1216	1212	−972	818	−566
	CP-6	528	−94	920	−1054	898	−678	474	−546
七级	JY-7	768	−438	2168	−1270	1618	−1032	1002	−766
	El-7	548	−138	1848	−1260	1362	−806	910	−602
	CP-7	312	−138	956	−1026	910	−622	610	−542

图 5-44 为江油波作用下结构 1、4 层不同测点峰值受拉和受压应变随着加载次数增加的变化趋势图。14 号镀锌铁丝的屈服应变值为 $\pm 1400 \mu\varepsilon$，在图 5-44 中已用虚线标明。

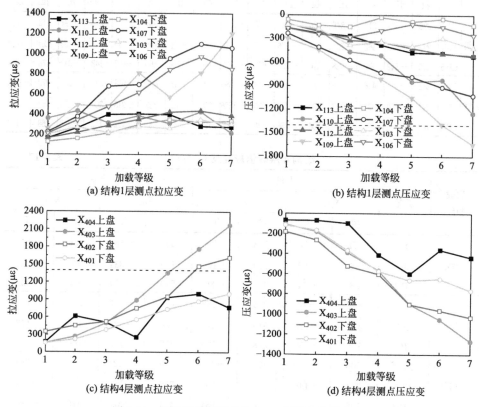

图 5-44　江油波作用下结构 1、4 层测点峰值应变

由图 5-44 可知，在江油波作用下，结构 1 层下盘靠近地裂缝的测点 X_{107}、X_{106} 及上盘测点 X_{109} 拉应变值较大。其中，七级加载时测点 X_{109} 拉应变值最大，为 $1202 \mu\varepsilon$。1 层上盘靠近地裂缝的 X_{109}、X_{110} 测点，下盘测点 X_{107} 压应变值较大。测点 X_{109} 在七级加载时，其压应变为 $-1642 \mu\varepsilon$，已超过其屈服压应变，此时该测点柱的纵筋屈服。结构 4 层靠近地裂缝下盘的测点 X_{402} 及靠近上盘测点 X_{403} 拉应变值较大，六级及七级加载时测点 X_{402} 最大拉应变值分别为 $1468 \mu\varepsilon$ 和 $1618 \mu\varepsilon$，钢筋均已屈服；六级及七级加载时 X_{403} 最大拉应变值分别为 $1764 \mu\varepsilon$ 和 $2168 \mu\varepsilon$，说明该测点柱钢筋也均已屈服。

图 5-45 为 El Centro 波作用下结构 1、4 层不同测点峰值受拉和受压应变随着加载次数增加的变化趋势图。由图 5-45 可知，在 El Centro 波作用下，结构 1 层靠近地裂缝上盘测点 X_{109}，下盘测点 X_{107} 及 X_{106} 拉应变值较大，其中测点 X_{107}

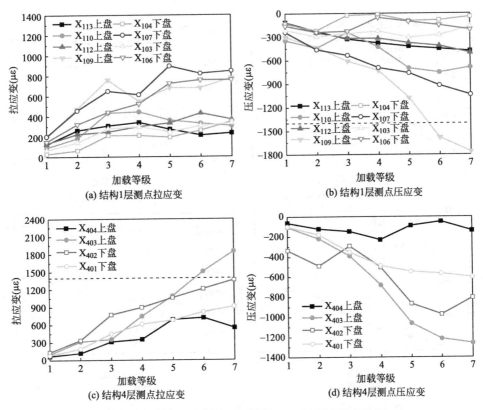

图 5-45　El Centro 波作用下结构 1、4 层测点峰值应变

在七级加载时最大拉应变值为 $1060\mu\varepsilon$。下盘靠近地裂缝的测点 X_{107} 及上盘测点 X_{110}、X_{109} 压应变值较大，其中 X_{109} 在六级及七级加载时压应变值分别为 $-1586\mu\varepsilon$ 和 $-1764\mu\varepsilon$，已超过其屈服压应变，说明此时该测点柱钢筋已经屈服。结构 4 层靠近地裂缝上盘测点 X_{403}，下盘测点 X_{402} 拉应变值较大，六级及七级加载时 X_{403} 最大拉应变值分别为 $1510\mu\varepsilon$ 和 $1848\mu\varepsilon$，表明此时该测点柱钢筋均已屈服。上盘靠近地裂缝的 X_{403} 测点及下盘 X_{402} 测点压应变值较大，七级加载时 X_{403} 最大压应变为 $-1260\mu\varepsilon$。

图 5-46 为 Cape Mendocino 波作用下结构 1、4 层不同测点峰值受拉和受压应变随着加载次数增加的变化趋势图。由图 5-46 可知，在 Cape Mendocino 波作用下，上盘测点 X_{109}，下盘测点 X_{107}、X_{106} 拉应变值较大。上盘测点 X_{110}、X_{109}，下盘测点 X_{107} 压应变值较大，其中 X_{109} 最大压应变值为 $-1424\mu\varepsilon$，此时钢筋屈服。因此，结构 1 层钢筋应力集中的测点为 X_{109}，该测点位于结构上盘的靠近地裂缝的跨中柱。结构 4 层靠近地裂缝的上盘测点 X_{403}，下盘测点 X_{402} 拉应变值较大，七级加载时测点 X_{403} 最大拉应变为 $956\mu\varepsilon$。靠近地裂缝的上盘测点 X_{403}，下

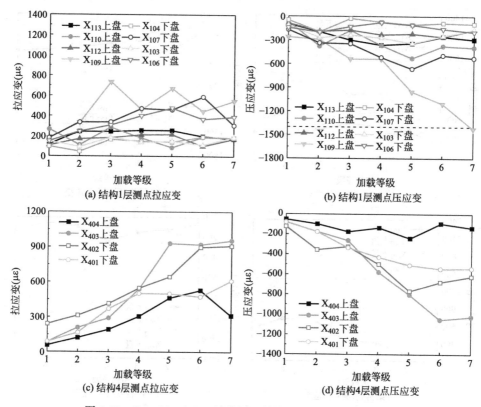

图 5-46 Cape Mendocino 波作用下结构 1、4 层测点峰值应变

盘靠近地裂缝测点 X_{402} 压应变值较大，其中 X_{403} 最大压应变值为 $-1054\mu\varepsilon$。

综上所述，在 3 种波作用下，结构各层不同测点的拉、压应变值随着加载烈度的增大，其整体趋势也不断增大，且距离地裂缝两侧较近的测点其钢筋拉、压应变值随着加载烈度的增大变化趋势较大，增加幅度也较大。而远离地裂缝的测点其钢筋拉、压应变值相对变化较小。此外，结构应力集中的测点为位于结构上、下盘的靠近地裂缝的跨中柱；并且处于上盘测点的应力集中现象更为明显。

5.3.8 跨地裂缝结构地震剪力分析

在振动台试验中，无法直接测出结构模型的地震剪力[214-216]，因此本节根据结构的各层测点的绝对加速度和各层质量算出。结构各层的地震剪力按式 (5-10) 计算：

$$r_k(t_i) = \sum_{k}^{n} m_k \ddot{x}_k(t_i) \tag{5-10}$$

式中 下标"k"——层号；

$$\ddot{x}_k(t_i) \text{——第 } k \text{ 层在 } t_i \text{ 时刻的绝对加速度值;}$$

$$m_k \text{——第 } k \text{ 层的质量。}$$

通过数据计算处理,分别得出了在 3 种地震波作用下输入峰值加速度为 $0.1g$、$0.2g$、$0.3g$、$0.4g$、$0.6g$、$0.8g$ 和 $1.2g$ 时各层的加速度极值,将每个极值对应的各层加速度进行组合,找出最不利的地震剪力组合。图 5-47 为跨地裂缝结构在江油波、El Centro 波和 Cape Mendocino 波(基岩波)作用下的楼层地震剪力。

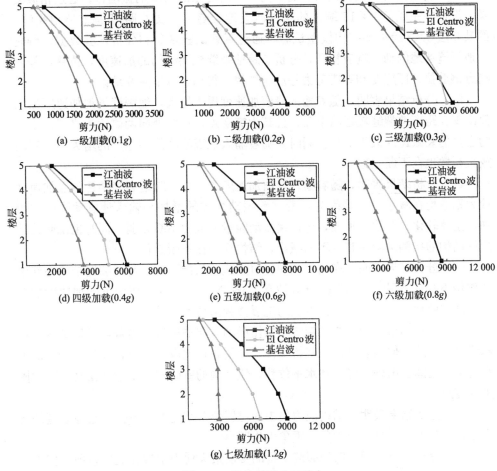

图 5-47　结构楼层地震剪力

由图 5-47 可知,跨地裂缝结构的地震剪力沿高度分布具有钢筋混凝土结构的共性,即结构模型的最大剪力均出现在底层,剪力值沿高度的变化是由上而下呈阶梯式增大,因此底层是结构模型的薄弱部分。在江油波的加载工况激励下,跨地裂缝结构的底层地震剪力是最大的,并且随着输入峰值加速度的增大其增大的趋势越明显；在 El Centro 波作用下楼层地震剪力随着输入峰值加速度不同而呈现的变化规律与在江油波作用下时相似；在 Cape Mendocino 波作用下，跨地裂缝结构的楼层地震剪力最小，各层剪力分布也较均匀。

5.4 本章结论

本章利用西安建筑科技大学的 3 向 6 自由度 4m×4m 的振动台，通过相似关系，设计并完成了 1：15 缩尺的跨越西安地裂缝 f_4（丈八路-幸福北路地裂缝）的某 5 层 3×3 跨框架结构模型试验。通过观察试验现象和分析试验数据，研究了地裂缝场地的动力响应特征，分析了跨地裂缝框架结构的加速度，位移，部分测点钢筋拉、压应变和地震剪力等反应规律，得到了以下主要结论：

（1）分析结果表明，随着输入峰值加速度逐步增大，地裂缝场地加速度最大值出现在距离地裂缝较近的上盘，且其为突变点，从此处向两侧逐步衰减，表现为上盘的衰减速度大于下盘。同时，随着输入地震波峰值加速度的增大，土层的放大系数也在不断递减。

（2）分析结果表明，随着输入峰值加速度的增加，跨地裂缝结构各层加速度放大系数均在减小。这是因为随着试验振动次数的增加和输入地震动强度的增加，土体软化、非线性加强，土传递振动能量的能力不断减弱；同时也说明跨地裂缝结构的抗侧刚度一直在不断减小，结构损伤在不断累积。

（3）分析结果表明，在输入相同峰值加速度的情况下，跨地裂缝结构在江油波作用下加速度响应比 El Centro 波和 Cape Mendocino 波作用下的加速度响应大。说明跨地裂缝结构的动力响应与地震波频谱特性有关。

（4）分析结果表明，跨地裂缝结构楼层的位移响应规律与普通场地结构变形趋势基本一致，但也表现出一些特殊性。主要是在地震作用下，地裂缝场地的上盘与下盘之间会出现沉降差和水平位移，使结构的基础发生平动和摆动，产生附加的变形。

（5）分析结果表明，结构应力集中的位置位于结构上、下盘靠近地裂缝的跨中处，并且处于上盘的应力集中现象更为明显。

（6）分析结果表明，跨地裂缝结构的楼层最大剪力出现在底层，剪力值沿高度的变化是由上而下呈阶梯式增大，因此底层是结构模型的薄弱部分。

（7）分析结果表明，地裂缝的存在会明显增大结构的地震反应，这是地裂缝场地的动力放大效应和地裂缝场地上下盘之间的沉降差及水平位移共同造成的。

第6章

地裂缝场地上下盘差异沉降对结构的动力响应研究

众所周知，地裂缝场地上下盘差异沉降是地裂缝的主要特征。为了考虑上下盘差异沉降对跨地裂缝结构动力的响应，本章通过对有限元模型施加不同峰值加速度的地震激励，分析了在差异沉降与非一致地震激励共同作用下结构的加速度、层间位移（角）、层间剪力、上部结构梁柱的能量分配以及塑性耗能分配的动力响应规律[217-225]。

6.1 地裂缝场地上下盘差异沉降模型的建立

考虑模型试验原场地抗震设防烈度为 8 度，建筑场地类别为Ⅱ类，设计地震分组为第一组，框架结构抗震等级为二级，地表粗糙度类别为 B 类，本章分别选取峰值加速度为 0.1g、0.3g 和 0.4g 的江油波、El Centro 波和 Cape Mendocino 波沿垂直地裂缝方向单向施加激励。其中，输入的地震波采用试验中调整峰值后振动台台面地震波。这 3 种波均属于二类场地土南北向地震波，前两种波为地表波，第三种为基岩波。通常，一般土层会过滤地震波中的高频部分而放大地震波的低频部分，选取 Cape Mendocino 波是为了考虑土层对地震波的影响。

根据西安地裂缝长期观测资料[88-89]，西安 f₄ 地裂缝以上盘土体下降、下盘相对上升为原则，以考虑上盘垂直沉降为主。2000～2005 年 f₄ 地裂缝活动速率为 3.1mm/年，近似地取这之后的 f₄ 地裂缝活动速率均为 3.1mm/年。

为分析地裂缝差异沉降在地震波激励下对框架结构的影响，本章考虑以下 4 种不同场地形式作为不同工况，分析不同类型场地在地震波作用下对框架结构的影响。其 4 种工况如下：

工况一：无地裂缝场地；

工况二：无沉降地裂缝场地；

工况三：地裂缝上盘施加 5 年垂直沉降量 15.5mm；

工况四：地裂缝上盘施加 10 年垂直沉降量 31mm。

6.2 地裂缝场地上下盘差异沉降对结构动力响应分析

本节采用模型试验结构为研究对象，通过采用 ANSYS/LS-DYNA 对该框架结构进行弹塑性动力时程分析。

6.2.1 加速度分析

图 6-1 和表 6-1～表 6-3 是各工况地震波作用下结构峰值加速度计算结果。

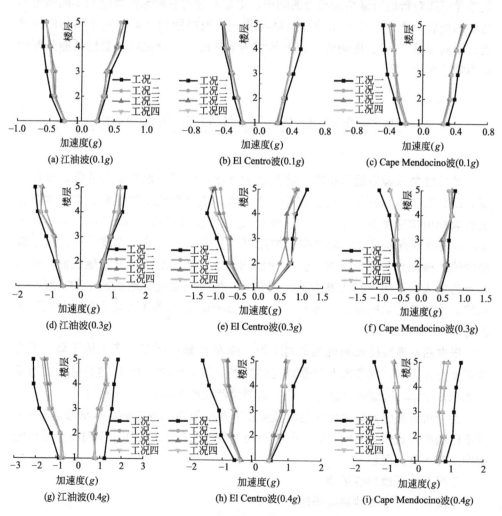

(a) 江油波(0.1g) (b) El Centro波(0.1g) (c) Cape Mendocino波(0.1g)

(d) 江油波(0.3g) (e) El Centro波(0.3g) (f) Cape Mendocino波(0.3g)

(g) 江油波(0.4g) (h) El Centro波(0.4g) (i) Cape Mendocino波(0.4g)

图 6-1　各工况地震波作用下结构峰值加速度（g）

　　由图 6-1、表 6-1～表 6-3 可知：对比工况一与工况二可知，在不同地震波作用下，工况一加速度最大值均小于工况二。在江油波作用下，当输入峰值加速度为 0.1g 时，在顶层加速度减小幅度最大，为 7.81%；在输入峰值加速度为 0.3g 时，4 层加速度减小幅度最大，为 13.60%；当输入峰值加速度为 0.4g 时，底层减小幅度最大，为 13.19%。在 El Centro 波作用下，当输入峰值加速度为 0.1g 时，底层加速度减小幅度最大，为 4.55%；当输入峰值加速度为 0.3g 时，2 层加速度减小幅度最大，为 16.67%；当输入峰值加速度为 0.4g 时，3 层减小幅度最大，为 6.79%。在 Cape Mendocino 波作用下，当输入峰值加速度为 0.1g 时，底层加速度增大幅度最大，为 3.85%；输入峰值加速度为 0.3g 时，3 层加速度增大幅度最大，为 11.48%；当输入峰值加速度为 0.4g 时，在 4 层增大幅度最大，为 14.53%。因此，无地裂缝场地下框架结构各层加速度最大值小于地裂缝场地下的框架结构，即地裂缝对框架结构加速度反应有放大作用。

江油波作用下最大加速度 表 6-1

峰值加速度	楼层	工况一		工况二	工况三		工况四	
		加速度 (g)	减小幅度 (%)	加速度 (g)	加速度 (g)	增大幅度 (%)	加速度 (g)	增大幅度 (%)
0.1g	5	0.59	7.81	0.64	0.66	3.13	0.68	6.25
	4	0.52	1.89	0.53	0.55	3.77	0.61	15.09
	3	0.42	6.67	0.45	0.47	4.44	0.56	24.44
	2	0.41	2.38	0.42	0.44	4.76	0.48	14.29
	1	0.25	7.41	0.27	0.28	3.70	0.31	14.81
0.3g	5	1.24	0.00	1.24	1.26	1.61	1.44	16.13
	4	1.08	13.60	1.25	1.27	1.60	1.35	8.00
	3	0.86	5.49	0.91	0.91	0.00	1.08	18.68
	2	0.74	2.63	0.76	0.77	1.32	0.81	6.58
	1	0.55	1.79	0.56	0.57	1.79	0.59	5.36
0.4g	5	1.50	7.63	1.62	1.72	6.23	2.03	25.13
	4	1.33	9.30	1.46	1.57	7.40	2.05	39.91
	3	1.21	8.71	1.32	1.35	1.77	1.74	31.31
	2	0.83	2.68	0.85	0.86	0.95	1.16	35.73
	1	0.70	13.19	0.81	0.83	1.89	1.02	26.23

El Centro 波用下最大加速度 表 6-2

峰值加速度	楼层	工况一		工况二	工况三		工况四	
		加速度 (g)	减小幅度 (%)	加速度 (g)	加速度 (g)	增大幅度 (%)	加速度 (g)	增大幅度 (%)
0.1g	5	0.44	2.22	0.45	0.47	4.44	0.52	15.56
	4	0.40	2.44	0.41	0.42	2.44	0.50	21.95
	3	0.36	0.00	0.36	0.37	2.78	0.41	13.89
	2	0.29	3.33	0.30	0.30	0.00	0.32	6.67
	1	0.21	4.55	0.22	0.23	4.55	0.26	18.18
0.3g	5	0.92	7.07	0.99	1.08	9.09	1.12	13.13
	4	0.78	11.36	0.88	0.95	7.95	1.06	20.45
	3	0.60	3.23	0.62	0.77	24.19	0.80	29.03
	2	0.60	16.67	0.72	0.75	4.17	0.78	8.33
	1	0.31	3.13	0.32	0.34	6.25	0.37	15.63
0.4g	5	0.93	—	0.91	0.99	8.80	1.28	40.53
	4	0.85	4.95	0.90	0.92	2.68	1.12	25.19
	3	0.78	6.79	0.84	0.94	11.54	0.95	12.44
	2	0.74	—	0.70	0.79	12.72	0.84	20.00
	1	0.43	—	0.42	0.47	11.82	0.53	26.34

Cape Mendocino 波作用下最大加速度 表 6-3

峰值加速度	楼层	工况一		工况二	工况三		工况四	
		加速度 (g)	减小幅度 (%)	加速度 (g)	加速度 (g)	增大幅度 (%)	加速度 (g)	增大幅度 (%)
0.1g	5	0.48	2.04	0.49	0.51	4.08	0.61	24.49
	4	0.41	0.00	0.41	0.41	0.00	0.49	19.51
	3	0.34	2.86	0.35	0.35	0.00	0.43	22.86
	2	0.32	3.03	0.33	0.35	6.06	0.40	21.21
	1	0.25	3.85	0.26	0.26	0.00	0.31	19.23
0.3g	5	0.73	0.00	0.73	0.71	−2.74	0.97	32.88
	4	0.70	4.11	0.73	0.72	−1.37	0.73	0.00
	3	0.54	11.48	0.61	0.61	0.00	0.66	8.20
	2	0.56	8.20	0.61	0.58	−4.92	0.63	3.28
	1	0.40	2.44	0.41	0.43	4.88	0.48	17.07

续表

峰值加速度	楼层	工况一		工况二	工况三		工况四	
		加速度 (g)	减小幅度 (%)	加速度 (g)	加速度 (g)	增大幅度 (%)	加速度 (g)	增大幅度 (%)
0.4g	5	0.78	14.00	0.90	0.92	2.08	1.09	20.95
	4	0.68	14.53	0.79	0.81	2.40	0.98	23.89
	3	0.63	14.33	0.74	0.76	3.17	0.99	34.39
	2	0.72	7.17	0.78	0.80	2.56	0.86	10.26
	1	0.55	8.43	0.60	0.66	10.30	0.75	24.94

对比工况二、三、四可知，在江油波作用下，当输入峰值加速度为0.1g时，3层峰值加速度增大幅度最大；工况三和工况四在3层时分别比工况二大4.44%和24.44%。当输入峰值加速度为0.3g时，3层增大幅度最大；工况三在3层时与工况二基本相同，而工况四在3层时比工况二大18.68%。当输入峰值加速度为0.4g时，4层增大幅度最大；工况三和工况四在4层时分别比工况二大7.40%和39.91%。随着输入峰值加速度的增加，工况三和工况四对比工况二的增加幅度逐渐增大。

在El Centro波作用下，当输入峰值加速度为0.1g时，4层峰值加速度增大幅度最大；工况三和工况四在4层时分别比工况二大2.44%和21.95%。当输入峰值加速度为0.3g时，3层和4层增大幅度最大；工况三和工况四在3层时分别比工况二大24.19%和29.03%。当输入峰值加速度为0.4g时，顶层增大幅度最大；工况三和工况四在顶层时分别比工况二大8.80%和40.53%。随着加速度的增加，工况三和工况四对比工况二的增加幅度逐渐增大。

在Cape Mendocino波作用下，当输入峰值加速度为0.1g时，5层峰值加速度增大幅度最大；工况三和工况四在顶层时分别比工况二大4.08%和24.49%。当输入峰值加速度为0.3g时，顶层增大幅度最大；工况三在顶层时与工况二相比减小了2.74%，工况四在顶层时比工况二大32.88%。当输入峰值加速度为0.4g时，3层增大幅度最大；工况三和工况四在3层时分别比工况二大3.17%和34.39%。随着输入峰值加速度的增加，工况三和工况四对比工况二的增加幅度逐渐增大。

综上所述，地裂缝上下盘差异沉降对结构来说是不利影响，且地裂缝沉降作用在不同地震波作用下对结构的影响不同。在El Centro波作用下，结构加速度增大幅度最大，江油波次之，Cape Mendocino波影响最小，这是由地震波频谱特性的差异造成的，即跨地裂缝框架结构与输入地震波的频谱特性有关。当输入峰值加速度为0.1g时，加速度存在工况三、四小于工况二情况。这是由于输入峰值加速度较小时，沉降作用对框架结构加速度响应的影响并不显著，随输入峰值加速度增加，框架结构顶层峰值加速度也增加，且增幅逐渐增大。

6.2.2 各层间位移分析

结构各层间位移最大值计算如图6-2～图6-4和表6-4～表6-6所示。由图6-2～图6-4和表6-4～表6-6可知，跨地裂缝框架结构在地震作用下位移反应与处于普通场地结构变形不同，位移峰值没有出现在顶层。其原因是：受地裂缝影响，上下盘土体位移在地震激励下有较大差异。基础在平动、转动和结构变形相互叠加和抵消作用下，结构侧向位移出现了较大变化。

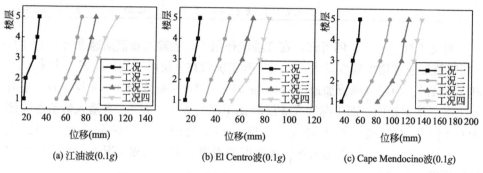

(a) 江油波(0.1g)   (b) El Centro波(0.1g)   (c) Cape Mendocino波(0.1g)

图 6-2　0.1g 加速度作用下各工况层间最大位移

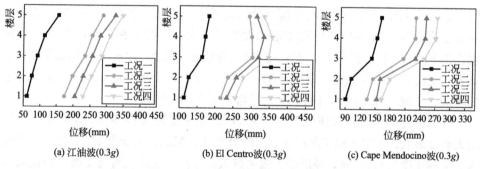

(a) 江油波(0.3g)   (b) El Centro波(0.3g)   (c) Cape Mendocino波(0.3g)

图 6-3　0.3g 加速度作用下各工况层间最大位移

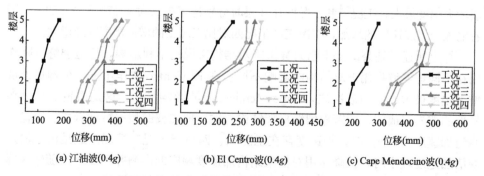

(a) 江油波(0.4g)   (b) El Centro波(0.4g)   (c) Cape Mendocino波(0.4g)

图 6-4　0.4g 加速度作用下各工况层间最大位移

江油波作用下最大位移 表 6-4

位移峰值	楼层	工况一		工况二	工况三		工况四	
		位移(mm)	减小幅度(%)	位移(mm)	位移(mm)	增大幅度(%)	位移(mm)	增大幅度(%)
0.1g	5	32.09	57.37	75.29	89.22	18.51	110.35	46.58
	4	30.16	57.52	70.98	84.96	19.70	98.88	39.30
	3	27.23	59.68	67.53	80.19	18.74	92.29	36.66
	2	18.76	68.44	59.44	71.09	19.60	85.60	44.02
	1	17.28	65.62	50.25	60.71	20.82	79.75	58.71
0.3g	5	155.46	46.04	288.10	325.19	12.87	348.01	20.79
	4	112.78	55.90	255.72	280.64	9.74	309.49	21.03
	3	91.78	60.93	234.94	256.91	9.35	285.20	21.39
	2	75.51	61.87	198.00	229.60	15.96	254.60	28.59
	1	60.74	65.01	173.57	204.70	17.93	229.13	32.00
0.4g	5	180.32	54.62	397.31	421.76	6.15	446.21	12.31
	4	139.38	60.00	348.46	368.13	5.65	399.04	14.52
	3	120.52	63.33	328.68	355.40	8.13	387.47	17.89
	2	97.30	63.93	269.72	293.59	8.85	319.84	18.58
	1	75.27	69.34	245.49	270.97	10.38	294.13	19.81

El Centro 波作用下最大位移 表 6-5

位移峰值	楼层	工况一		工况二	工况三		工况四	
		位移(mm)	减小幅度(%)	位移(mm)	位移(mm)	增大幅度(%)	位移(mm)	增大幅度(%)
0.1g	5	26.58	47.43	50.57	69.95	38.35	82.91	63.97
	4	25.10	46.54	46.95	65.39	39.27	78.50	67.19
	3	22.14	48.49	42.98	61.59	43.30	75.86	76.49
	2	17.51	51.43	36.05	52.29	45.04	65.20	80.86
	1	15.34	50.83	31.19	44.52	42.71	53.46	71.38
0.3g	5	181.05	38.22	293.03	313.62	7.02	334.20	14.05
	4	171.36	42.92	300.21	333.42	11.06	356.00	18.58
	3	162.66	46.15	302.09	318.49	5.43	347.20	14.93
	2	125.78	46.67	235.84	258.82	9.74	278.17	17.95
	1	113.03	47.62	215.78	232.48	7.74	255.60	18.45

续表

位移峰值	楼层	工况一		工况二	工况三		工况四	
		位移 (mm)	减小幅度 (%)	位移 (mm)	位移 (mm)	增大幅度 (%)	位移 (mm)	增大幅度 (%)
0.4g	5	233.90	13.04	268.98	290.03	7.83	306.41	13.91
	4	195.37	27.19	268.34	280.11	4.39	301.30	12.28
	3	171.98	28.18	239.47	252.53	5.45	278.65	16.36
	2	121.09	28.85	170.18	180.00	5.77	199.64	17.31
	1	113.73	26.25	154.20	170.59	10.63	188.99	22.56

Cape Mendocino 波作用下最大位移（mm） 表 6-6

位移峰值	楼层	工况一		工况二	工况三		工况四	
		位移 (mm)	减小幅度 (%)	位移 (mm)	位移 (mm)	增大幅度 (%)	位移 (mm)	增大幅度 (%)
0.1g	5	58.27	39.29	95.98	119.71	24.73	136.22	41.93
	4	56.61	38.19	91.59	114.11	24.59	130.48	42.47
	3	49.92	40.87	84.42	111.26	31.80	126.94	50.37
	2	46.54	37.12	74.01	100.04	35.18	113.84	53.82
	1	36.13	39.78	59.99	81.39	35.66	100.21	67.04
0.3g	5	161.84	29.67	230.11	251.21	9.17	273.82	19.00
	4	153.21	33.18	229.30	249.27	8.71	270.51	17.97
	3	142.62	30.68	205.75	229.84	11.70	247.84	20.45
	2	101.93	29.87	145.34	159.75	9.92	179.26	23.34
	1	90.53	32.17	133.46	152.86	14.54	162.74	21.94
0.4g	5	293.78	30.92	425.29	446.27	4.93	460.26	8.22
	4	260.90	41.98	449.67	472.69	5.12	491.11	9.22
	3	251.10	42.18	434.30	454.83	4.73	476.94	9.82
	2	201.21	41.46	343.74	364.70	6.10	381.47	10.98
	1	183.48	41.55	313.88	332.07	5.80	353.30	12.56

对比工况二、工况三和工况四可知，在江油波作用下，当输入峰值加速度为 0.1g 时，底层和顶层的侧向位移增大幅度最大；工况三和工况四在底层时分别比工况二大 20.82% 和 58.71%。当输入峰值加速度为 0.3g 时，底层和 2 层增大幅度最大；工况三和工况四在底层时分别比工况二大 17.93% 和 32.00%。当输入峰值加速度为 0.4g 时，2 层和底层增大幅度最大；工况三和工况四在底层时

分别比工况二大 10.38%和 19.81%。随着输入峰值加速度增大，工况三和工况四比工况二的增加幅度逐渐减小。

在 El Centro 波作用下，当输入峰值加速度为 0.1g 时，2 层侧向位移增大幅度最大；工况三和工况四在 2 层时分别比工况二大 45.04%和 80.86%。当输入峰值加速度为 0.3g 时，4 层增大幅度最大；工况三和工况四在 4 层时分别比工况二大 11.06%和 18.58%。当输入峰值加速度为 0.4g 时，底层增大幅度最大；工况三和工况四在底层时分别比工况二大 10.63%和 22.56%。随着输入峰值加速度增加，工况三和工况四对比工况二的增加幅度先减小，而后基本不变。

在 Cape Mendocino 波作用下，当输入峰值加速度为 0.1g 时，1 层和 2 层侧向位移增大幅度最大；工况三和工况四在底层时分别比工况二大 35.66%和 67.04%。当输入峰值加速度为 0.3g 时，同样是 1 层和 2 层增大幅度最大；工况三和工况四在 2 层时分别比工况二大 9.92%和 23.34%。当输入峰值加速度为 0.4g 时，1 层和 2 层增大幅度最大；工况三和工况四在底层时分别比工况二大 5.80%和 12.56%。随着输入峰值加速度的增加，工况三和工况四对比工况二的增加幅度逐渐减小。

综上所述，地裂缝上下盘差异沉降对结构侧向位移来说是不利的，且地裂缝沉降作用在不同地震波作用下对结构侧向位移的影响不同。在 El Centro 波作用下，结构位移增大幅度最大，Cape Mendocino 波次之，江油波影响最小。随着输入峰值加速度的增加，差异沉降对跨地裂缝框架结构的位移影响逐渐减小。

6.2.3　各层间位移角分析

通过层间位移最大值计算，得到各地震波作用下结构的位移角如表 6-7～表 6-9 所示。由表 6-7～表 6-9 可知，各层位移角变化趋势一致，结构 1 层和 3 层位移角最大。对比工况二、三和四，当峰值加速度为 0.1g 时，结构位移角均未超过 1/50。在江油波作用下，最大位移角在底层，工况三、工况四的位移角分别为 1/136 和 1/83。在 El Centro 波作用下，最大位移角在底层，工况三、工况四的位移角分别为 1/232 和 1/161。在 Cape Mendocino 作用下，最大位移角在底层，工况三、工况四的位移角分别为 1/200 和 1/134。在 0.3g 峰值加速度激励下，框架结构在 1 层和 3 层出现最大层间位移角，且随沉降增大，该结构位移角也增大。在江油波、EI Centro 波和 Cape Mendocino 波作用下，工况三和工况四框架结构 1 层层间位移角已超过了《建筑抗震设计规范》GB 50011—2010 所规定的框架弹塑性层间位移角限值 1/50，说明工况三、四作用下 1 层达到承载力极限状态，结构已经出现破坏，即差异沉降地裂缝对结构安全是严重威胁。在 0.4g 峰值加速度激励下，工况二中框架结构 1 层和 3 层位移角已经接近或超过 1/50，此时结构已经开始破坏。而工况三和工况四中江油波作用下层间位移角在

1 层和 2 层均超过 1/50，说明在 5 年沉降作用下结构已完全破坏，未满足大震不倒的抗震要求，即在该抗震设防烈度场地下结构需采取一定程度的加固或减震耗能等技术措施来避免跨地裂缝结构的地震灾害。

0.1g 峰值加速度的地震波作用下位移角　　　　表 6-7

楼层	江油波				El Centro 波			
	工况一	工况二	工况三	工况四	工况一	工况二	工况三	工况四
5	1/1860	1/837	1/846	1/314	1/2432	1/997	1/790	1/817
4	1/1231	1/1044	1/754	1/547	1/1216	1/907	1/947	1/1361
3	1/425	1/445	1/396	1/538	1/778	1/520	1/388	1/338
2	1/2433	1/392	1/347	1/616	1/1656	1/741	1/464	1/307
1	1/473	1/175	1/136	1/83	1/514	1/344	1/232	1/161

楼层	Cape Mendocino 波			
	工况一	工况二	工况三	工况四
5	1/2180	1/820	1/643	1/627
4	1/538	1/503	1/1265	1/1017
3	1/1066	1/346	1/322	1/275
2	1/346	1/257	1/193	1/265
1	1/201	1/275	1/200	1/134

0.3g 峰值加速度的地震波作用下位移角　　　　表 6-8

楼层	江油波				El Centro 波			
	工况一	工况二	工况三	工况四	工况一	工况二	工况三	工况四
5	1/77	1/102	1/74	1/86	1/85	1/112	1/81	1/94
4	1/156	1/158	1/122	1/127	1/172	1/174	1/410	1/467
3	1/202	1/60	1/74	1/64	1/222	1/66	1/58	1/52
2	1/222	1/496	1/774	1/1279	1/244	1/545	1/851	1/1405
1	1/1261	1/61	1/39	1/30	1/1386	1/67	1/43	1/33

楼层	Cape Mendocino 波			
	工况一	工况二	工况三	工况四
5	1/350	1/502	1/182	1/166
4	1/415	1/1915	1/242	1/409
3	1/98	1/55	1/61	1/53

续表

楼层	Cape Mendocino 波			
	工况一	工况二	工况三	工况四
2	1/283	1/180	1/137	1/160
1	1/58	1/49	1/35	1/30

0.4g 峰值加速度的地震波作用下位移角　　　　表 6-9

楼层	江油波				El Centro 波			
	工况一	工况二	工况三	工况四	工况一	工况二	工况三	工况四
5	1/88	1/74	1/68	1/77	1/94	1/5608	1/363	1/705
4	1/191	1/183	1/283	1/312	1/154	1/125	1/131	1/159
3	1/156	1/78	1/88	1/86	1/71	1/52	1/50	1/46
2	1/164	1/28	1/29	1/27	1/490	1/226	1/383	1/339
1	1/155	1/36	1/27	1/24	1/60	1/82	1/66	1/48

楼层	Cape Mendocino 波			
	工况一	工况二	工况三	工况四
5	1/110	1/148	1/137	1/117
4	1/368	1/235	1/202	1/255
3	1/73	1/40	1/40	1/38
2	1/203	1/121	1/111	1/128
1	1/33	1/23	1/23	1/21

6.2.4　层间剪力分析

各层间剪力计算值如图 6-5～图 6-7 和表 6-10～表 6-12 所示。

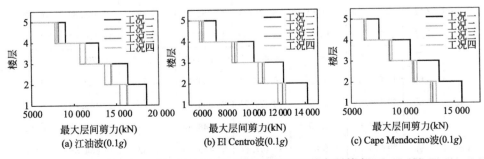

图 6-5　0.1g 加速度地震波作用下结构各层剪力

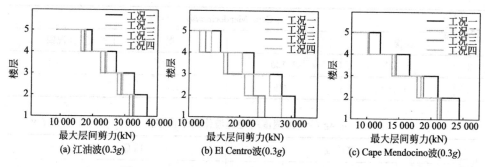

(a) 江油波(0.3g)　　　　(b) El Centro波(0.3g)　　　　(c) Cape Mendocino波(0.3g)

图 6-6　0.3g 加速度地震波作用下结构各层剪力

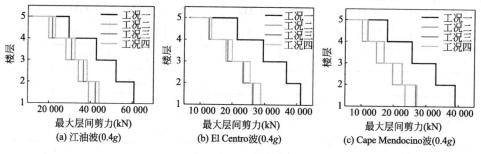

(a) 江油波(0.4g)　　　　(b) El Centro波(0.4g)　　　　(c) Cape Mendocino波(0.4g)

图 6-7　0.4g 加速度地震波作用下结构各层剪力

江油波作用下层间剪力

表 6-10

峰值加速度	楼层	工况一		工况二	工况三		工况四	
		层间剪力(kN)	减小幅度(%)	层间剪力(kN)	层间剪力(kN)	增大幅度(%)	层间剪力(kN)	增大幅度(%)
0.1g	5层	3 748.86	9.96	4 163.39	4 488.68	7.81	4 163.39	0.00
	4层	6 049.64	22.54	7 809.73	8 228.23	5.36	8 043.14	2.99
	3层	9 979.76	7.00	10 730.82	11 401.14	6.25	11 367.14	5.93
	2层	12 375.19	9.22	13 631.74	14 368.02	5.40	14 465.87	6.12
	1层	13 553.19	12.02	15 404.52	16 242.15	5.44	16 340.00	6.07
0.3g	5层	7 106.43	18.15	8 682.77	8 495.01	−2.16	8 870.45	2.16
	4层	14 609.14	10.36	16 296.94	17 311.73	6.23	17 732.13	8.81
	3层	20 166.77	9.67	22 324.70	23 694.07	6.13	24 153.80	8.19
	2层	25 842.61	6.19	27 547.55	28 746.44	4.35	29 227.67	6.10
	1层	29 879.91	4.86	31 407.84	32 449.25	3.32	32 854.55	4.61

续表

峰值加速度	楼层	工况一		工况二	工况三		工况四	
		层间剪力(kN)	减小幅度(%)	层间剪力(kN)	层间剪力(kN)	增大幅度(%)	层间剪力(kN)	增大幅度(%)
0.4g	5层	9 938.32	5.42	10 508.22	11 376.48	8.26	12 085.29	15.01
	4层	19 723.16	0.57	19 835.74	21 660.63	9.20	23 130.44	16.61
	3层	26 627.33	5.97	28 318.95	30 952.75	9.30	32 587.28	15.07
	2层	31 169.87	8.74	34 153.68	36 597.12	7.15	38 358.65	12.31
	1层	36 773.82	5.96	39 104.48	42 300.36	8.17	44 029.16	12.59

El Centro 波作用下层间剪力　　　　　表 6-11

峰值加速度	楼层	工况一		工况二	工况三		工况四	
		层间剪力(kN)	减小幅度(%)	层间剪力(kN)	层间剪力(kN)	增大幅度(%)	层间剪力(kN)	增大幅度(%)
0.1g	5层	2 654.42	13.37	3 064.10	3 185.90	3.98	3 279.60	7.03
	4层	5 168.28	12.03	5 875.19	6 064.28	3.22	6 205.12	5.62
	3层	7 074.90	15.54	8 377.07	8 602.97	2.70	8 780.54	4.82
	2层	9 349.48	10.03	10 391.69	10 715.08	3.11	10 860.13	4.51
	1层	10 174.65	14.43	11 890.93	12 257.81	3.09	12 489.75	5.04
0.3g	5层	5 881.94	9.07	6 468.81	6 936.83	7.24	7 572.17	17.06
	4层	9 063.60	24.19	11 956.05	13 151.71	10.00	14 278.82	19.43
	3层	13 619.01	18.49	16 707.44	17 500.68	4.75	20 407.58	22.15
	2层	18 087.85	13.42	20 890.42	22 585.30	8.11	25 697.09	23.01
	1层	20 693.76	11.93	23 496.34	24 835.50	5.70	28 077.95	19.50
0.4g	5层	5 459.02	16.52	6 539.68	6 384.38	−2.37	6 946.31	6.22
	4层	11 478.07	8.37	12 527.12	12 683.55	1.25	13 414.13	7.08
	3层	17 532.24	2.81	18 039.23	18 597.09	3.09	20 010.01	10.92
	2层	20 825.20	10.39	23 239.74	23 503.92	1.14	25 540.94	9.90
	1层	24 240.62	7.71	26 265.35	26 442.71	0.68	28 827.15	9.75

Cape Mendocino 波作用下层间剪力　　　　　　　表 6-12

峰值加速度	楼层	工况一		工况二	工况三		工况四	
		层间剪力(kN)	减小幅度(%)	层间剪力(kN)	层间剪力(kN)	增大幅度(%)	层间剪力(kN)	增大幅度(%)
0.1g	5层	3 311.11	2.11	3 382.58	3 448.89	1.96	3 581.50	5.88
	4层	5 725.86	9.04	6 295.17	6 311.25	0.26	6 494.09	3.16
	3层	7 773.52	10.50	8 685.58	8 746.76	0.70	8 974.69	3.33
	2层	9 549.07	12.87	10 959.95	11 098.25	1.26	11 403.24	4.04
	1层	11 755.02	7.49	12 706.38	12 905.93	1.57	13 241.55	4.21
0.3g	5层	4 837.30	6.29	5 161.88	5 116.65	−0.88	5 011.00	−2.92
	4层	9 988.22	0.69	10 057.48	10 236.17	1.78	10 055.86	−0.02
	3层	12 601.72	9.06	13 857.57	14 526.56	4.83	14 323.98	3.37
	2层	16 051.49	9.74	17 783.83	18 780.00	5.60	18 381.09	3.36
	1层	19 402.88	7.62	21 002.39	21 621.85	2.95	21 411.13	1.95
0.4g	5层	4 718.84	13.32	5 444.25	6 330.36	16.28	6 302.19	15.76
	4层	8 999.75	11.71	10 193.04	11 886.65	16.62	11 762.11	15.39
	3层	13 654.24	6.64	14 625.74	17 061.10	16.65	16 948.65	15.88
	2层	17 090.42	13.30	19 711.90	22 655.47	14.93	22 559.73	14.45
	1层	20 028.34	15.04	23 573.11	26 871.96	13.99	27 210.60	15.43

由图 6-5～图 6-7 和表 6-10～表 6-12 可知,对比工况二、工况三和工况四,在江油波作用下,当输入峰值加速度为 0.1g 时,2 层和 3 层增大幅度最大;工况三和工况四在 2 层时分别比工况二大 5.40% 和 6.12%。当输入峰值加速度为 0.3g 时,3 层和 4 层增大幅度最大;工况三和工况四在 4 层时分别比工况二大 6.23% 和 8.81%。当输入峰值加速度为 0.4g 时,3 层和 4 层增大幅度最大;工况三和工况四在 4 层时分别比工况二大 9.20% 和 16.61%。随着峰值加速度的增加,工况三和工况四相对工况二的层间剪力增大幅度逐渐增大。

在 El Centro 波作用下,当输入峰值加速度为 0.1g 时,4 层和顶层层间剪力增大幅度最大。工况三和工况四在顶层时分别比工况二大 3.98% 和 7.03%。当输入峰值加速度为 0.3g 时,2 层和 3 层层间剪力增大幅度最大。工况三和工况四在 2 层时分别比工况二大 8.11% 和 23.01%。当输入峰值加速度为 0.4g 时,2 层和 3 层层间剪力增大幅度最大。工况三和工况四在 3 层时分别比工况二大 3.09% 和 10.92%。随着峰值加速度输入增加,工况三和工况四相对工况二的层间剪力增大幅度在 0.3g 时达到最大。

在 Cape Mendocino 波作用下,当输入峰值加速度为 0.1g 时,1 层和顶层层间剪力增大幅度最大。工况三和工况四在顶层时分别比工况二大 1.96% 和 5.88%。当输入峰值加速度为 0.3g 时，2 层和 3 层增大幅度最大。工况三和工况四在 2 层时分别比工况二大 5.60% 和 3.36%。当输入峰值加速度为 0.4g 时，3 层和 4 层增大幅度最大。工况三和工况四在 3 层时分别比工况二大 16.65% 和 15.88%。随着峰值加速度输入增加，工况三和工况四相比工况二的增大幅度逐渐增大。

综上所述，地裂缝上下盘沉降对上部框架结构的地震反应具有不利影响。当输入峰值加速度相同时，随地裂缝两侧沉降增加，框架结构地震反应均明显增大；当地裂缝两侧差异沉降相同时，随着峰值加速度增大，差异沉降对结构加速度的影响逐渐增强，而对位移的影响逐渐减弱。

6.3 地裂缝不同差异沉降下框架梁柱的塑性和阻尼耗能分配研究

地震输入过程中，结构的各种能量不断变化，在地震输入结束后，结构的弹性应变能和动能趋于零。为了研究上、下盘差异沉降作用下跨地裂缝结构沿地裂缝和结构高度方向的能量变化情况，本节选取塑性耗能 E_p 和黏滞阻尼耗能 E_v 为指标，分别研究了在上、下盘差异沉降作用下框架梁、柱在不同楼层的塑性耗能和阻尼耗能分配规律。

图 6-8 为跨地裂缝纵向一榀框架梁、柱各层编号，地裂缝在结构中跨跨中穿过，如第 5 章图 5-10（a）所示。

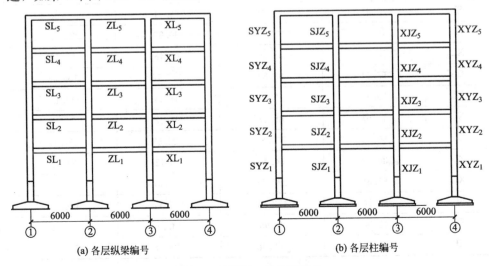

(a) 各层纵梁编号　　　　　　(b) 各层柱编号

图 6-8　结构梁、柱构件编号

输入峰值加速度为 $0.3g$ 的 El Centro 波进行能量时程分析。为便于分析塑性耗能和黏滞阻尼耗能沿结构高度和纵向分布差异，定义沿高度能量分配比 λ_h 和纵向能量分配比 λ_l，其计算如下：

$$\lambda_h = \frac{E_{ji}}{\sum E_j} \tag{6-1}$$

$$\lambda_l = \frac{E_{ij}}{\sum E_i} \tag{6-2}$$

式中　E_{ij}——结构 j 列（跨）i 层柱（梁）塑性耗能或阻尼耗能，i 表示结构的 1～5 层；

$\sum E_j$——结构 j 列（跨）各层柱（梁）塑性耗能或阻尼耗能总和，j 表示 1～4 号柱或 1～3 跨梁；

$\sum E_i$——结构 i 层所有柱（梁）的塑性耗能或阻尼耗能总和。

6.3.1　上部结构塑性耗能分配

通过有限元软件模拟计算得到不同跨、不同楼层的梁柱塑性耗能，如表 6-13、表 6-14 所示。由式（6-1）和式（6-2）分别计算得到结构梁、柱塑性耗能高度分配比和塑性耗能纵向分配比，如图 6-9、图 6-10 所示。

各层梁塑性耗能（J）　　　　　　　　表 6-13

梁编号	工况一	工况二	工况三	工况四
SL₁	23.67	46.23	50.15	52.64
ZL₁	12.48	10.35	20.34	18.58
XL₁	30.57	51.67	55.31	60.58
SL₂	42.48	63.23	63.51	69.35
ZL₂	16.75	15.56	30.86	35.40
XL₂	38.64	58.36	63.48	70.16
SL₃	55.94	98.39	105.78	109.42
ZL₃	26.42	15.63	34.25	40.14
XL₃	48.67	86.27	98.42	94.16
SL₄	60.85	209.65	228.65	262.47
ZL₄	36.99	54.36	78.42	84.13
XL₄	65.61	235.51	254.67	258.44
SL₅	84.56	173.24	200.17	194.53
ZL₅	43.84	27.95	54.27	59.74
XL₅	78.61	165.38	198.38	202.45

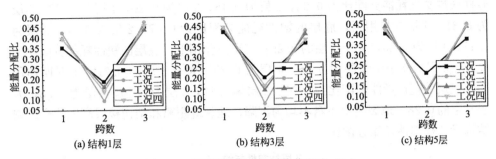

图 6-9　不同楼层梁塑性耗能分配比（λ_i）

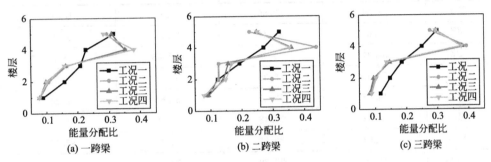

图 6-10　不同跨梁塑性耗能分配比（λ_i）

由表 6-13、图 6-9 和图 6-10 计算分析可知，在不同地震波作用下结构中跨（跨越地裂缝）处梁的塑性耗能纵向分配比最小，塑性耗能最少。地裂缝上、下盘处梁塑性耗能纵向分配比在不同楼层有较小差异，不同工况作用下，结构上、下盘处梁塑性耗能分配比差异较小；除 1 层外，结构表现为上盘梁塑性耗能分配比大于下盘。如在工况二作用下，1 层梁上盘塑性耗能分配比为 0.43，下盘塑性耗能分配比为 0.49；工况三作用下，梁上盘塑性耗能分配比为 0.39，下盘塑性耗能分配比为 0.45；工况四作用下，梁上盘塑性耗能分配比为 0.40，下盘塑性耗能分配比为 0.46。3 层梁：工况二作用下，上盘塑性耗能分配比为 0.49，下盘塑性耗能分配比为 0.43；工况三作用下，梁上盘塑性耗能分配比为 0.44，下盘塑性耗能分配比为 0.41；工况四作用下，梁上盘塑性耗能分配比为 0.44，下盘塑性耗能分配比为 0.38。5 层梁：在工况二作用下，上盘塑性耗能分配比为 0.47，下盘塑性耗能分配比为 0.45；工况三作用下，梁上盘塑性耗能分配比为 0.44，下盘塑性耗能分配比为 0.43；工况四作用下，梁上盘塑性耗能分配比为 0.42，下盘塑性耗能分配比为 0.44。

地裂缝改变结构的塑性耗能趋势。在工况一作用下，塑性耗能均沿着层高逐渐增大；在工况二、三、四作用下，4 层的塑性耗能大于 5 层，这与位移规律类似。不同跨纵梁塑性耗能高度分配比整体变化趋势较相近。如工况一作用下，1

号柱底层塑性耗能分配比为0.08，2层为0.16，3层为0.20，4层为0.22，5层为0.31；工况二作用下，底层的塑性耗能分配比为0.07，2层为0.10，3层为0.17，4层为0.35，大于5层的0.29；工况三作用下，底层的塑性耗能分配比为0.07，2层为0.10，3层为0.16，4层为0.35，大于5层的0.31；工况四作用下，底层的塑性耗能分配比为0.07，2层为0.10，3层为0.16，4层为0.38，大于5层的0.28。地裂缝上下盘不均匀沉降、地裂缝距离和结构楼层高度均会影响结构梁、柱塑性耗能分配比。

各层柱塑性耗能（J）　　　　　　　　　　表 6-14

柱编号	工况一	工况二	工况三	工况四
SYZ$_1$	56.34	87.56	90.67	91.46
SJZ$_1$	53.64	89.47	98.67	109.41
XJZ$_1$	54.31	90.28	101.65	108.63
XYZ$_1$	56.52	88.30	91.43	93.64
SYZ$_2$	48.38	73.17	80.64	82.24
SJZ$_2$	46.34	76.48	88.52	91.40
XJZ$_2$	43.67	76.52	86.43	87.57
XYZ$_2$	44.90	72.39	79.41	83.45
SYZ$_3$	39.34	68.37	73.54	76.41
SJZ$_3$	36.37	70.21	80.14	89.57
XJZ$_3$	37.58	69.97	82.37	90.67
XYZ$_3$	35.32	66.51	75.68	79.87
SYZ$_4$	30.97	57.37	66.45	67.90
SJZ$_4$	32.54	59.64	69.64	73.51
XJZ$_4$	29.87	60.38	68.97	75.64
XYZ$_4$	28.73	55.34	62.15	69.75
SYZ$_5$	25.67	48.31	52.40	56.77
SJZ$_5$	26.31	50.64	56.81	58.34
XJZ$_5$	26.00	49.27	58.27	60.35
XYZ$_5$	23.48	48.10	56.75	59.48

由表6-14、图6-11和图6-12计算分析可知，不同工况作用下，柱塑性耗能纵向分配比差异较大。地裂缝场地下，上、下盘靠近地裂缝处柱的塑性耗能分配比大于远离地裂缝柱的塑性耗能分配比，普通场地中间跨塑性耗能小于边跨。如工况一作用下，1层边跨柱的塑性耗能分配比为0.26、0.26，中间跨塑性耗能分配比为0.24、0.24；工况二作用下，1层边跨柱的塑性耗能分配比为0.23、0.23，

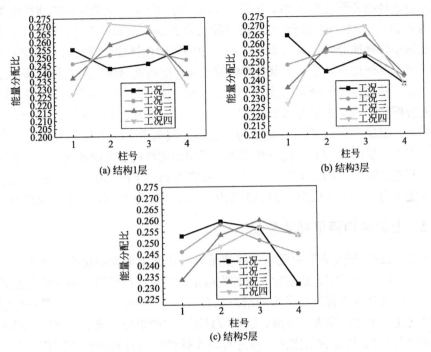

图 6-11　不同楼层柱塑性耗能分配比（λ_i）

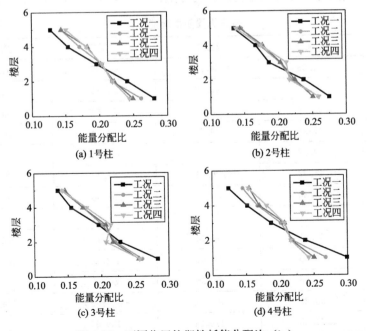

图 6-12　不同位置柱塑性耗能分配比（λ_i）

中间跨塑性耗能分配比为 0.27、0.27；工况三作用下，1 层边跨柱的塑性耗能分配比为 0.24、0.24，中间跨塑性耗能分配比为 0.26、0.26；工况四作用下，1 层边跨柱的塑性耗能分配比为 0.22、0.23，中间跨塑性耗能分配比为 0.28、0.27。

不同工况作用下，上、下盘各列柱的塑性耗能高度分配比由底层向顶层逐渐减小，顶层柱塑性耗能分配比最小，底层最大。如工况一作用下，1 号柱底层塑性耗能分配比 0.28，2 层为 0.24，3 层为 0.19，4 层为 0.15，5 层为 0.12；工况二作用下，底层的塑性耗能分配比为 0.26，2 层为 0.21，3 层为 0.20，4 层为 0.17，大于 5 层的 0.14；工况三作用下，底层的塑性耗能分配比为 0.24，2 层为 0.22，3 层为 0.20，4 层为 0.17，大于 5 层的 0.14；工况四作用下，底层的塑性耗能分配比为 0.24，2 层为 0.21，3 层为 0.20，4 层为 0.17，大于 5 层的 0.14。

6.3.2 上部结构阻尼耗能分配

文献［226］研究表明地震输入峰值越大，柱的阻尼耗能越小，由于"强柱弱梁"的结构设计原则，地震输入能首先由梁的阻尼进行耗散，而柱的阻尼耗能很小，该结果与本节有限元模拟的结果相符。$0.3g$ 地震作用下，柱阻尼耗能较小，阻尼耗能主要由梁进行耗散，故本节只研究梁的阻尼耗能变化规律。输入峰值加速度为 $0.3g$ 的 3 种地震波，通过有限元软件模拟计算得到不同跨、不同楼层的梁阻尼耗能值，如表 6-15 所示。由式（6-1）和式（6-2）分别计算得到结构梁阻尼耗能高度分配比和阻尼耗能纵向分配比，如图 6-13 和图 6-14 所示。

各层纵梁阻尼耗能（J）　　　　　　　　　　表 6-15

梁编号	工况一	工况二	工况三	工况四
SL_1	34.53	54.92	57.37	61.24
ZL_1	23.74	40.38	49.31	52.16
XL_1	36.24	48.63	54.64	59.37
SL_2	41.98	69.64	74.74	76.92
ZL_2	29.52	56.31	60.94	62.52
XL_2	44.92	75.61	77.42	79.40
SL_3	54.30	86.33	93.36	97.44
ZL_3	35.97	68.27	73.24	77.48
XL_3	57.61	88.40	90.32	94.47
SL_4	59.35	98.62	104.25	107.63
ZL_4	40.68	74.35	80.32	81.26
XL_4	60.22	106.52	112.35	124.94
SL_5	74.38	125.64	139.64	150.31

续表

梁编号	工况一	工况二	工况三	工况四
ZL$_5$	50.29	80.26	90.21	92.54
XL$_5$	79.85	129.53	133.84	147.35

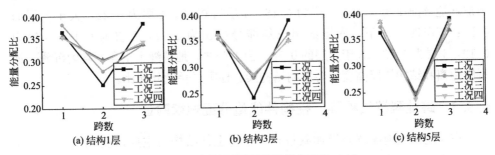

图 6-13 不同楼层梁阻尼耗能分配比（λ_l）

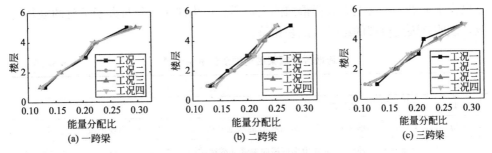

图 6-14 不同跨梁阻尼耗能分配比（λ_l）

由表 6-15、图 6-13 和图 6-14 计算分析可知，在不同地震波作用下结构中跨（跨越地裂缝）处梁的阻尼耗能纵向分配比最小，阻尼耗能最少。地裂缝上、下盘处梁阻尼耗能纵向分配比在不同楼层有较小差异，不同工况作用下，结构上、下盘处梁阻尼耗能分配比差异较小；除个别工况外，结构表现为上盘梁阻尼耗能分配比大于下盘。如1层梁：在工况二作用下，梁上盘阻尼耗能分配比为 0.38，下盘阻尼耗能分配比为 0.33；工况三作用下，梁上盘阻尼耗能分配比为 0.35，下盘阻尼耗能分配比为 0.33；工况四作用下，梁上盘阻尼耗能分配比为 0.34，下盘阻尼耗能分配比为 0.33。3层梁：在工况二作用下，上盘阻尼耗能分配比为 0.35，下盘阻尼耗能分配比为 0.36；工况三作用下，梁上盘阻尼耗能分配比为 0.36，下盘阻尼耗能分配比为 0.35；工况四作用下，梁上盘阻尼耗能分配比为 0.36，下盘阻尼耗能分配比为 0.35。5层梁：在工况二作用下，上盘阻尼耗能分配比为 0.37，下盘阻尼耗能分配比为 0.35；工况三作用下，梁上盘阻尼耗能分配比为 0.38，下盘阻尼耗能分配比为 0.37；工况四作用下，梁上盘阻尼耗能分配比为 0.38，下盘阻尼耗能分配比为 0.36。同时，分析结果表明，地裂缝未改变结构的阻尼耗能趋势。不同跨纵梁阻尼耗能高度分配比整体变化趋势较相近。如工况一作用下，1 号柱底层阻尼耗能分配比 0.13，2 层为 0.15，3 层为 0.16，4 层为 0.22，5 层为 0.28；工况二作用下，底层的阻尼耗能分配比为 0.12，2 层为 0.16，3 层为 0.19，4 层为 0.22，大于 5 层的 0.28；工况三作用下，底层的阻尼耗能分配比为 0.12，2 层为 0.16，3 层为 0.19，4 层为 0.22，大于 5 层的 0.29；工况四作用下，底层的阻尼耗能分配比为 0.12，2 层为 0.15，3 层为 0.19，4 层为 0.22，大于 5 层的 0.30。由上观之，地裂缝上下盘不均匀沉降、地裂缝距离和结构楼层高度均会影响结构梁、柱阻尼耗能分配比。

6.3.3 跨地裂缝结构梁、柱构件能量分配规律验证

在模型试验地震波分级加载过程中，将上部结构的主要试验现象列于表 6-16。由表 6-16 可知，结构模型先后出现梁柱节点横向裂缝、竖向裂缝，并逐渐发展贯通，同类型裂缝在地裂缝场地的上盘区域出现的时间早于下盘，且裂缝宽度也大于下盘。这与上文分析得出的上盘梁、柱构件能量分布大于下盘的规律一致，表明有限元模拟的结果与试验相符。

跨地裂缝框架结构振动台试验现象　　　　　　　　　　表 6-16

加载内容	试验现象
0.1g	结构表面未出现裂缝
0.2g	上盘：4 层①轴交 C、D 轴连线处梁底混凝土有挤压脱落现象，局部出现细微竖向裂缝
0.3g	上盘：4 层①轴交 D 轴柱顶出现横向裂缝并继续扩展；下盘：4、5 层③轴交 A、B 轴连线处梁出现裂缝并逐步扩展成倒八字形
0.4g	上盘：1 层②轴交 A 轴柱顶出现竖向裂缝；结构出现明显抖动，已有裂缝继续扩展
0.6g	上盘：①轴交 D 轴处柱核心区混凝土竖向裂缝扩展成 X 形，①轴柱顶横向裂缝已贯通；下盘：③、④轴柱顶横向裂缝继续扩展；大部分梁柱节点裂缝从上而下贯通，经检测，部分柱纵筋达到屈服点，进入塑性阶段
0.8g	上盘：①轴线位置裂缝沿梁边贯通，顶板四角出现八字形裂缝，使梁柱节点与板脱落；经检测，柱内大部分钢筋已屈服，结构趋于破坏

6.4　本章结论

本章以跨地裂缝框架结构缩尺振动台试验为依据，通过有限元模型对跨地裂缝结构施加 0.1g、0.3g 和 0.4g 地震激励，分析了非一致地震激励作用下，跨越差异沉降地裂缝框架结构动力响应。同时，研究了跨地裂缝上部结构的能量分

配问题，分析了梁、柱塑性耗能和阻尼耗能沿地裂缝方向和结构高度方向的分配规律，并通过试验现象加以验证，得出如下结论：

（1）不均匀沉降作用下的跨地裂缝梁的轴向变形不容忽视，从顶层到底层水平位移逐渐减小；同时，柱内也产生了轴向变形；地裂缝场地的梁弯矩大于普通场地，梁剪力随沉降量增大而增大。

（2）跨地裂缝框架结构的破坏形态与输入地震波的频谱特性有关；地裂缝对框架结构产生不利影响。地裂缝对结构加速度和位移影响相同，地裂缝两侧土体约束的减弱，使加速度和层间位移大于普通场地。

（3）地裂缝上下盘垂直沉降对上部框架结构影响程度不可忽略。当输入峰值加速度相同时，随着地裂缝两侧沉降增加，框架结构各层峰值加速度、位移及位移角均增加；当地裂缝两侧差异沉降相同时，随着峰值加速度增大，差异沉降对加速度及位移影响逐渐减弱。

（4）计算结果表明，地震与地裂缝场地差异沉降的共同作用，对结构安全威胁较大。因此，对跨地裂缝结构要采取一定的技术措施保证结构的安全。

（5）计算结果表明，不同地震波作用下，上部结构梁、柱构件上盘的塑性耗能大于下盘，跨地裂缝处梁的塑性耗能最少，距离地裂缝越近，柱的塑性耗能越大。

（6）计算结果表明，地震作用下，地裂缝两侧梁的阻尼耗能分布表现为上盘大于下盘，跨越地裂缝处梁的阻尼耗能最少；在高度方向，梁的阻尼耗能整体随高度的增加而增大，顶层梁的阻尼耗能大于底层。

■ 第**7**章 ■

基于变形和能量的跨地裂缝框架
结构地震损伤量化研究

本章以活动性较弱的地裂缝为研究对象，基于 5 层跨地裂缝框架结构振动台试验结果，通过采用基于加权系数法的地震损伤模型对模型结构进行损伤评估分析，试验结果验证了该评估方法的可行性；同时，采用 ABAQUS 有限元软件分析了不同工况下的结构构件及整体损伤指数，得出了地裂缝环境下结构构件的损伤分布规律，量化了跨地裂缝结构各楼层损伤对整体结构损伤的影响。

7.1　基于变形和能量的地震损伤量化模型

一个合理的地震损伤模型应能良好地反映结构震害的两种主要破坏模式，即首次超越破坏和累积损伤破坏。目前地震工程研究领域中应用较为普遍的是基于变形和能量的地震损伤模型，该类模型能较好地描述结构在地震作用下的损伤机理，量化弹塑性变形和累积滞回耗能对结构地震损伤的影响。而其中 Y. J. Park 和 A. H. S. Ang 于 1985 年提出的模型最具代表性，此后在 Park-Ang 模型的基础上提出了许多的改进模型。

7.1.1　构件层次的损伤模型

构件的损伤性能决定结构的损伤性能，因此，从构件的损伤性能入手是研究结构损伤的主要途径之一。

1. Park-Ang 双参数地震损伤模型

1985 年，Park 和 Ang[227] 基于一大批钢筋混凝土梁、柱构件的试验结果，提出了钢筋混凝土构件的双参数地震损伤模型，考虑了最大变形和累积滞回耗能之间的线性关系，定义关系式为：

$$D = \frac{x_m}{x_{cu}} + \beta \frac{E_h}{F_y x_{cu}} \tag{7-1}$$

式中　x_m——构件（结构层）在地震作用下的实际最大变形；

　　　　x_{cu}——构件（结构层）在单调荷载下的破坏极限变形；

　　　　F_y——构件（结构层）的屈服强度；

196

E_h——构件（结构层）实际累积滞回耗能；

β——构件（结构层）耗能因子，一般在 $0\sim0.85$ 之间变化，均值在 $0.10\sim0.15$，可按下式计算：

$$\beta = (-0.447 + 0.073\lambda + 0.24n_0 + 0.314\rho_t) \times 0.7\rho_w \tag{7-2}$$

式中 λ——构件的剪跨比，当 $\lambda < 1.7$ 时，取 1.7；

n_0——构件的轴压比，当 $n_0 < 0.2$ 时，取 0.2；

ρ_t——纵向受力钢筋配筋率，当 $\rho_t < 0.75\%$ 时，取 0.75%；

ρ_w——体积配箍率，当 $\rho_w > 2\%$ 时，取 2%。

对于弯曲破坏构件，β 还可以采用下式计算：

$$\beta = [0.37n_0 + 0.36(k_p - 0.2)^2] \times 0.9\rho_w \tag{7-3}$$

式中 k_p——归一化的受拉钢筋配筋率，$k_p = \rho_t f_y / (0.85f_c)$。

对于剪切型钢筋混凝土结构，Park-Ang 模型可以用来描述结构层的地震损伤。当计算结构楼层的损伤指数时，剪跨比 λ 按照楼层反弯点高度与柱子截面有效高度之比取值，其余变量可根据结构层间构件的自身特性，按照钢筋混凝土的基本理论方法计算。

由于 Park-Ang 模型在很大程度上反映了地震动三要素对结构损伤破坏的影响，从变形和能量两个方面综合考虑构件和结构的损伤情况，具有大量的试验基础，所以在国内外地震工程界被普遍认同。但该模型也存在以下缺陷：

（1）模型本身不收敛，当结构处于弹性状态时，此时的损伤指数应该为 0，但 Park-Ang 模型计算结果大于 0；当结构在单调荷载作用下倒塌破坏时，理论上损伤指数为 1，但实际计算结果大于 1。

（2）Park-Ang 模型采用线性组合的方式虽然简单，但缺乏准确依据，大多数学者更偏向于非线性组合的方式；离散性大，缺失重要的结构参数。

（3）该损伤模型不能反映构件或结构极限滞回耗能随累积幅值的变化，即认为构件的极限滞回耗能仅与最大位移幅值有关，而与加载的路径无关，与实际不符。

因此，国内外许多学者基于 Park-Ang 最大变形与累积滞回耗能的损伤模型提出了许多的改进模型。

2. 改进的双参数地震损伤模型

（1）牛荻涛地震损伤模型

牛荻涛、任利杰[228] 采用三线型恢复力模型，通过对海城地震、唐山地震和天津地震中 8 栋钢筋混凝土框架结构的实际震害和数据的统计分析，利用回归分析确定了模型参数，从而提出了一种基于最大变形和累积滞回耗能非线性组合的双参数地震损伤模型，模型如下：

$$D = \frac{x_m}{x_{cu}} + \alpha \left(\frac{E_h}{E_u}\right)^\beta \tag{7-4}$$

式中　α、β——组合系数，反映了变形与耗能对结构损伤的影响，对钢筋混凝土
　　　　　　　结构 α=0.138 7，β=0.081 4。

作者指出该模型同样适用于钢结构、砖石砌体结构，但需重新确定系数
α、β。

(2) 王东升地震损伤模型

王东升等[229,230] 根据低周反复荷载作用下钢筋混凝土构件的疲劳寿命方程，
结合国内外的试验结果分析了构件极限滞回耗能与位移延性系数的关系，近似为
指数衰减关系。通过引入与加载路径有关的能量项加权因子 β_i，提出了改进的
Park-Ang 双参数地震损伤模型：

$$D = (1.0 - \beta) \frac{x_m - x_y}{x_{cu} - x_y} + \beta \frac{\sum \beta_i E_i}{F_y(x_{cu} - x_y)} \tag{7-5}$$

式中　x_y——构件屈服时所达到的变形；

　　　β_i——由定义的临界延性系数 μ_0 和能量等效系数 γ_E 计算。

改进的地震损伤模型最大位移和累积滞回耗能是非线性组合的，可以近似考
虑加载路径对损伤的影响；且改进的损伤模型可以有效降低组合参数 β 的不确定
性对结构损伤的影响，而新引入参数的不确定性对损伤指数的计算结果几乎没有
影响。但是该模型采用固定的临界位移延性系数，对于剪跨比较大（剪跨比大于
8）的构件适用性较差。

(3) 陈林之地震损伤模型

在 Park、Kunnath 等人研究的基础上，陈林之等[231,232] 学者针对 Park-Ang
损伤模型在上下界不收敛的问题，给出了修正后的 Park-Ang 损伤模型。修正模
型如下：

$$D = (1 - \beta) \frac{x_m}{x_{cu}} + \beta \frac{E_h}{F_y(x_{cu} - x_y)} \tag{7-6}$$

模型中 $F_y(x_{cu} - x_y)$ 表示混凝土构件在单调加载直至破坏的过程中产生的耗能，
扣除了因为弹性变形而多计算的能量损耗。

该改进模型采用 (1-β) 和 β 来考虑变形和能量对结构损伤的影响比例，以
使损伤指数的计算结果不大于 1。然后利用美国太平洋地震工程研究中心
(PEER) 的钢筋混凝土柱试验数据库和作者完成的 13 根钢筋混凝土梁、柱的试
验数据，拟合出模型组合系数 β 与构件的轴压比、剪跨比和箍筋横向约束指标等
参数的关系式：

$$\beta = (0.023\lambda + 3.352n_0^{2.35})0.818^{\alpha\rho_{sx}\frac{f_{yw}}{f_c'}} + 0.039 \tag{7-7}$$

式中相关参数的定义同式 (7-2)，$\alpha\rho_{sx}f_{yw}/f_c'$ 为约束系数，单位为%。

采用 Park-Ang 双参数模型和改进后的模型分别计算了试验破坏点的损伤指
标，对比两个模型的计算精度，发现改进后的损伤模型更真实地反映了钢筋混凝

土构件的损伤性能，且离散性小，并建议对于以受弯为主、箍筋横向约束良好的矩形钢筋混凝土构件取组合系数 $\beta=0.1$。

（4）付国地震损伤模型

基于有效耗能假设，定义引起结构破坏的滞回耗能为有效耗能，引入有效耗能因子 e，付国等[233] 提出了改进的 Park-Ang 损伤模型：

$$D=\frac{x_{\mathrm{m}}}{x_{\mathrm{cu}}}+\frac{\sum e_i E_i}{F_{\mathrm{y}} x_{\mathrm{cu}}} \tag{7-8}$$

改进后的 Park-Ang 损伤模型能够区分不同位移幅值对结构破坏的影响程度，较好地评价了钢筋混凝土结构的损伤性能，但新引入的有效耗能因子 e_i 增加了计算的难度。

3. 双参数地震损伤模型中参数的计算方法

如前所述，双参数地震损伤模型基于大量实际构件数据分析，综合考虑了首次超越破坏和累积损伤破坏这两种破坏模式，较好地反映了地震动三要素（幅值、频谱、持时）对结构地震损伤的影响，应用广泛。针对模型参数计算困难的问题，提出了简化的计算方法。确定构件的恢复力模型及其参数是地震损伤指数计算的基础，也是结构弹塑性反应、损伤和倒塌分析的基础。对于剪切型钢筋混凝土结构，结构层间柱是典型的压弯构件，通常采用三线型恢复力模型，如图 7-1 所示。

三线型恢复力模型有 6 个参数需要确定：屈服剪力 F_{y} 和屈服位移 x_{y}；极限剪力 F_{u} 和极限位移 x_{u} 以及构件的破坏剪力 F_{cu} 和破坏位移 x_{cu}。这些参数与构件的自身特性（尺寸、几何形状、混凝土强度、配筋率和轴压比等）有关。下面根据图 7-2 所示的对称配筋矩形截面，说明钢筋混凝土构件恢复力模型的计算方法[234]。

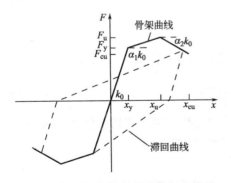

图 7-1 钢筋混凝土构件的恢复力模型

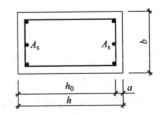

图 7-2 对称配筋矩形截面的钢筋混凝土构件

（1）屈服剪力 F_{y} 和屈服位移 x_{y}

对于对称配筋的矩形截面，截面的屈服弯矩 M_{y} 按照屈服定义和平截面假定可由下式计算：

$$M_y = A_s f_y (h_0 - a) + n_0 b h_0 f_c (\frac{h}{2} - a) - 0.5 \eta b h_0 f'_c (\frac{1}{3} \eta h_0 - a) \quad (7-9)$$

式中　f_y——钢筋强度设计值；

　　　f_c——混凝土弯曲抗压强度设计值；

　　　f'_c——截面屈服时混凝土的最大压应力，可按下式计算：

$$f'_c = \frac{\eta}{1 - \eta} \frac{f_y}{a_E} \quad (7-10)$$

式中　$a_E = E_s / E_c$，其中 E_s、E_c 分别为钢筋和混凝土的弹性模量；

　　　η——混凝土受压区高度系数，按下式计算：

$$\eta = \{(\rho_t + \frac{n_0}{\alpha_f})^2 a_E^2 + [\rho_t (1 + \frac{a}{h_0}) + \frac{2n_0}{\alpha_f}] a_E\}^{1/2} - (\rho_t + \frac{n_0}{\alpha_f}) a_E \quad (7-11)$$

式中　$\alpha_f = f_y / f_c$。

对于剪切型结构层间柱，可根据屈服剪力 F_y 与截面屈服弯矩 M_y 的关系计算屈服剪力 F_y：

$$F_y = 2M_y / H \quad (7-12)$$

式中　H——结构的层高。

对于剪跨比较大（大于4）的压弯构件，可仅考虑压弯变形来计算构件的屈服位移：

$$x_y = \frac{1}{(1 - \eta) h_0} \frac{H^2 f_y}{6 E_s} \quad (7-13)$$

（2）极限剪力 F_u 和极限位移 x_u

根据大量试验数据的统计分析，极限剪力 F_u 和屈服剪力 F_y 有如下的关系：

$$F_u = (1.24 - 0.075 \rho_t \alpha_f - 0.5 n_0) F_y \quad (7-14)$$

极限位移：

$$x_u = \mu_u x_y \quad (7-15)$$

式中　μ_u——对应于构件极限剪力的延性系数，按下式计算：

$$\mu_u = \frac{\sqrt{1 + 6 \alpha_w \lambda_w}}{0.045 + 1.75 n_0} \quad (7-16)$$

其中，$\lambda_w = \rho_w \alpha_f$；$\alpha_w$ 是与箍筋形式有关的系数，对于普通、螺旋和复合箍筋形式，α_w 分别取 1.0、2.05 和 3.0；ρ_w 为体积配箍率。

（3）破坏剪力 F_{cu} 和破坏位移 x_{cu}

钢筋混凝土压弯构件的破坏定义为构件极限剪力下降15%的状态，即：

$$F_{cu} = 0.85 F_u \quad (7-17)$$

破坏位移 x_{cu} 可按下式计算：

$$x_{cu} = \mu_{cu} x_y \quad (7-18)$$

根据试验结果,当极限剪力下降 10% 时,延性系数可确定为:

$$\mu'_{cu} = \frac{\sqrt{1 + 30\alpha_w \lambda_w}}{0.045 + 1.75n_0} \tag{7-19}$$

经过简单的几何换算,可得:

$$\mu_{cu} = 1.5\mu'_{cu} - 0.5\mu_u \tag{7-20}$$

综上所述,可确定钢筋混凝土压弯构件的恢复力模型。至此,损伤模型计算的关键问题在于如何快速计算出结构(或构件)的累积滞回耗能。下面从能量的角度出发,确定结构累积滞回耗能的计算方法。

(4)框架结构累积滞回耗能的计算

地震作用下,结构的总输入能量 E_I 满足:

$$E_I = E_K + E_D + E_S + E_H \tag{7-21}$$

其中,E_K 为动能;E_D 为阻尼耗能;E_S 为结构的弹性应变能;E_H 为滞回耗能(塑性耗能)。结构的阻尼耗能和滞回耗能是时间 t 的单调递增函数;而动能和弹性应变能在地震作用过程中只参与能量的转换,不参与结构能量的吸收,地震趋于结束时两者均趋于零。当结构处于弹性状态时,结构体系的总输入能由结构自身的阻尼进行耗散,阻尼耗能起决定性作用;进入弹塑性阶段后,结构的滞回耗能随塑性变形的增大而增大,阻尼耗能所占比例不断减小[235]。

结构的能量反应可以采用时程分析方法通过数值积分求解,得到体系每一瞬时地震输入总能量与各部分耗能的关系式,即式(7-21);也可采用简化的计算公式。对于框架结构体系,结构或构件的滞回耗能为结构或构件在每一时刻的恢复力在其相应的相对位移上的做功之和,可以由力-位移的曲线积分求得,这里的力和位移均是广义的力和位移。框架柱的滞回耗能可以通过对柱的层间位移-恢复力曲线积分计算得到;框架梁的滞回耗能则由梁的弯矩-转角曲线积分求得。

根据框架结梁、柱的滞回耗能可叠加得到楼层的滞回耗能,进而得到整个结构的累积滞回耗能。结构各楼层的滞回耗能也可根据层间剪力-层间位移滞回曲线计算得到。

7.1.2 结构整体的损伤模型

对结构整体的损伤量化评价可以从两个方面考虑,一是从结构整体力学性能的角度出发,分析结构整体在地震作用下的反应特性来获取损伤指数,如结构自振频率的衰减和刚度的退化;二是从杆件角度考虑结构整体的损伤,对构件的损伤通过加权组合得到整个结构的损伤指标。

1.整体法

1997 年,顾祥林等[236] 提出采用地震前后结构的基本自振频率的衰减来评价结构整体的损伤,见式(7-22):

$$D = 1 - \frac{f_i^2}{f_0^2} \qquad (7\text{-}22)$$

式中 f_0、f_i——分别对应地震作用前后结构的自振频率。

1999 年，Ghobarah 等[237] 采用静力弹塑性方法，基于结构在地震前后的刚度退化，提出了整体损伤模型：

$$D = 1 - \frac{K_{\text{final}}}{K_{\text{initial}}} \qquad (7\text{-}23)$$

式中 K_{initial}、K_{final}——分别对应地震作用前后结构的刚度。

2. 加权组合法

整体法根据结构的整体反应评价结构的损伤情况，虽简洁明了，但却忽略了局部构件对整体结构损伤的影响。由此，提出了评价结构整体损伤的加权组合法。根据 7.1.1 节所述方法计算得到构件或结构层的损伤指数，按照其对整体结构损伤的贡献大小确定权重系数，从而得到整体损伤指数。

Park 和 Ang 在提出的构件损伤模型的基础上，定义了结构整体的损伤模型：

$$D = \sum_i w_i D_i \qquad (7\text{-}24)$$

$$w_i = \frac{E_i}{\sum E_i} \qquad (7\text{-}25)$$

式中 w_i——权重系数，为该构件耗能占结构总耗能的比例。

吴波、欧进萍[238] 综合考虑了结构薄弱层和层序的重要性，提出了改进的 Park-Ang 整体损伤模型：

$$D = \sum_{j=1}^{n} w_j D_j \qquad (7\text{-}26)$$

$$w_j = \frac{(n+1-j)D_j}{\sum_{j=1}^{n}(n+1-j)D_j} \qquad (7\text{-}27)$$

式中 D_j——第 j 层的损伤指数，对应的权重系数为 w_j；

  n——结构的楼层数。该模型认为楼层越低，构件在结构整体损伤中所占的比例越大。

3. 钢筋混凝土框架结构的震害等级与损伤指数

基于双参数地震损伤模型，得到结构的损伤指标 D，从而量化构件、结构的损伤程度。根据《建筑地震破坏等级划分标准》（建抗字 [377] 号），在地震作用下，建筑结构的破坏或损伤程度大致划分为 5 个等级：基本完好、轻微破坏、中等破坏、严重破坏和倒塌。钢筋混凝土框架结构与震害等级相对应的破坏特征如表 7-1 所示，表 7-2 给出了不同学者提出的各震害等级对应的震害指数的范围[234]。

钢筋混凝土框架结构各震害等级对应的破坏特征 　　　　表 7-1

震害等级	破坏特征
基本完好	梁或柱端有局部不贯通的细小裂缝,墙体局部有细小裂缝,稍加修复即可使用
轻微破坏	梁或柱端有局部贯通的细小裂缝,节点处混凝土保护层局部剥落,墙体大都有内外贯通的裂缝,较易修复
中等破坏	柱端周围有裂缝,混凝土局部压碎和露筋,节点处有严重裂缝,梁折断等,墙体普遍开裂或部分墙体裂缝扩张,难以修复
严重破坏	柱端混凝土压碎崩落,钢筋压屈,梁板下塌,节点混凝土压裂露筋,墙体倒塌
倒塌	主要构件折断、倒塌或整体倾塌,结构完全丧失功能

不同损伤程度对应的震害指数范围 　　　　表 7-2

损伤程度	Park-Ang	Ghobarah	胡聿贤	牛荻涛	欧进萍
基本完好	$D<0.1$	$D<0.15$	$D<0.15$	$D<0.2$	$D<0.2$
轻微破坏	$0.1{\leqslant}D<0.25$			$0.2{\leqslant}D<0.4$	$0.2{\leqslant}D<0.4$
中等破坏	$0.25{\leqslant}D<0.4$	$0.15{\leqslant}D<0.3$	$0.15{\leqslant}D<0.4$	$0.4{\leqslant}D<0.65$	$0.4{\leqslant}D<0.6$
严重破坏	$0.4{\leqslant}D<1$	$0.3{\leqslant}D<0.8$	$0.4{\leqslant}D<0.6$	$0.65{\leqslant}D<0.9$	$0.6{\leqslant}D<0.9$
倒塌	$D{\geqslant}1$	$D{\geqslant}0.8$	$D{\geqslant}0.6$	$D{\geqslant}0.9$	$D{\geqslant}0.9$

7.2 跨地裂缝框架结构振动台试验的地震损伤分析

依据第5章跨地裂缝框架结构振动台试验,进行地裂缝场地上框架结构的地震损伤量化研究。重点对振动台试验数据进行分析处理,选取不同的地震损伤量化模型,从楼层和结构整体两个方面,对跨地裂缝上部框架结构在不同类型、不同峰值加速度的地震波作用下,结构的损伤破坏情况进行分析研究。并结合试验现象,确定适用于本文研究对象的一般损伤评估方法和地震损伤模型。

7.2.1 试验现象

上部框架结构的整体模型如图 7-3 所示,图中明确标记出了各级加载结束后不同类型裂缝出现的位置。图 7-4 给出了结构各级加载后的局部裂缝图。

（1）当输入地震波的峰值加速度达到 0.1g（一级加载）时,结构 1 层上盘中跨位置处板边出现细小的裂缝,如图 7-4（a）所示;结构表面其余位置未见裂缝。

（2）当输入地震波的峰值加速度达到 0.2g（二级加载）时,结构 4 层上盘柱顶有轻微的混凝土剥落现象,如图 7-4（b）所示;同时模型 4 层 1 轴交 C、D

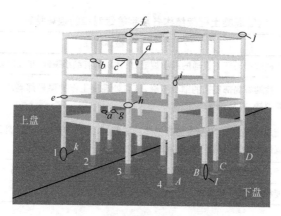

图 7-3　上部框架结构整体模型图

轴连线处梁底混凝土出现轻微的挤压脱落现象，局部位置出现细小不贯通的竖向裂缝，如图 7-4（c）所示。

（3）当输入地震波的峰值加速度达到 0.3g（三级加载）时，结构 1 层板边已经出现的裂缝继续扩展，同时梁上出现局部不贯通的细小竖向裂缝和斜裂缝；4 层 1 轴交 D 轴的柱顶出现细微的竖向裂缝，如图 7-4（d）所示；下盘 4、5 层 3 轴交 A、B 连线处梁局部出现裂缝并扩展成倒八字形。

（4）当输入地震波的峰值加速度达到 0.4g（四级加载）时，结构出现明显抖动，已有裂缝沿开裂方向继续扩展贯通，局部混凝土压碎剥落。结构各层板角出现裂缝，1 层、2 层梁柱节点处出现竖向裂缝，如图 7-4（e）所示；5 层 3 轴交 A 轴处柱顶出现细微裂缝，如图 7-4（f）所示。

（5）当输入地震波的峰值加速度达到 0.6g（五级加载）时，结构晃动明显，1 层柱核心区混凝土竖向裂缝扩展成 X 形，如图 7-4（g）所示；部分柱纵向钢筋应力达到屈服点，进入塑性阶段；部分柱的柱顶横向裂缝已贯通，大部分梁、柱节点区域裂缝从上而下贯通，如图 7-4（h）所示。

（6）当输入地震波的峰值加速度达到 0.8g（六级加载）时，结构各层板边裂缝沿梁的边线扩展贯通，板顶四角出现八字形裂缝；梁、柱已有裂缝发展贯通，使梁、柱节点与板脱离，如图 7-4（i）、（j）所示。大面积混凝土压碎掉落，经检测，大部分柱内纵筋压屈，结构趋于破坏。

（7）当地震波分级加载完成后，挖开地基土体，发现基础表面混凝土大面积脱落，钢筋外露，结构破坏，如图 7-4（k）、（l）所示。

在整个振动台试验分级加载过程中，上部框架结构先后出现板边裂缝，梁、柱竖向裂缝，柱顶横向裂缝，节点区域裂缝以及板角裂缝；同种类型的裂缝在上盘区域出现的时间早于下盘区域，上盘裂缝早于下盘发展贯通，且上盘裂缝宽度大于下盘的裂缝；同时，结构底层裂缝的出现早于顶层，随着楼层的降低，裂缝

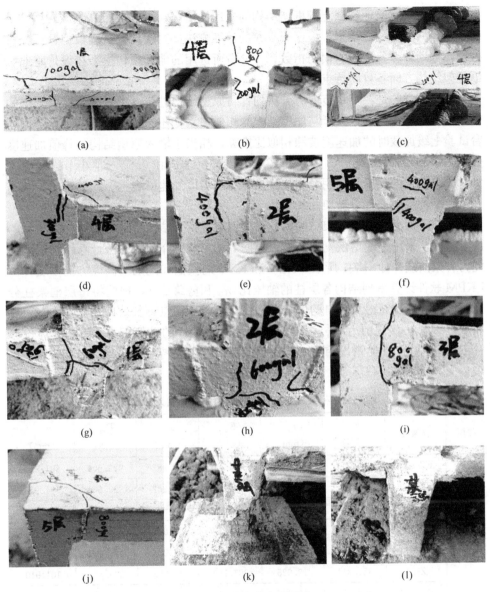

图 7-4　结构裂缝开展图

发展越来越明显。整体来说，跨地裂缝框架结构在地震作用下，位于地裂缝上盘区域的部分破坏较下盘区域的严重，底层破坏较顶层严重。

7.2.2　上部框架结构楼层损伤量化分析

　　由基于变形和能量的双参数地震损伤模型的理论研究分析工作可知，Park-Ang 模型和改进的双参数损伤模型都有其各自的优缺点。为比较不同地震损伤模型用于评价本文跨地裂缝上部框架结构的适用性情况，本节选择 Park-Ang 模型、牛荻涛模型和陈林之模型，根据第 5 章的计算方法，对振动台试验数据进行分析处理，分别计算各楼层的损伤指数，并分析所选用的地震损伤模型在评价跨地裂缝框架结构方面各自的特点。

需要注意的是：本章节所有分析均针对原型结构进行，由振动台试验测得的模型数据，均根据试验模型与原型结构的相似关系，还原为原型结构数据。振动台试验七级加载时的加速度按照相似比换算，相当于输入原型结构的峰值加速度分别为：$0.05g$、$0.1g$、$0.15g$、$0.2g$、$0.3g$、$0.4g$ 和 $0.6g$。本小节以及后文针对原型结构的分析均采用经相似比换算后的峰值加速度表示。

1.结构层间恢复力骨架曲线参数

本节跨地裂缝上部框架结构为剪切型钢筋混凝土结构，结构层间柱是典型的压弯构件，采用三线型恢复力模型，根据 7.1.1 节所介绍的方法计算结构层间恢复力骨架曲线。如图 7-1 所示，KZ-1 和 KZ-2 的截面和配筋沿高度方向不变，由 PKPM 软件计算得到结构各层柱的轴压比 n_0 和剪跨比 λ，据此将每层框架柱分为 4 类，分别计算得到各自的恢复力骨架曲线的特征点参数，即屈服剪力 F_y 和屈服位移 x_y，极限剪力 F_u 和极限位移 x_u 以及构件的破坏剪力 F_{cu} 和破坏位移 x_{cu}。框架柱的分类情况和相应的恢复力骨架曲线特征点参数的计算结果见表 7-3。

结构各层框架柱的分类及恢复力骨架曲线计算结果　　　　表 7-3

楼层	框架柱	F_y (kN)	x_y (mm)	F_u (kN)	x_u (mm)	F_{cu} (kN)	x_{cu} (mm)
5	KZ-1 角	351.311	12.925	387.769	47.282	329.604	101.910
	KZ-1 边	351.311	12.925	387.769	47.282	329.604	101.910
	KZ-2 边	502.634	13.085	551.612	40.603	468.871	85.235
	KZ-2 中	502.634	13.085	551.612	40.603	468.871	85.235
4	KZ-1 角	351.311	12.925	387.769	47.282	329.604	101.910
	KZ-1 边	351.311	12.925	387.769	47.282	329.604	101.910
	KZ-2 边	502.634	13.085	551.612	40.603	468.871	85.235
	KZ-2 中	502.634	13.085	551.612	40.603	468.871	85.235
3	KZ-1 角	351.311	12.978	387.769	47.474	329.604	101.910
	KZ-1 边	361.872	13.182	392.188	42.868	333.360	105.628
	KZ-2 边	502.634	13.093	551.612	43.745	468.871	112.023
	KZ-2 中	525.585	13.512	558.405	41.967	474.644	87.813

续表

楼层	框架柱	F_y (kN)	x_y (mm)	F_u (kN)	x_u (mm)	F_{cu} (kN)	x_{cu} (mm)
2	KZ-1 角	353.963	12.990	388.927	59.801	330.588	114.660
	KZ-1 边	385.191	13.740	400.128	53.268	340.109	107.564
	KZ-2 边	522.333	13.452	557.561	51.400	473.927	117.959
	KZ-2 角	560.823	14.157	564.998	43.432	480.248	88.091
1	KZ-1 中	377.483	13.557	397.783	65.836	338.115	120.670
	KZ-1 边	410.462	14.333	415.855	53.153	353.477	113.877
	KZ-2 边	563.980	14.214	565.359	61.238	480.555	115.670
	KZ-2 中	610.523	15.050	613.226	45.385	521.242	90.009

注：表中框架柱后面的"角"、"边"和"中"代表框架柱的位置，即角柱、边柱和中柱。

由于框架结构各层柱的恢复力骨架曲线不尽相同，分析时将同一层各个柱的恢复力骨架曲线特征点参数数值进行叠加，即可得到结构各楼层的层间恢复力曲线。应注意叠加时层间位移应取同一层各类柱位移的最小值，相应的层间屈服剪力、极限剪力和破坏剪力为各个柱对应数值的叠加[239]。将叠加计算后各楼层的恢复力骨架曲线特征点参数数值列于表 7-4 中。

结构各楼层的层间恢复力骨架曲线计算结果　　　表 7-4

楼层	F_y(kN)	x_y(mm)	F_u(kN)	x_u(mm)	F_{cu}(kN)	x_{cu}(mm)
5	6 831.560	12.925	7 515.051	40.603	6 387.794	85.235
4	6 831.560	12.925	7 515.051	40.603	6 387.794	85.235
3	6 965.609	12.978	7 559.898	41.967	6 425.913	87.813
2	7 289.243	12.990	7 646.453	43.432	6 499.485	88.091
1	7 849.791	13.557	7 968.887	45.385	6 773.554	90.009

2.结构层间滞回耗能计算

由振动台试验测得上部框架结构各层的加速度（$C_1 \sim C_5$）、位移（$D_1 \sim D_5$）数据，根据试验模型与原型结构的相似关系，还原得到原型结构的加速度、位移，经计算得到结构各楼层的层间剪力和层间位移。根据 7.1.1 节关于结构滞回耗能的计算方法可知，由结构各层的层间剪力-层间位移滞回曲线，可求得每一层的滞回耗能，滞回环的面积即滞回耗能的大小。在试验各级加载、不同地震波作用下，上部框架结构各层的最大层间位移 x_m 及累积滞回耗能 E_h 的计算结果如表 7-5、表 7-6 所示。

上部框架结构各层最大层间位移（单位：mm）   表 7-5

加载内容	楼层	江油波	El Centro 波	基岩波
一级加载 （0.05g）	5	5.442	4.007	4.949
	4	4.510	3.499	4.541
	3	8.369	6.027	12.537
	2	9.459	8.961	13.914
	1	12.848	11.865	15.867
二级加载 （0.10g）	5	11.884	9.890	12.080
	4	10.824	8.726	11.178
	3	14.774	14.207	16.550
	2	19.446	16.550	21.660
	1	21.477	21.397	23.652
三级加载 （0.15g）	5	18.360	16.853	24.445
	4	13.372	14.230	19.473
	3	26.113	21.079	28.323
	2	27.440	26.740	32.925
	1	33.474	32.632	37.266
四级加载 （0.20g）	5	28.134	23.257	31.082
	4	23.435	21.724	26.477
	3	33.846	31.809	36.762
	2	39.238	36.096	43.958
	1	43.138	40.661	47.248
五级加载 （0.30g）	5	36.616	31.330	35.612
	4	30.189	26.354	31.925
	3	43.172	44.659	49.680
	2	52.485	47.428	57.594
	1	59.158	52.095	68.701
六级加载 （0.40g）	5	53.068	44.870	50.947
	4	44.661	38.224	45.317
	3	52.723	49.287	61.418
	2	69.577	67.482	73.253
	1	86.577	79.886	89.484
七级加载 （0.60g）	5	65.671	60.555	66.277
	4	53.900	52.587	58.508
	3	76.358	71.961	81.435
	2	92.384	91.870	98.955
	1	104.549	99.136	114.724

上部框架结构各层累积滞回耗能（单位：J）　　表7-6

加载内容	楼层	江油波	El Centro 波	基岩波
一级加载 (0.05g)	5	4 107.119	1 017.428	6 075.890
	4	17 037.711	5 774.808	25 459.572
	3	21 377.172	9 784.583	28 119.395
	2	28 683.980	10 278.449	56 396.370
	1	74 439.972	29 237.999	83 015.348
二级加载 (0.10g)	5	16 289.289	7 977.893	11 535.731
	4	61 271.973	39 448.796	22 092.331
	3	67 405.538	51 246.982	32 003.001
	2	78 214.063	75 388.656	31 756.384
	1	122 049.516	112 723.497	99 721.087
三级加载 (0.15g)	5	650 11.944	674 26.185	42 673.849
	4	140 419.961	93 402.033	71 840.512
	3	197 716.008	147 728.197	105 286.100
	2	236 928.717	176 449.898	116 484.264
	1	302 360.952	285 420.280	262 530.042
四级加载 (0.20g)	5	113 202.597	105 647.121	67 808.102
	4	178 777.743	176 219.872	136 706.000
	3	260 345.183	229 521.134	164 285.344
	2	385 479.936	290 322.052	237 412.206
	1	472 268.539	458 882.769	392 096.925
五级加载 (0.30g)	5	171 210.215	139 390.232	155 837.735
	4	243 019.036	235 848.364	215 395.717
	3	395 709.061	354 596.725	272 242.466
	2	464 620.170	440 163.922	383 428.257
	1	598 750.671	512 156.962	492 760.777
六级加载 (0.40g)	5	314 982.738	293 062.201	302 268.975
	4	393 487.395	348 023.503	332 134.549
	3	447 784.846	428 873.663	418 027.037
	2	535 564.509	529 109.944	496 677.463
	1	696 365.160	638 862.107	612 063.780
七级加载 (0.60g)	5	426 646.090	398 654.912	388 359.390
	4	484 155.244	450 446.702	416 764.476
	3	528 932.556	494 974.160	494 116.748
	2	592 382.083	578 295.589	529 385.094
	1	712 684.571	704 414.335	694 701.433

现将 0.1g、0.2g 和 0.4g 地震波作用下结构各层最大层间位移及累积滞回耗能曲线绘于图 7-5、图 7-6 中。

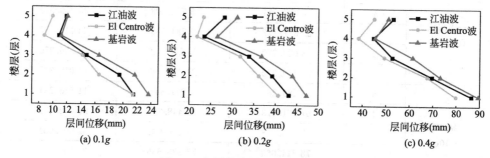

图 7-5　各层最大层间位移曲线图

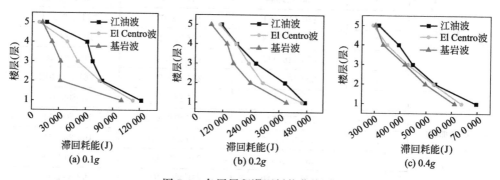

图 7-6　各层累积滞回耗能曲线图

由表 7-5 和图 7-5 可知，在不同峰值加速度的地震波作用下，框架结构的层间位移在 1 层到 4 层随着楼层的增加呈现减小的趋势，但在结构 4 层出现拐点，5 层的层间位移较 4 层有所增大。因此，上部框架结构的层间位移在底层出现最大值，4 层出现最小值。基岩波作用下结构的层间位移最大，江油波次之，El Centro 波作用下结构的层间位移相对来说最小。

表 7-6 结合图 7-6 表明，框架结构各层的累积滞回耗能随着楼层的增加逐渐减小，结构 1 层的累积滞回耗能最大，顶层最小。除了顶层在不同峰值加速度的地震波作用下，楼层的累积滞回耗能分布规律稍有不同外，上部结构的累积滞回耗能整体表现为，江油波作用下各楼层的累积滞回耗能最大，El Centro 波次之，基岩波最小。

综上可知，上部框架结构各层的层间位移和累积滞回耗能变化规律并不一致，说明两者之间没有直接的必然联系。从累积滞回耗能的计算原理可知，各楼层的滞回耗能不仅与层间位移有关，还与结构各层的加速度以及质量分布有关。

从而结构的层间位移和累积滞回耗能分布规律随着楼层和地震波的不同表现出不一致的规律。

3. 楼层损伤指数计算及损伤量化评价

根据前文所述，本节首先选择 Park-Ang 模型、牛荻涛模型和陈林之模型来分别评价结构各楼层的地震损伤情况。已知结构构件的尺寸及配筋等基本信息，根据式（7-2）和式（7-7）可分别计算出 Park-Ang 模型和陈林之模型中的耗能因子 β，根据计算结果，并参考文献 [227，231] 中给出的经验数值，在计算各楼层的损伤指数时分别取 Park-Ang 模型和陈林之模型中的耗能因子 β 为 0.05、0.1。针对钢筋混凝土结构，牛荻涛模型中作者给出了组合系数 α、β 的数值。

根据 7.1.2 节的计算分析结果，带入式（7-1）、式（7-4）和式（7-6）可分别得到 Park-Ang 模型、牛荻涛模型和陈林之模型各楼层的损伤指数。表 7-7～表 7-9 分别列出了二级、四级和六级加载时各楼层的损伤指数计算结果。图 7-7～图 7-9 为对应 3 种地震波作用下上部框架结构按 3 种地震损伤模型得到的层间损伤量化结果。

二级加载 （0.1g） 结构各楼层损伤指数计算结果　　　表 7-7

地震波	楼层	Park-Ang 模型	牛荻涛模型	陈林之模型
江油波	5	0.141	0.243	0.129
	4	0.132	0.242	0.127
	3	0.174	0.284	0.164
	2	0.227	0.338	0.213
	1	0.247	0.359	0.235
El Centro 波	5	0.117	0.214	0.106
	4	0.106	0.214	0.100
	3	0.166	0.275	0.155
	2	0.194	0.304	0.183
	1	0.246	0.357	0.233
基岩波	5	0.143	0.243	0.130
	4	0.133	0.237	0.122
	3	0.191	0.298	0.176
	2	0.248	0.354	0.227
	1	0.270	0.381	0.253

四级加载（0.2g）结构各楼层损伤指数计算结果 表 7-8

地震波	楼层	Park-Ang 模型	牛荻涛模型	陈林之模型
江油波	5	0.340	0.451	0.320
	4	0.290	0.401	0.284
	3	0.407	0.515	0.397
	2	0.475	0.578	0.471
	1	0.513	0.613	0.510
El Centro 波	5	0.282	0.394	0.267
	4	0.270	0.381	0.265
	3	0.381	0.490	0.370
	2	0.432	0.540	0.422
	1	0.484	0.586	0.483
基岩波	5	0.370	0.481	0.342
	4	0.322	0.434	0.307
	3	0.432	0.543	0.408
	2	0.517	0.627	0.492
	1	0.553	0.657	0.538

六级加载（0.4g）结构各楼层损伤指数计算结果 表 7-9

地震波	楼层	Park-Ang 模型	牛荻涛模型	陈林之模型
江油波	5	0.650	0.755	0.624
	4	0.558	0.658	0.551
	3	0.637	0.736	0.626
	2	0.832	0.926	0.809
	1	1.011	1.100	0.982
El Centro 波	5	0.552	0.658	0.533
	4	0.478	0.581	0.474
	3	0.596	0.696	0.587
	2	0.807	0.903	0.786
	1	0.933	1.025	0.905
基岩波	5	0.624	0.729	0.599
	4	0.560	0.664	0.546
	3	0.734	0.834	0.710
	2	0.870	0.967	0.839
	1	1.037	1.131	0.997

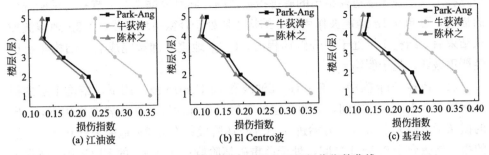

图 7-7　0.1g 地震波作用下结构层间损伤指数曲线

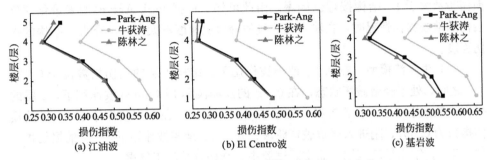

图 7-8　0.2g 地震波作用下结构层间损伤指数曲线

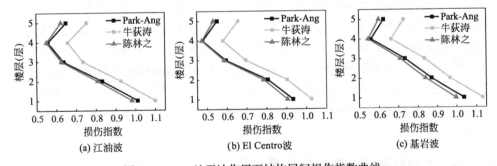

图 7-9　0.4g 地震波作用下结构层间损伤指数曲线

采用 3 种不同的模型来量化评价结构的损伤时，由牛荻涛模型计算得到的结构各层损伤指数最大，陈林之模型的损伤指数最小，Park-Ang 模型居中，但陈林之模型和 Park-Ang 模型的损伤指数差别很小。结构 1 层的损伤指数最大，4 层最小，这与结构层间位移沿楼层的变化规律表现相同。表明跨越地裂缝的上部框架结构，在地震作用下 1 层的损伤最为严重，对该结构，1 层为薄弱层；采用双参数地震损伤模型来评价结构的损伤，位移占主导地位。

由于结构 1 层的损伤指数最大，故根据 1 层的损伤指数大小，参照表 7-2 不同损伤程度对应的震害指数划分范围，指定 3 种损伤模型下结构的损伤程度，其中陈林之模型参考欧进萍给出的震害指数范围，同时根据 7.2.1 节有关试验现象的描述，可知 0.1g 地震波作用下，结构 1 层处于轻微破坏阶段，0.2g 地震波加载结束后，结构 1 层处于中等破坏程度，0.4g 地震波加载完成后，结构 1 层已经严重破坏，趋于倒塌。

（1）Park-Ang 模型：在 0.1g 江油波和 El Centro 波作用下，结构 1 层的损伤指数在 0.1～0.25 之间，表明 1 层处于轻微破坏阶段，在基岩波作用下，1 层的损伤指数略大于 0.25，开始进入中等破坏阶段；在 0.2g 地震波作用下，1 层的损伤指数介于 0.4～1 之间，处于严重破坏阶段；在 0.4g 的 El Centro 波作用下，1 层损伤指数为 0.933，仍处于严重破坏阶段，但江油波和基岩波作用下的损伤指数大于 1，结构按理已倒塌。由此可知，根据 Park-Ang 模型来量化评价结构的地震损伤情况时，在输入地震波的峰值加速度不太大时，夸大了结构的损伤程度。

（2）牛荻涛模型：在 0.1g 地震波作用下，结构 1 层的损伤指数位于 0.2～0.4 之间，处于轻微破坏状态；在 0.2g 的江油波和 El Centro 波作用下，1 层的损伤指数大于 0.4，小于 0.65，处于中等破坏阶段，在基岩波作用下，1 层的损伤指数为 0.657，刚进入严重破坏阶段；在 0.4g 地震波作用下，1 层的损伤指数均大于 1，结构早已倒塌，而实际试验中，结构只是趋于倒塌。

（3）陈林之模型：在 0.1g 的 3 种地震波作用下，结构 1 层的损伤指数在 0.2～0.4 的范围内，表明结构处于轻微破坏状态；在 0.2g 地震波作用下，1 层的损伤指数均介于 0.4～0.6 之间，处于中等破坏阶段；在 0.4g 地震波作用下，结构 1 层的损伤指数均大于 0.9，小于 1，表明结构已经严重破坏，近乎倒塌。

综上所述，采用陈林之地震损伤模型来量化评价结构的损伤程度，与试验现象最为接近，因此，本文选取陈林之模型来进行后文上部框架结构整体的损伤量化分析以及地裂缝场地和普通场地上部框架结构有限元模拟结果的损伤量化评价。

7.2.3 上部框架结构整体损伤量化分析

采用整体法和加权组合法分别对框架结构的损伤情况进行整体评价，比较两种方法各自的优缺点，选择适合评价跨地裂缝上部框架结构整体地震损伤的量化方法。

1. 整体法

本节选择自振频率衰减法来评价结构整体的损伤。由损伤模型的定义式（7-22）可知，该方法为地震作用前后结构自振频率比值平方的减小，故无需将试验计算得到的模型结构的自振频率还原为原型结构。

在振动台试验每级加载前，采用峰值加速度为 0.05g 的白噪声对模型进行扫频，并对测得的结构加速度响应进行滤波（高通：0.1Hz，低通：20Hz），利用相应测点的加速度频域传递函数求得试验模型的自振频率，如表7-10所示。表中列出了各工况下结构的一阶、二阶自振频率，并由此计算得到每一级地震波加载完成后，结构整体的损伤指数。

试验模型结构自振频率及结构整体损伤指数　　　　　　　表 7-10

试验工况	一阶		二阶	
	频率(Hz)	整体损伤指数	频率(Hz)	整体损伤指数
S1(加载前)	10.16	—	15.39	—
S5(一级加载后)	9.53	0.120	14.22	0.146
S9(二级加载后)	9.38	0.148	12.89	0.298
S13(三级加载后)	8.12	0.361	11.33	0.458
S17(四级加载后)	7.50	0.455	10.94	0.495
S21(五级加载后)	6.48	0.593	10.39	0.544
S25(六级加载后)	5.57	0.699	9.53	0.617
S29(七级加载后)	4.45	0.808	9.37	0.629

由表7-10并结合欧进萍给出的各震害等级对应的损伤指数范围，可知采用自振频率衰减法来量化评价结构整体的损伤情况，在各级加载结束后，结构对应的损伤状态分别为：一、二级加载完成后，结构处于基本完好状态，框架梁、柱完好，个别墙体与柱连接处开裂；三级加载完成以后，结构处于轻微损坏阶段，个别框架梁、柱有轻微裂缝，部分墙体裂缝明显；四、五级加载完成后，结构进入中等破坏状态，部分框架柱有轻微裂缝，个别框架柱裂缝明显，个别墙体有严重裂缝；当进入六、七级加载时，结构整体已经处于严重破坏阶段，趋于倒塌，部分框架柱的主筋压屈，混凝土出现酥碎、崩落现象。

2.加权组合法

根据7.1.2节计算得到的江油波、El Centro波和基岩波作用下结构各楼层的损伤指数，分别采用Park等人和欧进萍等人各自提出的加权组合方法，得出在不同峰值加速度的地震波作用下结构整体的损伤指数。计算结果列于表7-11，由公式（7-24）计算得到的记为组合法1，由公式（7-26）计算得到的记为组合法2。

不同峰值加速度的地震波作用下结构的整体损伤指数　　　　表 7-11

加载内容	江油波		El Centro 波		基岩波	
	组合法1	组合法2	组合法1	组合法2	组合法1	组合法2
一级(0.05g)	0.113	0.113	0.097	0.098	0.142	0.149
二级(0.10g)	0.192	0.202	0.184	0.191	0.215	0.217

续表

加载内容	江油波		El Centro 波		基岩波	
	组合法 1	组合法 2	组合法 1	组合法 2	组合法 1	组合法 2
三级(0.15g)	0.309	0.329	0.293	0.309	0.352	0.356
四级(0.20g)	0.435	0.449	0.400	0.416	0.461	0.471
五级(0.30g)	0.571	0.599	0.519	0.544	0.612	0.653
六级(0.40g)	0.758	0.818	0.700	0.764	0.780	0.843
七级(0.60g)	0.939	1.017	0.904	0.990	0.998	1.086

由表 7-11 可知，由加权组合法 2 计算得到的结构整体的损伤指数大于组合法 1 的损伤指数。计算结果表明，采用组合法 1 计算结构整体的损伤指数时，根据 Park 等人给出的损伤指数划分范围，一、二级加载完成后，结构从基本完好状态进入轻微破坏状态，三级加载结束后，结构处于中等破坏阶段，此后四、五、六和七级加载，结构一直处于严重破坏阶段。采用组合法 2 评价结构整体的损伤状态时，对照欧进萍划分的损伤指数范围，一级加载后，结构基本完好，二、三级加载完成后，结构处于轻微破坏状态，四、五级加载后，结构从中等破坏状态开始进入严重破坏阶段，六级加载完成后，结构已经严重破坏，直至七级加载，结构倒塌。

3. 结构整体损伤量化分析

为比较整体法和两种加权组合法对上部框架结构整体的地震损伤量化评价结果，将不同方法得到的结构整体损伤指数绘于同一张图中，如图 7-10 所示，并结合试验现象，确定适用于本节研究对象的损伤量化分析方法和双参数地震损伤模型。

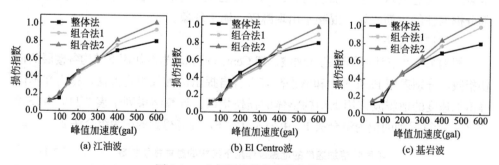

图 7-10　上部框架结构整体损伤指数

首先，根据 7.2.1 节的试验现象，对照表 7-1 划分试验每级加载结束后结构对应的震害等级。可知，一级加载后，结构基本完好，二、三级加载结束后，结构处于轻微破坏状态，四、五级加载完成后，结构从轻微破坏状态慢慢进入了中等破坏阶段，等到了六、七级加载，结构破坏程度进一步加剧，已经处于严重破坏状态，趋于倒塌。

综上所述，并结合图 7-10 可知，采用自振频率衰减法评价结构整体的损伤程度，当地震波的峰值加速度较小时，该方法低估了结构的破坏程度；加权组合法 1 在四、五级加载时，高估了结构的损伤程度；而加权组合法 2 在七级加载时，高估了结构的震害等级。因此，本节选择加权组合法 2，即欧进萍等人提出的评价整体结构损伤的方法来继续进行后文的研究。

7.3 数值模拟研究

为进一步对跨地裂缝结构进行损伤评估研究，本节采用加权系数法对试验缩尺前的结构模型进行数值模拟分析。

7.3.1 有限元模型的建立

为了探讨地裂缝的存在对结构地震损伤的影响，设置了结构处于无地裂缝场地和结构跨地裂缝两种工况，并进行了对比分析。图 7-11 为两种工况的示意图。

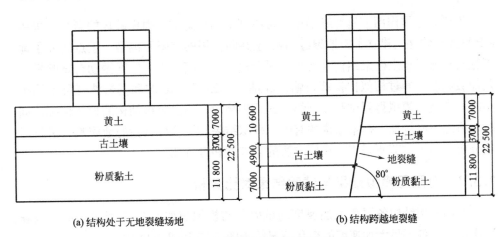

(a) 结构处于无地裂缝场地   (b) 结构跨越地裂缝

图 7-11 两种模拟工况示意图（mm）

通过有限元软件 ABAQUS 建立土-结构共同作用模型，如图 7-12 所示。框架结构的梁、柱采用梁单元来模拟，楼板使用壳单元，钢筋信息通过命令流输入。模型土采用实体六面体单元模拟，土体厚度为 22.5m，其单元格尺寸满足波长要求。采用节点耦合的方式来模拟土与结构之间接触行为，不考虑基础与地基之间的分离与滑移。建立处于无地裂缝场地的结构时，场地土模型是完整的，并且结构处于土体模型的核心区域；建立跨地裂缝结构时，通过设置间隙接触来模拟地裂缝场地上盘与下盘之间的接触，其中法向设置为硬接触，切向作用采用罚摩擦[240]。采取无限元与有限元耦合的方法模拟无限域对计算区域的影响，场地土模型采用有限元来模拟，而场地土沿地震波输入方向的两侧设置无限元[241]。场地土采用符合摩尔-库仑强度准则的弹塑性本构模型，该模型能够描述场地土体在动力荷载下塑性变形的积累过程。采用混凝土本构模型 UConcrete02 来模拟梁柱力学行为，该模型可以考虑混凝土的抗拉强度及损伤退化，合理地描述混凝土在地震作用下的力学行为[242]；钢筋采用 Mises 理想弹塑性本构模型。

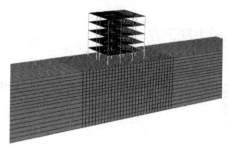 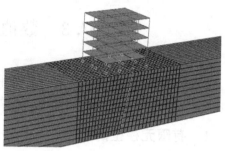

(a) 结构处于无地裂缝场地   (b) 结构跨越地裂缝

图 7-12　土与结构共同有限元模型

为研究地震作用下地裂缝场地对跨越其上的框架结构损伤破坏的影响，采用 ABAQUS 软件，建立了跨地裂缝结构-土共同作用的有限元模型。重点研究了地裂缝与普通场地上框架结构这两种有限元模型的建模过程。依据振动台试验模型及加载制度，经过相似比换算，输入江油波、El Centro 波和基岩波三种不同类型的地震波，模拟得到试验原型结构的地震响应，用以分析结构的损伤情况。同时，将地裂缝场地上框架结构的有限元模拟结果和振动台试验的地震响应进行对比分析，验证本节所采用的建模方法的合理性和可行性。

7.3.2　有限元模拟结果与试验结果对比分析

上部框架结构各层最大加速度的试验值与模拟值如表 7-12 所示，不同地震波作用下，各层最大加速度的变化情况绘于图 7-13 和图 7-14 中。

框架结构各层最大加速度（g）　　　　　　　表 7-12

地震波		框架结构各层最大加速度(试验值/模拟值)				
		5 层	4 层	3 层	2 层	1 层
0.2g	江油波	1.090/0.916	0.978/0.827	0.811/0.672	0.589/0.548	0.375/0.350
	El Centro 波	0.921/0.904	0.855/0.793	0.717/0.668	0.479/0.431	0.352/0.302
	基岩波	0.640/0.588	0.578/0.564	0.508/0.483	0.413/0.393	0.371/0.304

续表

地震波		框架结构各层最大加速度（试验值/模拟值）				
		5层	4层	3层	2层	1层
0.4g	江油波	1.436/1.277	1.339/1.166	1.132/0.929	0.841/0.795	0.636/0.571
	El Centro波	1.068/1.009	0.971/0.901	0.842/0.798	0.698/0.662	0.441/0.412
	基岩波	0.702/0.695	0.640/0.609	0.637/0.586	0.575/0.513	0.398/0.331

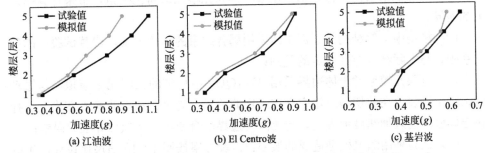

图 7-13　0.2g 地震波作用下框架结构各层最大加速度变化图

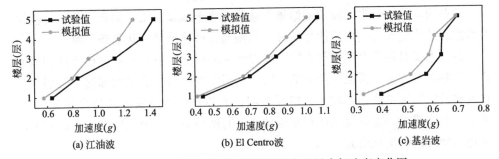

图 7-14　0.4g 地震波作用下框架结构各层最大加速度变化图

由图 7-13、图 7-14 可知，在不同峰值加速度的地震波作用下，上部框架结构各层最大加速度试验值与有限元模拟结果整体变化趋势一致，从结构底层到顶层，各层最大加速度逐渐增大。同时，有限元模拟的各层最大加速度小于试验值。根据表 7-12 中的数据计算分析可知，当输入地震波的峰值加速度为 0.2g 时，在江油波作用下，各层加速度试验值与模拟值的最大误差为 3 层的 17.14%，最小误差出现在 1 层，为 6.67%；在 El Centro 波作用下，最大误差为 1 层的 14.20%，最小误差在 5 层 1.85%；在基岩波作用下，最大误差出现在 1 层，为 18.06%，最小误差是 4 层的 2.42%。当输入地震波的峰值加速度增加到 0.4g 时，在江油波作用下，结构 3 层最大加速度的试验值与模拟值误差最大，达到了 17.93%，最小误差为 2 层的 5.47%；在 El Centro 波作用下，4 层的误差最大，为 7.21%，2 层误差最小，为 5.16%；在基岩波作用下，最大误差为 1 层的 16.83%，最小误差是 5 层的 1.00%。以上分析表明，采用本章所介绍的有限元模型来模拟计算，上部框架结构各层最大加速度的模拟结果与试验结果相差不超过 20%。

7.3.3 有限元模拟结果与试验结果误差分析

振动台试验与有限元模拟的各层最大加速度和层间位移在整体变化规律上表现一致，但在数值大小上存在一定的差异，分析误差产生的原因有以下几点：

(1) 上部框架结构构件分别采用梁单元和壳单元来简化模拟，带来计算结果上的差异；

(2) 模型中上部结构与下部土体采用耦合约束的连接方式，代替试验中的独立基础，与实际结构存在一定的差别；

(3) 有限元模型的土体边界采用 ABAQUS 中自带的无限元来模拟，与振动台试验土体装填在剪切型土箱中存在一定的差异，同时在地震波输入方式上选择在土体底部输入加速度地震波，与无限元边界配合使用而造成计算上的误差；

(4) 试验采用缩尺模型造成的误差：试验方案按照 1:15 缩尺比设计产生的尺寸效应，随着构件尺寸的缩小，结构的力学性能有所提升。

这些因素导致有限元模拟的结果在数值上小于试验结果，但有限元软件模拟跨地裂缝结构的动力响应规律性明显，与振动台试验结果变化趋势一致。

综合上文对振动台试验与有限元模拟结果的对比分析，并从建模方法和试验模型的制作等方面分析误差产生的原因，从而发现结构各层最大加速度和层间位移的试验值与模拟值相差较小。结果表明，本节介绍的建模方法是合理可行的。采用该方法建立的地裂缝场地和普通场地上的框架结构有限元模型，在后文可用来进行地震损伤量化研究。

7.4 地裂缝场地与普通场地上框架结构有限元模拟结果的地震损伤分析

本节从构件、楼层、结构整体 3 个角度出发，模拟了在地震作用下框架结构在地裂缝和普通场地的损伤情况，分析了地裂缝的存在对上部框架结构地震损伤的影响，找出了地裂缝场地上框架结构的地震损伤破坏规律，从而为此类建筑结构的设计提供参考。

7.4.1 上部框架结构构件地震损伤分析

为从构件的角度分析地裂缝场地和普通场地上框架结构在地震作用下的损伤破坏情况，选取跨越地裂缝的一榀纵向边框架来进行梁、柱构件的损伤量化分析，普通场地取与地裂缝场地相同位置的一榀框架。同时，为了便于后文的分析研究，对所选取的一榀纵向框架的梁、柱构件进行编号，如图 7-15 所示。其中地裂缝场地的地裂缝从②、③轴中间穿过，①、②轴位于上盘，③、④轴位于下盘。

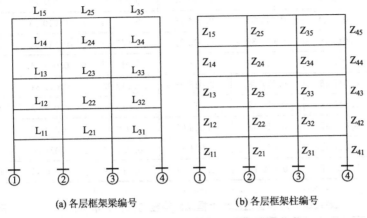

(a) 各层框架梁编号　　　　　　　　(b) 各层框架柱编号

图 7-15　一榀框架各层梁、柱构件编号

选取峰值加速度为 0.4g 的 3 种地震波作用下上部框架结构的地震响应，来进行构件层次的损伤量化分析。由于本节采取的是基于变形和能量的双参数地震损伤模型，因此，分别对构件在地震作用下的变形和累积滞回耗能（塑性耗能）进行分析。在此基础上，对构件的损伤情况采用陈林之地震损伤模型来量化评价。

1. 框架结构构件变形分析

采用非线性分析软件 ABAQUS 对两种结构体系分别进行了模拟计算，得到单个构件的变形，将 0.4g 地震波作用下地裂缝场地和普通场地上一榀纵向框架梁、柱构件的变形列于表 7-13、表 7-14 中。其中，框架柱的变形采用柱顶位移表示，框架梁的变形采用转角表示。为便于分析比较，将不同地震波作用下部分梁、柱构件沿垂直地裂缝方向和楼层高度方向的变形绘于图 7-16～图 7-23 中。

地裂缝场地和普通场地上框架结构梁的转角（单位：rad）　　**表 7-13**

框架梁	地裂缝场地			普通场地		
	江油波	El Centro 波	基岩波	江油波	El Centro 波	基岩波
L_{15}	0.018 13	0.018 47	0.019 50	0.011 81	0.011 07	0.014 02
L_{14}	0.017 01	0.017 85	0.018 37	0.016 53	0.016 74	0.017 37
L_{13}	0.023 43	0.020 73	0.023 72	0.020 54	0.019 38	0.021 49
L_{12}	0.024 59	0.023 43	0.025 30	0.023 49	0.021 02	0.023 01
L_{11}	0.025 65	0.024 61	0.026 09	0.021 12	0.019 75	0.021 58
L_{25}	0.010 39	0.009 42	0.011 12	0.008 55	0.006 67	0.008 31

续表

框架梁	地裂缝场地			普通场地		
	江油波	El Centro 波	基岩波	江油波	El Centro 波	基岩波
L_{24}	0.009 89	0.008 95	0.010 07	0.009 39	0.007 70	0.009 41
L_{23}	0.013 49	0.011 84	0.014 75	0.012 94	0.010 90	0.013 94
L_{22}	0.015 06	0.015 36	0.016 21	0.015 38	0.015 82	0.016 09
L_{21}	0.017 27	0.017 59	0.018 95	0.014 47	0.014 04	0.014 92
L_{35}	0.017 86	0.017 08	0.018 96	0.012 95	0.011 81	0.013 82
L_{34}	0.016 13	0.016 12	0.017 21	0.015 60	0.016 72	0.016 93
L_{33}	0.019 37	0.019 34	0.023 01	0.018 96	0.018 15	0.021 13
L_{32}	0.021 31	0.020 46	0.024 36	0.023 19	0.021 70	0.023 07
L_{31}	0.023 77	0.022 14	0.025 34	0.021 69	0.020 45	0.021 60

地裂缝场地和普通场地上框架结构柱的位移（单位：mm） 表 7-14

框架柱	地裂缝场地			普通场地		
	江油波	El Centro 波	基岩波	江油波	El Centro 波	基岩波
Z_{15}	42.78	39.33	43.14	36.69	34.93	37.76
Z_{14}	40.40	38.26	42.06	38.73	36.59	39.08
Z_{13}	51.03	47.27	55.95	47.05	43.41	51.91
Z_{12}	60.08	56.02	64.17	59.27	58.14	63.14
Z_{11}	69.61	67.48	73.25	54.02	53.79	57.69
Z_{25}	45.95	43.75	47.37	38.40	38.12	40.03
Z_{24}	43.96	41.27	46.21	40.56	40.07	43.35
Z_{23}	54.37	52.79	58.42	51.11	48.34	54.90
Z_{22}	63.78	61.21	69.52	69.68	66.67	72.36
Z_{21}	78.17	74.31	81.45	60.02	57.26	66.59
Z_{35}	44.18	40.26	45.06	38.59	38.23	40.83
Z_{34}	42.10	39.76	45.01	40.74	39.95	43.31
Z_{33}	52.08	51.16	55.23	52.26	48.39	54.56
Z_{32}	62.18	59.28	66.54	69.91	66.28	72.69
Z_{31}	76.45	72.83	79.94	59.78	57.37	65.92
Z_{45}	41.65	37.33	42.23	37.49	35.36	38.14
Z_{44}	38.74	36.29	41.05	38.01	36.71	39.49
Z_{43}	48.95	45.37	52.92	50.42	44.08	51.02
Z_{42}	57.83	54.19	61.27	59.25	58.37	62.59
Z_{41}	68.32	71.00	77.14	54.52	52.93	58.61

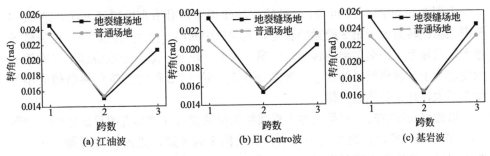

图 7-16　2 层框架梁沿垂直地裂缝方向的转角

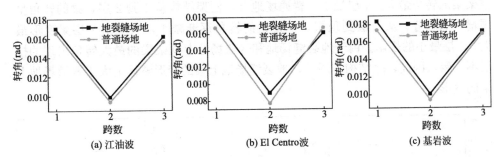

图 7-17　4 层框架梁沿垂直地裂缝方向的转角

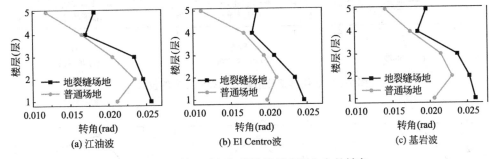

图 7-18　第 1 跨框架梁沿楼层高度方向的转角

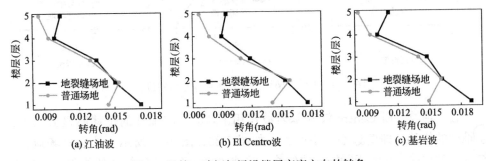

图 7-19　第 2 跨框架梁沿楼层高度方向的转角

由图 7-16 和图 7-17 可知，3 种地震波作用下，沿垂直地裂缝方向，第 1、3 跨框架梁的转角大于第 2 跨梁的转角，表现出中间小、两边大的规律。地裂缝场地上，明显第 1 跨框架梁的转角大于第 3 跨梁的转角，即位于地裂缝上盘的框架梁变形大于下盘框架梁的变形。普通场地上，第 1、3 跨梁的转角在数值大小上相差不大，并无明显的规律。

沿楼层高度方向，两类场地上框架结构梁的变形规律具有明显的差别，如图 7-18 和图 7-19 所示。地裂缝场地上，从结构 1 到 4 层，梁的转角逐渐减小，但在 4 层梁的变形曲线出现突变，从 4 层到 5 层，梁的转角有所增大，因此，1 层框架梁的转角最大、4 层最小。普通场地上，框架结构从 1 到 2 层，梁的转角呈现增大的趋势，从 2 层到顶层，框架梁的转角逐渐减小，表现出 2 层梁变形最大、5 层最小的规律。由于地裂缝场地和普通场地上框架梁的最大转角出现的楼层不一致，因此，除结构 2 层外，地裂缝场地上梁的变形整体上大于普通场地上梁的变形。

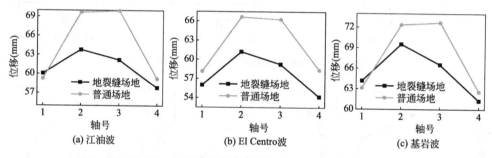

图 7-20　2 层框架柱沿垂直地裂缝方向的位移

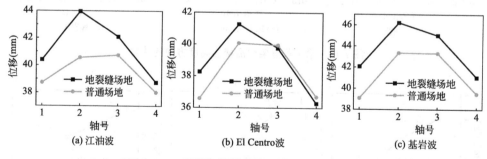

图 7-21　4 层框架柱沿垂直地裂缝方向的位移

在江油波、El Centro 波和基岩波作用下，②、③轴柱的位移明显大于①、④轴柱的位移，即两边小，中间大，如图 7-20、图 7-21 所示。地裂缝场地上，结构②轴柱的位移大于③轴柱的位移，①轴柱的位移大于④轴柱的位移，具有地裂缝上盘柱变形大于下盘柱变形的规律。普通场地上，②轴柱的位移与③轴柱的

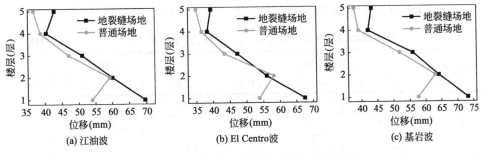

图 7-22　①轴框架柱沿楼层高度方向的位移

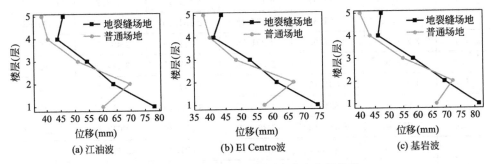

图 7-23　②轴框架柱沿楼层高度方向的位移

位移大致相等，①、④轴柱的位移相差很小，即沿垂直地裂缝方向，对称位置上柱的变形大小基本相等，并没有地裂缝场地上柱的变形分布规律。

地裂缝场地和普通场地上，框架结构柱沿楼层高度方向的变形分布规律明显，如图 7-22、图 7-23 所示。不同地震波作用下，地裂缝场地上框架柱的位移具有底层最大、4 层最小的特点，从 1 层到 4 层框架柱的位移保持递减的变化趋势，而 5 层柱的位移较 4 层却稍有增加。普通场地上，结构 2 层柱的位移大于 1 层柱的位移，从 2 层往上，柱的位移越来越小，因此，结构 2 层柱的变形最大。

对比分析地裂缝场地和普通场地上框架结构梁、柱构件的变形分布规律，发现在垂直地裂缝和楼层高度两个方向上，梁、柱构件的变形具有相同的特征。地裂缝场地上，上盘梁、柱构件的变形明显大于下盘构件的变形，且结构 1 层梁、柱构件的变形最大，4 层最小。普通场地上，在垂直地裂缝方向的对称位置，梁、柱构件的变形相差很小，大致相等，同时梁、柱构件变形最大的位置出现在 2 层，结构 5 层的变形相对最小。

2. 框架结构构件塑性耗能分析

当输入地震波的峰值加速度为 0.4g 时，地裂缝场地和普通场地上框架结构各层梁、柱构件的塑性耗能如表 7-15、表 7-16 所示，其中将 3 种地震波作用下部分框架梁沿垂直地裂缝方向和楼层高度方向的塑性耗能分布绘于图 7-24～图 7-

27 中，部分框架柱的塑性耗能绘于图 7-28～图 7-31 中。

地裂缝场地和普通场地上框架结构梁的塑性耗能（单位：J）　　表 7-15

框架梁	地裂缝场地			普通场地		
	江油波	El Centro 波	基岩波	江油波	El Centro 波	基岩波
L_{15}	4 014.45	3 815.52	3 691.38	3 922.40	3 613.29	3 324.92
L_{14}	4 524.58	4 164.93	4 194.57	4 391.58	3 979.46	3 815.47
L_{13}	5 035.71	4 619.59	4 514.51	4 847.01	4 459.20	4 401.24
L_{12}	6 149.29	5 727.65	5 390.46	6 184.37	5 903.94	5 851.73
L_{11}	7 205.26	6 927.41	6 721.49	5 641.78	5 591.26	5 435.03
L_{25}	2 689.16	2 501.38	2 437.18	2 101.50	2 069.35	1 979.63
L_{24}	3 301.36	3 247.95	3 201.59	2 511.09	2 481.03	2 459.05
L_{23}	3 843.95	3 729.24	3 793.96	3 238.31	3 124.96	3 129.42
L_{22}	4 319.37	4 091.72	4 014.29	3 959.17	3 589.47	3 582.94
L_{21}	4 902.13	4 824.83	4 779.25	3 553.49	3 411.45	3 435.38
L_{35}	3 791.81	3 689.10	3 395.02	3 879.36	3 612.58	3 336.82
L_{34}	4 301.73	4 073.84	3 893.41	4 321.77	3 902.09	3 792.71
L_{33}	5 014.24	4 483.97	4 340.34	4 873.39	4 421.72	4 392.36
L_{32}	5 924.92	5 491.83	5 135.81	6 201.25	5 864.23	5 762.47
L_{31}	7 138.25	6 295.29	6 138.39	5 639.04	5 539.72	5 428.18

地裂缝场地和普通场地上框架结构柱的塑性耗能（单位：J）　　表 7-16

框架柱	地裂缝场地			普通场地		
	江油波	El Centro 波	基岩波	江油波	El Centro 波	基岩波
Z_{15}	815.81	674.26	710.05	671.08	422.04	519.37
Z_{14}	1 027.18	981.34	818.31	858.12	735.82	725.42
Z_{13}	1 499.17	1 359.92	1 025.24	1 238.17	913.75	922.39
Z_{12}	2 329.92	2 132.67	1 636.81	1 949.82	1 592.43	1 425.94
Z_{11}	7 854.01	7 593.61	5 174.91	6 061.23	4 671.68	4 398.25
Z_{25}	2 152.89	1 652.86	1 583.79	1 384.87	1 289.51	1 155.03
Z_{24}	4 202.40	3 702.75	3 791.60	3 084.64	3 040.47	2 981.71
Z_{23}	6 149.15	5 244.56	5 682.84	5 324.50	4 956.20	5 039.50
Z_{22}	9 286.79	7 406.18	6 389.47	8 132.19	6 408.91	5 884.45
Z_{21}	15 107.63	14 467.78	12 400.08	11 252.05	10 544.89	9 756.87
Z_{35}	1 934.77	1 099.32	1 122.51	1 318.43	1 116.95	1 162.91

续表

框架柱	地裂缝场地			普通场地		
	江油波	El Centro 波	基岩波	江油波	El Centro 波	基岩波
Z_{34}	3 879. 45	3 292. 73	3 134. 42	3 190. 27	3 021. 28	2 970. 03
Z_{33}	5 795. 40	4 806. 27	5 164. 59	5 364. 61	4 965. 04	5 046. 12
Z_{32}	8 703. 88	6 816. 47	5 872. 21	8 149. 02	6 565. 70	5 907. 55
Z_{31}	14 714. 81	12 954. 83	10 691. 69	11 250. 56	10 512. 98	9 822. 90
Z_{45}	716. 02	512. 07	611. 98	693. 78	422. 38	518. 99
Z_{44}	933. 35	854. 87	717. 35	928. 56	735. 26	725. 09
Z_{43}	1 352. 14	1 139. 33	919. 54	1 254. 97	927. 29	921. 85
Z_{42}	2 098. 02	1 873. 44	1 449. 94	1 948. 33	1 629. 76	1 461. 77
Z_{41}	6 993. 41	6 783. 76	4 986. 74	6 021. 14	4 911. 11	4 257. 12

图 7-24 和图 7-25 表明,不同地震波作用下,框架梁沿垂直地裂缝方向的塑性耗能分布与梁的变形分布一致,两侧梁的塑性耗能大于中间跨梁的塑性耗能。地裂缝场地上,框架梁的塑性耗能具有上盘大于下盘的分布规律。普通场地上,第1、3跨梁的塑性耗能大小并无明显差别。

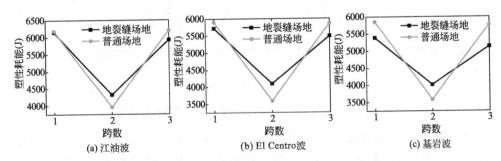

图 7-24 2层框架梁沿垂直地裂缝方向的塑性耗能分布

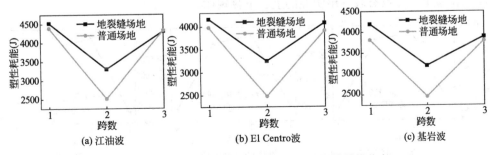

图 7-25 4层框架梁沿垂直地裂缝方向的塑性耗能分布

　　沿楼层高度方向，框架梁的塑性耗能分布规律如图 7-26、图 7-27 所示。地裂缝场地上，从结构 1 层到 5 层，框架梁的塑性耗能值逐渐减小，底层梁塑性耗能值最大。普通场地上，框架梁的塑性耗能分布规律稍有不同，主要区别在于，从结构 1 层到 2 层，框架梁的塑性耗能表现出增大的趋势，从结构 2 层往上，梁的塑性耗能逐渐减少，因而，结构 2 层梁的塑性耗能值最大。

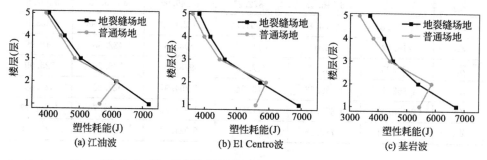

图 7-26　第 1 跨框架梁沿楼层高度方向的塑性耗能分布

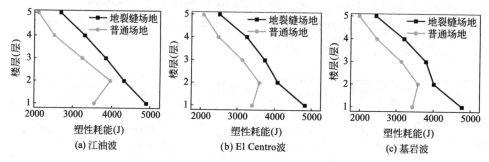

图 7-27　第 2 跨框架梁沿楼层高度方向的塑性耗能分布

　　框架柱沿垂直地裂缝方向上的塑性耗能值具有中间大、两侧小的特点。如图 7-28 和 7-29 所示，地裂缝场地上，位于地裂缝上盘处框架柱的塑性耗能大于对应的下盘处柱的塑性耗能。普通场地上，框架柱的塑性耗能分布在与地裂缝场地相同位置上，并没有表现出明显的上、下盘规律。

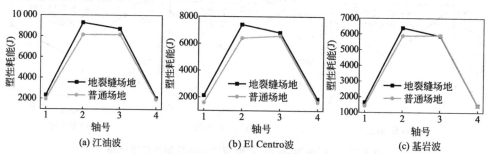

图 7-28　2 层框架柱沿垂直地裂缝方向的塑性耗能分布

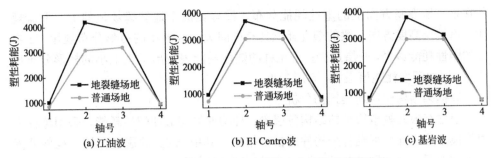

图 7-29　4 层框架柱沿垂直地裂缝方向的塑性耗能分布

图 7-30 和图 7-31 表明，地裂缝场地和普通场地上的框架结构柱，在江油波、El Centro 波和基岩波作用下，沿楼层高度方向均表现出相同的规律，框架柱的塑性耗能值随着楼层的增加逐渐减小。

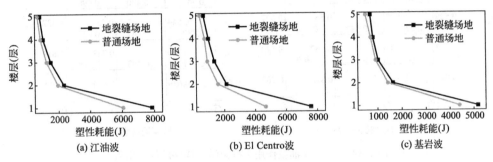

图 7-30　①轴框架柱沿楼层高度方向的塑性耗能分布

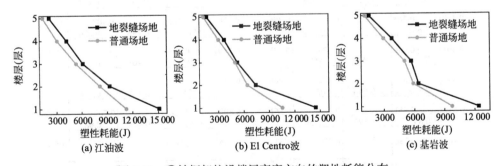

图 7-31　②轴框架柱沿楼层高度方向的塑性耗能分布

框架结构梁、柱构件的塑性耗能不仅与构件的变形有关，还与构件所受力大小等因素有关，因此，梁、柱构件的塑性耗能分布规律与变形有所不同。地裂缝场地上，沿垂直地裂缝方向，上盘处梁、柱构件的塑性耗能大于下盘处构件的塑性耗能。沿楼层高度方向，框架梁、柱构件的塑性耗能均表现出下大上小的梯形分布规律，1 层构件的塑性耗能值最大，5 层最小。普通场地上，框架梁、柱构件在垂直地裂缝方向上的塑性耗能分布，没有类似于地裂缝场地的上、下盘规律。沿楼层高度方向，梁的塑性耗能具有中间大、两侧小的弓形分布规律，2 层梁的塑性耗能最多，5 层最少；框架柱的塑性耗能表现出下大上小的梯形分布规律，1 层柱塑性耗能值最大，5 层最小。

3. 框架结构构件地震损伤分析

根据有限元模拟得到的结构各层梁、柱构件的变形和塑性耗能，采用陈林之损伤模型分别计算得到各个构件的损伤指数，其中 $0.4g$ 地震波作用下构件的损伤指数如图 7-32～图 7-34 所示。

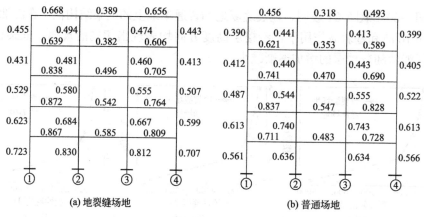

图 7-32 $0.4g$ 江油波作用下框架结构构件的损伤指数

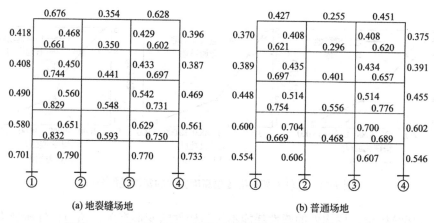

图 7-33 $0.4g$ El Centro 波作用下框架结构构件的损伤指数

观察分析图 7-32～图 7-34 中一榀纵向框架各层梁、柱构件的损伤指数可知，3 种地震波作用下，中间跨梁的损伤指数小于边跨梁的损伤指数，中间轴柱的损伤指数大于边轴柱的损伤指数。框架梁的损伤指数整体大于框架柱的损伤指数，

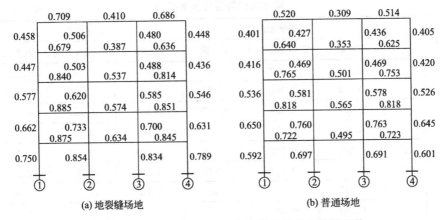

图 7-34　$0.4g$ 基岩波作用下框架结构构件的损伤指数

说明在地震波作用下，框架梁的损伤程度比柱的严重，梁构件会先行破坏，符合"强柱弱梁"的抗震设计要求。

地裂缝场地上，沿垂直地裂缝的方向，框架梁、柱构件的损伤指数大小表现出明显的上、下盘规律，位于地裂缝上盘的梁、柱构件损伤指数大于下盘构件的损伤指数。沿楼层高度方向，框架梁、柱构件的损伤指数变化趋势相同，1层到4层，各个构件的损伤指数呈减小的趋势，5层的损伤指数较4层的有所增大，表明地震波作用下，框架结构1层梁、柱构件的损伤破坏最严重，4层构件的损伤程度相对最轻。

与地裂缝场地上各个构件的损伤指数变化规律相比，普通场地上的梁、柱构件损伤指数大小分布显然不同。在垂直地裂缝方向，即水平方向上，对应地裂缝场地的上、下盘位置处，梁、柱构件的损伤指数差别很小，并无明显规律性。沿楼层高度方向，梁、柱构件的损伤指数呈现中间大、两头小的弓形分布规律，结构2层梁、柱构件的损伤指数最大，5层最小，表明在地震波作用下，2层梁、柱构件先破坏。

两种框架结构体系仅在场地类别上有差异，但上部结构各层梁、柱构件的损伤指数分布规律存在显著差异。这表明地裂缝场地上、下盘土层分布的不同以及地裂缝的作用，导致上部结构各个梁、柱构件的损伤指数大小趋势产生变化。

7.4.2　上部框架结构楼层地震损伤分析

根据模拟结果，采用陈林之模型，分别计算得到地裂缝场地和普通场地上框架结构在峰值加速度为 $0.1g$、$0.2g$ 和 $0.4g$ 的 3 种地震波作用下，结构各楼层的损伤指数，计算结果如表 7-17 所示，并将计算结果绘于图 7-35～图 7-37 中。

框架结构各层损伤指数   表 7-17

峰值加速度	楼层	地裂缝场地			普通场地		
		江油波	El Centro 波	基岩波	江油波	El Centro 波	基岩波
0.1g	5	0.120	0.092	0.132	0.099	0.076	0.107
	4	0.111	0.088	0.122	0.128	0.099	0.123
	3	0.139	0.129	0.147	0.138	0.139	0.149
	2	0.171	0.139	0.163	0.198	0.181	0.201
	1	0.205	0.192	0.218	0.160	0.162	0.162
0.2g	5	0.327	0.250	0.331	0.246	0.198	0.256
	4	0.323	0.247	0.323	0.313	0.240	0.340
	3	0.389	0.303	0.370	0.361	0.287	0.359
	2	0.445	0.392	0.435	0.443	0.410	0.463
	1	0.459	0.446	0.491	0.404	0.346	0.419
0.4g	5	0.543	0.517	0.556	0.459	0.453	0.476
	4	0.537	0.501	0.550	0.496	0.483	0.516
	3	0.635	0.617	0.672	0.597	0.565	0.632
	2	0.741	0.715	0.793	0.795	0.763	0.818
	1	0.887	0.842	0.908	0.698	0.663	0.755

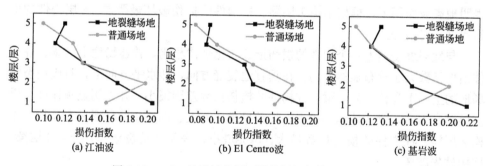

图 7-35 0.1g 地震波作用下结构层间损伤指数曲线

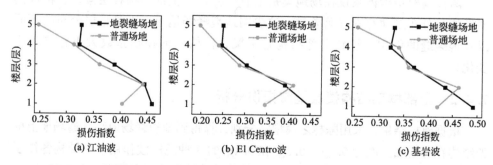

图 7-36 0.2g 地震波作用下结构层间损伤指数曲线

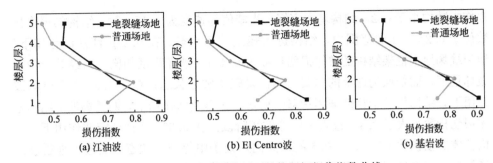

图 7-37　0.4g 地震波作用下结构层间损伤指数曲线

在 3 种不同峰值加速度的地震波作用下，上部结构各层的损伤指数大小有差别，但整体变化趋势一致。地裂缝场地上，结构 1 层到 4 层的损伤指数逐渐减小，从 4 层到 5 层损伤指数呈增大的变化趋势，结构 1 层的损伤指数最大，4 层最小，表明地震作用下结构 1 层损伤破坏最严重。普通场地上，结构 2 层的损伤指数大于 1 层的损伤指数，2 层到 5 层的损伤指数越来越小，因此，普通场地上结构 2 层的损伤指数最大，5 层最小。

地裂缝场地和普通场地上结构各层的损伤指数分布规律，决定了两种结构体系薄弱层的位置。跨地裂缝框架结构薄弱层位于 1 层，而普通场地上的框架结构，薄弱层为 2 层。两类场地上结构薄弱层位置的不一致，表明由于地裂缝的作用，上部结构的薄弱层发生转换，由 2 层变为了 1 层。

7.4.3　上部框架结构整体地震损伤分析

采用欧进萍等人提出的加权组合法，来分析在不同峰值加速度的地震波作用下，结构整体的损伤破坏情况，表 7-18 为七级加载对应的两类场地上框架结构整体的损伤指数。

各级加载时结构整体的损伤指数　　　　　　　　　表 7-18

场地类型	地震波	峰值加速度						
		0.05g	0.10g	0.15g	0.20g	0.30g	0.40g	0.60g
地裂缝场地	江油波	0.119	0.172	0.296	0.421	0.537	0.752	0.899
	El Centro 波	0.097	0.154	0.282	0.380	0.483	0.718	0.861
	基岩波	0.131	0.178	0.334	0.429	0.579	0.783	0.959
普通场地	江油波	0.095	0.163	0.271	0.391	0.492	0.680	0.822
	El Centro 波	0.085	0.156	0.247	0.341	0.450	0.649	0.791
	基岩波	0.117	0.166	0.297	0.406	0.541	0.716	0.893

表 7-18 表明，当输入地震波的峰值加速度为 0.05g、0.10g 时，结构整体的

损伤指数均小于0.2，结构基本完好。当峰值加速度为0.15g时，结构的损伤指数位于0.2～0.4的范围内，结构进入轻微破坏状态。在0.20g江油波作用下，地裂缝场地上框架结构的整体损伤指数为0.421，破坏程度加剧，已经处于中等破坏程度，而普通场地上的框架结构仍是轻微破坏状态；在0.20g El Centro波作用下，结构仍处于轻微破坏状态；在0.20g基岩波作用下，两类场地上结构整体损伤指数均大于0.4，进入了中等破坏阶段。在0.30g 3种地震波作用下，结构整体的损伤数值在0.4～0.6的区间内，处于中等破坏状态。当输入地震波的峰值加速度增加到0.40g时，两类场地上的框架结构破坏程度加剧，均进入了严重破坏阶段。在0.60g的江油波和El Centro波作用下，结构仍处于严重破坏状态，但在基岩波作用下，地裂缝场地上结构的损伤指数大于0.9，已经倒塌破坏，而普通场地上的框架结构仍是严重破坏状态。

在3种不同类型的地震波作用下，地裂缝场地上结构的整体损伤指数大于普通场地上结构的损伤指数。表明由于地裂缝的存在，上部结构在地震作用下的损伤破坏程度加剧。在峰值加速度大小相等的情况下，基岩波作用下的结构整体的损伤指数大于江油波作用下的，El Centro波作用下的结构的损伤指数相对最小，表明上部结构的地震损伤程度与地震波的类型有关。

将在不同峰值加速度的地震波作用下，地裂缝场地和普通场地上框架结构的层间损伤评估结果与整体损伤评估结果绘于同一张图中，则得到了图7-38～图7-40。

从图7-38～图7-40中，可以清楚地看到两类场地上框架结构的薄弱层位置。地裂缝场地上，结构薄弱层为1层，结构整体的损伤指数曲线与2层的损伤指数曲线非常接近。普通场地上，框架结构2层为薄弱层，结构整体损伤指数曲线与1层的损伤指数曲线相接近。因此，两类场地上结构的整体抗震性能由1层和2层控制。

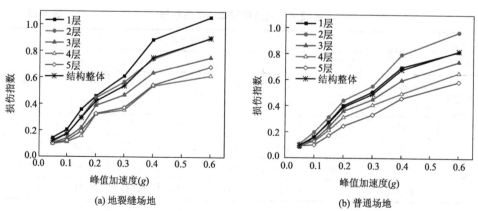

(a) 地裂缝场地　　　　　　　　(b) 普通场地

图7-38　江油波作用下结构各层损伤指数与结构整体损伤指数变化曲线

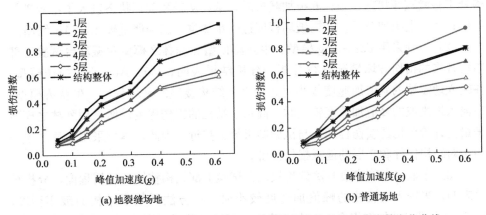

图 7-39　El Centro 波作用下结构各层损伤指数与结构整体损伤指数变化曲线

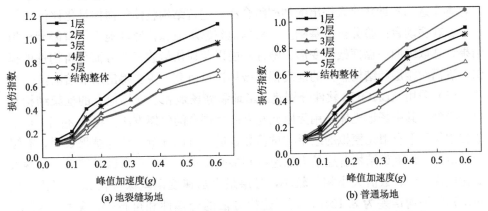

图 7-40　基岩波作用下结构各层损伤指数与结构整体损伤指数变化曲线

7.5　本章结论

　　本章以跨越地裂缝的 5 层框架结构为研究对象，基于变形和能量的双参数地震损伤模型，结合振动台试验，分别建立地裂缝场地和普通场地上框架结构的有限元模型，对上部结构进行了损伤量化研究。

　　1. 根据振动台试验结果，从楼层和结构整体两个方面对上部框架结构进行地震损伤分析，得出以下结论：

　　（1）通过对振动台试验现象的整理和分析描述，结合与钢筋混凝土框架结构震害等级所对应的结构破坏特征，确定了试验每级加载与结构整体破坏程度的对应关系。即：一级加载完成后，结构基本完好无损伤；二、三级加载结束后，结构处于轻微破坏状态；四、五级加载过后，结构从轻微破坏状态进入了中等破坏阶段；六、七级加载后，结构破坏程度进一步加重，已经严重破坏，趋于倒塌。

（2）分别采用 Park-Ang 模型、牛获涛模型和陈林之模型对振动台试验上部结构各层的损伤破坏情况进行分析。分析结果表明，Park-Ang 地震损伤模型，在输入地震波的峰值加速度较小时，夸大了结构楼层的破坏程度；牛获涛模型，在输入地震波的峰值加速度较大时，高估了结构的损伤程度；而采用陈林之模型来量化评价结构的损伤程度，与试验结果最为接近。因此，本章采用陈林之模型用于对结构构件和楼层的地震损伤评价。

（3）选取自振频率衰减法评价振动台试验上部结构整体的损伤程度，分析结果表明，当输入地震波的峰值加速度较小时，该方法低估了结构的破坏程度；Park 等人提出的加权组合法，在试验四、五级加载时，高估了结构的损伤程度；而欧进萍等人提出的加权组合法，在七级加载时，高估了结构的破坏程度。因此，本文选用欧进萍等人提出的加权组合法，进行结构整体的损伤量化评价。

2. 在振动台试验分析的基础上，根据地裂缝场地和普通场地上的有限元模拟结果，选取纵向一榀框架从变形、塑性耗能以及损伤指数三个方面分析构件的损伤，进而对楼层和结构整体的地震损伤破坏进行研究。主要得出以下结论：

（1）采用 ABAQUS 软件分别建立了地裂缝场地和普通场地上的框架结构有限元模型，其中场地土体采用无限元与有限元耦合的建模方法。将 $0.2g$ 和 $0.4g$ 地震波作用下有限元模拟的结果与试验数据进行对比分析。计算结果表明，有限元模拟的上部框架结构各层最大加速度和层间位移小于振动台试验结果，但两者变化规律一致，数值大小相差较小，各层最大加速度误差保持在 20% 以内，层间位移的平均误差为 8.12%，表明建模方法的合理性和可行性。采用该模型，可进行地裂缝场地和普通场地上框架结构有限元模拟结果的损伤量化研究。

（2）计算结果表明，地裂缝场地上框架梁、柱构件的变形存在明显的上、下盘规律，上盘构件的变形大于下盘构件的变形，且结构 1 层梁、柱构件的变形最大，4 层最小；普通场地上框架结构梁、柱构件变形最大的位置为 2 层，5 层构件的变形相对最小。

（3）计算结果表明，在地裂缝场地上，上盘梁、柱构件的塑性耗能大于下盘构件的塑性耗能；沿楼层高度方向框架梁、柱构件的塑性耗能表现出下大上小的梯形分布规律。在普通场地上，沿楼层高度方向，框架梁的塑性耗能分布为中间大、两头小的弓形分布规律，2 层梁的塑性耗能最多，5 层最少；框架柱的塑性耗能值随着楼层高度的增加逐渐减小。

（4）计算结果表明，在地裂缝场地上，沿垂直地裂缝方向，框架梁、柱构件的损伤指数大小表现出明显的上、下盘规律，位于地裂缝上盘的梁、柱构件损伤指数大于下盘构件的损伤指数；沿楼层高度方向，框架梁、柱构件的损伤指数变化趋势相同，1 层到 4 层各个构件的损伤指数呈减小的趋势，5 层的损伤指数较 4 层有所增大。在普通场地上，对应地裂缝场地的上、下盘位置处，梁、柱构件的损伤指数差别很小，分布并无明显规律；沿楼层高度方向，梁、柱构件的损伤指数呈现中间大、两头小的弓形分布特点，结构 2 层梁、柱构件的损伤指数最大，5 层最小。

（5）计算结果表明，在地裂缝场地上，结构层间损伤指数从 1 层到 4 层逐渐减小，5 层的损伤指数大于 4 层的损伤指数，结构 1 层损伤指数最大，4 层最小。在普通场地上，结构 2 层的损伤指数大于 1 层的，从 2 层往上，结构各层的损伤指数越来越小，故 2 层的损伤指数最大，5 层相对最小。

（6）计算结果表明，地裂缝场地上的结构薄弱层为 1 层，结构的整体损伤指数曲线与 2 层的损伤指数曲线非常接近。普通场地上的框架结构 2 层为薄弱层，结构整体损伤指数与 1 层的损伤指数相差最小。因此，两类场地上结构的整体抗震性能由 1 层和 2 层控制。

（7）计算结果表明，地裂缝场地土层分布与普通场地的不同以及地裂缝的作用，使地裂缝场地上结构的损伤破坏程度大于普通场地，位于地裂缝上盘部分的结构破坏程度比下盘部分严重，同时，上部结构薄弱层的位置发生改变，由 2 层变为 1 层。

（8）计算结果表明，基岩波作用下结构整体的损伤指数大于江油波作用下结构的损伤指数，在 El Centro 波作用下，结构的损伤指数相对最小，表明上部结构的地震损伤程度与地震波的类型有关。

■第8章■

非一致性地震作用下跨地裂缝结构的灾害防治措施研究

目前，跨地裂缝建筑物的防治主要采用空间避让和时间避让措施。空间避让虽然可以从源头上防止地裂缝对建筑物的破坏，但会造成土地资源的浪费；由于地裂缝活动时间具有随机性，时间避让无法准确确定地裂缝的活动时间。因此，这两种避让措施无法满足跨地裂缝建筑物防治措施的需求。随着城市建设规模的扩大和土地需求日益紧张，不可避免地会遇到在地裂缝带上建造建筑物或构筑物等问题。因此，开展跨地裂缝结构灾害控制措施的振动台试验及数值分析研究具有重要的理论意义和工程实用价值。

本章以西安地裂缝为研究背景，结合工程实例、试验研究和数值模拟进行了跨地裂缝结构灾害控制措施的研究，为地裂缝地区城市工程建设提供借鉴和参考。

8.1 高烈度地区跨地裂缝结构的工程实例与灾害防治措施研究

8.1.1 地裂缝的防治措施综述

由于地裂缝场地具有三维空间的形变特征和不可抗拒性，位于地裂缝带上的建筑物不可避免地会遭受破坏，人们虽然无法制止地裂缝本身的活动，但可以在地裂缝影响范围内对地裂缝、基础或上部结构采取合适的防治措施，来增强建筑物抵抗变形的能力。因此，许多学者对跨地裂缝建筑物的防治措施进行了研究，并取得了一系列成果。总体来说，地裂缝的防治措施主要有下列几种：

1. 空间避让法

《西安地裂缝场地勘察与工程设计规程》DBJ 61-6—2006 明确要求，建筑物基础底面外沿（桩基时为桩端外沿）至地裂缝的最小避让距离，应符合相关规定。但是随着城镇化步伐的加快，土地资源增值，在拥有 14 条地裂缝的西安市，简单的避让会造成土地资源极大的浪费，因此空间避让法有待改进。

2.部分拆除法或一分为二法

若建筑物长轴与地裂缝走向接近正交或只穿过建筑物某一角,当地裂缝活动增强时,建筑物必然会受到破坏,此时可以将跨越地裂缝的结构部分拆除,如果建筑物为几个单元连接在一起,也可以将其拆分成单个单元,几个单元之间保持相对独立,互不影响。但是这种方法会造成建筑物设计形式单一,只能在地裂缝处将建筑物断开,极大地限制了建筑物的外形设计。

3.加固增强法

有些跨地裂缝建筑物遭受破坏后,可根据其具体的破坏情况,对建筑物本身施加一定的加固措施,一般在上部结构跨越地裂缝部分作高强度加固措施,增加其刚度和强度来抵抗由于不同沉降量引起建筑物的拉裂破坏,这样可以减缓地裂缝对上部结构的破坏[16]。增设构件加固法通过在框架结构中添加抗侧力构件来提高结构的抗震能力,如混凝土剪力墙、钢支撑、砌体抗震墙等。

4.时间避让法

根据地裂缝在时间上波动性的规律,建造建筑物的时间可成功避开地裂缝强烈活动的时期,来减小地裂缝对建筑物的破坏,此种方法即为时间避让法[17]。该方法只能在活动性较弱的地裂缝上建造建筑物,具有较大的局限性。

8.1.2 工程实例分析

由于其他方法存在各种局限和问题,本节根据加固增强法原理,以西安地区某高校的跨越活动性较弱且趋于稳定的地裂缝的框架剪力墙结构为研究对象,采用 SAP2000 v15 有限元分析软件对实际结构进行高烈度多维多点地震作用下的响应分析研究,定量地说明了地裂缝的存在对上部建筑的破坏作用,同时探讨具有不同沉降量的地裂缝对跨地裂缝建筑结构力学性能的影响差异,得出了较有意义的研究成果,为深入研究地裂缝作用对建筑物上部结构的破坏机理和跨地裂缝建筑物的防治措施提供了重要的参考。

8.1.2.1 工程概况

以西安建筑科技大学西大门实际工程为例,采用 SAP2000 v15 有限元分析软件对该结构进行模态分析和非线性时程分析。该建筑物采用钢筋混凝土框架-剪力墙结构形式,结构设计使用年限为 50 年,安全等级为二级,抗震设防烈度为 8 度,设计地震分组为一组。建筑物高度为 12.75m,长度为 50.73m,宽度为 6.4m。地裂缝 f_6 从该结构北侧②~③轴之间穿过,在西侧距离②轴 1.44m,东侧距离②轴 1.84m,结构平面布置如图 8-1 所示。

8.1.2.2 SAP2000 有限元模型建立过程

对实际跨地裂缝建筑物在不做任何处理措施的情况下,进行地裂缝环境下的多维多点地震作用的非线性时程分析、地裂缝环境下一致激励的水平地震作用

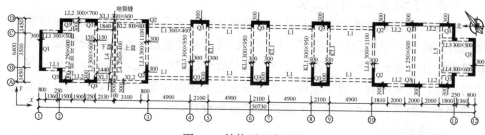

图 8-1　结构平面布置图

（沿结构短边方向）的非线性时程分析以及不考虑地裂缝影响时实际结构的工况分析。

1. 地裂缝作用模拟

地裂缝活动对结构的影响在 SAP2000 v15 中的模拟方法：对结构有限元模型中位于地裂缝南侧的所有支座施加初始位移，并将初始位移作为恒载来考虑。

该实际工程位于Ⅲ级地裂区，地裂缝活动较弱（垂直沉降量小于 5mm/a），水平张裂量和扭转量更小，可以忽略地裂缝的水平张裂量和扭转量对结构的影响，只考虑垂直沉降量。由文献［83］可知该结构所处地区的黄土湿陷等级为Ⅰ级（轻微），可以不考虑黄土湿陷对结构的影响。该实际工程于 2006 年 9 月完工并投入使用，参考该工程的拟建场地地裂缝活动量长期监测资料，得到 2000～2005 年该处地裂缝活动量为 3.1mm/a，近似取以后每年地裂缝的活动量为 3.1mm，将地裂缝的垂直位移量以逐年累积的方式施加给结构中位于上盘土体的支座，总共施加 10 年 31mm 的位移量，分析该实际跨地裂缝结构在高烈度三向多点地震作用和一致激励下的水平地震作用的响应结果。

2. 多维多点地震作用模拟

实际结构有限元模型的多维多点地震作用在 SAP2000 v15 中的模拟方法：对地裂缝两侧的结构支座施加三向（两个水平方向和竖直方向）位移时程地震波（由加速度时程波两次积分得到，并进行滤波处理），其中地裂缝下盘的所有支座的位移时程波到达时间相比地裂缝上盘的所有支座在 3 个平动方向的位移时程地震波到达时间均延迟 0.8s（通过设置相位差实现），并且 3 个方向的位移时程波峰值按 Y 方向∶X 方向∶Z 方向＝1∶0.85∶0.65 的比例进行设置，其中 Y 方向是结构的短边方向，即刚度较弱的方向。

3. 地震波选型

非线性时程工况选取 El Centro 波进行分析，其峰值加速度为 341.7cm/s²，持续时间为 30s。

4. 工况分类

为了更好地模拟高烈度多维多点地震作用下跨地裂缝框剪结构的地震响应，

采用了 5 个工况。其中：工况一和工况二分别为施加 7 年和 10 年的地裂缝垂直沉降量时，结构在 8 度地区罕遇烈度 El Centro 波多维多点地震作用下的非线性时程分析；工况三和工况四分别为施加 9 年和 10 年的地裂缝垂直沉降量时，结构在 8 度地区罕遇烈度 El Centro 波一致激励水平地震作用（沿结构短边方向）的非线性时程分析；工况五为不考虑地裂缝对结构的影响条件下，结构在"1.2 恒载＋1.4 活载＋1.3 罕遇水平地震作用（8 度地区）"的分析，水平地震采用反应谱法进行分析。

5. 结构有限元模型单元选取

结构模型中的楼板选用壳单元里的薄壳单元，框架梁选用线单元，并假定框架梁端部和跨中位置出现塑性铰（软件中粉色代表塑性铰达到其弹性阶段的最大值而还未进入塑性发展阶段，此时卸载结构的变形还可以恢复；蓝色代表塑性铰处于塑性发展阶段的中间位置，其承载力没有达到极限值，但是已经接近承载力的最大值，结构还可以继续使用），剪力墙选用壳单元里的分层壳单元。为保证足够的计算精度和模型分析的收敛速度，楼板和剪力墙均选用 3×3 网格单元进行剖分，框架梁选用长度为 1m 的单元进行剖分，剪力墙分层壳单元中混凝土考虑 S11 和 S22 方向的非线性，钢筋考虑 S11 方向的非线性，并且剪力墙中水平分布钢筋和竖向分布钢筋均采用直径为 14mm、间距为 200mm 的 HRB335 级钢筋的配筋方式。楼板和剪力墙均采用 C30 混凝土，楼板厚度为 110mm，剪力墙厚度为 300mm，框架梁截面为 300mm×800mm。

8.1.2.3　动力特性

对实际结构模型进行基于瑞兹向量法原理的模态分析，振型数目选为 40 个，在结构 X 方向和 Y 方向施加加速度荷载，目标动力系数设为 99%。经 SAP2000 模态分析，可得 X 方向和 Y 方向的振型质量参与系数分别为 98.3% 和 98.5%，均满足现行《高层建筑混凝土结构技术规程》JGJ 3—2010 要求。第一振型的 $U_X + U_Y = 0.00011 + 0.673 > R_Z = 0.467$，可以判断模型的第一振型为 Y 方向的平动振型；第二振型的 $U_X + U_Y = 0.1302 + 0.0044 < R_Z = 0.192$，可以判断模型的第二振型为扭转振型，并且伴有 X 方向的平动；第三振型的 $U_X + U_Y = 0.6206 + 0.00014 > R_Z = 0.0127$，可以判断模型的第三振型为 X 方向的平动振型。由模态分析得到第一平动振型周期为 0.192s，第一扭转振型周期为 0.134s，可以得到结构以扭转为主的第一周期和结构以平动为主的第一周期比值为 0.698，小于 0.85，满足现行《建筑抗震设计规范》GB 50011—2010（2016 年版）要求。X 方向和 Y 方向的振型静荷载参与系数均达到 100%，X 方向的动荷载参与系数达到 98.3%，Y 方向的动荷载参与系数达到 98.4%。结构前三阶振型如图 8-2 所示。

8.1.2.4　不同工况作用下的分析对比

该结构的 4 个非线性时程工况时程类型采用直接积分法，时程运动类型为瞬

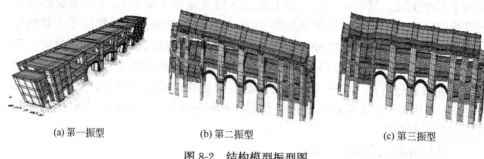

(a) 第一振型   (b) 第二振型   (c) 第三振型

图 8-2   结构模型振型图

态。该建筑物平面布局比较规则，结构高度为 12.75m，不属于高层建筑，无需考虑重力二阶效应和阶段施工加载模拟。由于结构在地震作用来临时还会承受自身重力荷载和部分活荷载，非线性时程工况的初始条件选为"恒荷载＋0.5 倍活荷载"作用下的非线性分析状态；工况五为线性分析。

1. 不同工况下的框架梁塑性铰分析

图 8-3 是框架梁塑性铰出现的位置图。从图 8-3 中可以看出：在 El Centro 波多维多点地震作用下，当对结构施加 7 年的地裂缝沉降量时，结构位于地裂缝处顶层的框架梁端部首先开始出现塑性铰（3 个，图 8-3a 圆圈处）；当对结构施加 10 年的地裂缝沉降量时，结构位于地裂缝处的 6 根框架梁端部均出现塑性铰（12 个）。在 El Centro 波一致激励地震作用下，当对结构施加 9 年的地裂缝沉降量时，结构位于地裂缝处顶层的框架梁端部首先开始出现塑性铰（4 个，图 8-3c 圆圈处）；当对结构施加 10 年的地裂缝沉降量时，结构位于地裂缝处顶层和 2 层

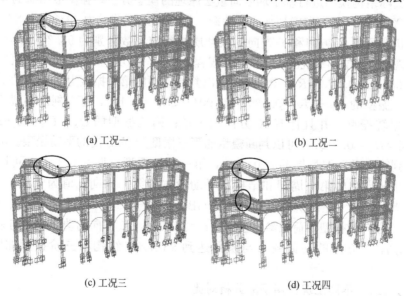

(a) 工况一   (b) 工况二

(c) 工况三   (d) 工况四

图 8-3   框架梁塑性铰出现的位置

的框架梁端部出现塑性铰（6 个，图 8-3d 圆圈处）。当不考虑地裂缝作用对结构的影响时，框架梁的最大弯矩仅为 226.85kN·m，其对应的配筋率为 0.42%，远小于适筋梁的限值 2.5% 的要求，不会进入塑性发展阶段，即不考虑实际结构的地裂缝作用时，框架梁在非线性分析状态下不会出现塑性铰。

以上分析表明，位于地裂缝处的 6 根框架梁在多维多点地震作用和一致激励地震作用下均会出现塑性铰，表明该处是结构的危险部位；在 10 年地裂缝沉降量作用下，框架梁在一致激励水平地震作用下出现塑性铰的数量（6 个）仅为多维多点地震激励下塑性铰数量（12 个）的一半。这表明实际跨地裂缝结构在多维多点地震下的反应比一致激励地震下的反应要强烈很多，并且结构在多维多点地震作用下出现塑性铰的时间比一致激励地震作用下要早两年。此外，当忽略地裂缝对结构的影响时，框架梁在规范组合荷载作用下不会进入塑性状态。这表明地裂缝作用对该类跨地裂缝结构的影响是巨大的。因此对该类跨地裂缝结构进行设计时，地裂缝作用不能被忽略。

2. 不同工况下的剪力墙分层壳应力云图

图 8-4 是不同工况下剪力墙的分层壳应力云图。从图 8-4 可以看出：工况二作用下，混凝土的最大拉应力为 1.2MPa，小于 1.43MPa，最大压应力为 14.7MPa，大于 14.3MPa，钢筋的最大应力为 215MPa，小于屈服应力 300MPa；

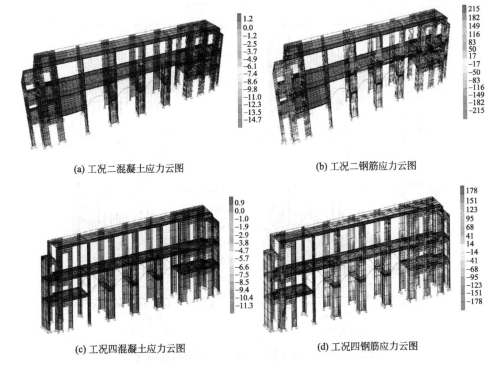

(a) 工况二混凝土应力云图　　　　　　　　(b) 工况二钢筋应力云图

(c) 工况四混凝土应力云图　　　　　　　　(d) 工况四钢筋应力云图

图 8-4　不同工况下剪力墙的分层壳应力云图

工况四作用下，混凝土的最大拉应力为 0.9MPa，小于 1.43MPa，最大压应力为 11.3MPa，小于 14.3MPa，钢筋的最大应力为 178MPa，小于屈服应力 300MPa。这说明结构在工况二作用下剪力墙中已有部分混凝土开始进入塑性发展阶段，而且进入塑性发展阶段的混凝土主要集中在底层剪力墙底部和顶层剪力墙顶部位置，但钢筋并没有达到屈服状态；工况四作用下剪力墙中混凝土处于弹性状态，钢筋也没有达到屈服状态。分析结果表明：多维多点地震作用下跨地裂缝结构的部分区域剪力墙已开始进入塑性发展阶段，且该区域主要集中于底层剪力墙底部和顶层剪力墙顶部，而一致激励地震作用下跨地裂缝结构仍处于弹性发展阶段。由此可见，多维多点地震作用对结构的影响明显比一致激励地震作用要强烈。因此，在对跨地裂缝结构进行设计时，多维多点地震效应必须被考虑进去。

3.不同工况下的顶点位移时程曲线和层间位移角包络曲线比较

图 8-5 是不同工况下的 Y 方向顶点位移时程曲线。从图 8-5 给出的结构 Y 方向顶点位移时程曲线可以看出：工况一、工况二、工况三和工况四作用下的结构顶点最大位移分别为−31mm、−41mm、28mm 和 31mm；在 10 年地裂缝沉降量作用下，结构在 El Centro 波多维多点地震作用下的顶点最大位移值是结构在一致激励地震作用下的 1.32 倍。

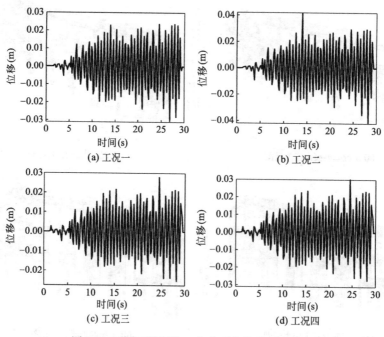

图 8-5　不同工况下的 Y 方向顶点位移时程曲线

图 8-6 给出了结构层间位移角包络曲线，计算结果表明：结构在不同工况作用下的最大层间位移角均发生在顶层位置，其中多维多点地震作用和一致激励地震作用下的最大层间位移角分别为 1/114 和 1/152，虽均满足现行《高层建筑混凝土结构技术规程》的层间弹塑性位移角限值 1/100 的要求，但是已均接近规程限值要求，尤其是多维多点地震作用下的最大层间位移角值。

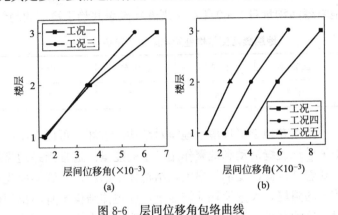

(a)   (b)

图 8-6　层间位移角包络曲线

8.1.2.5　结构跨越地裂缝的对策建议

为了减小地裂缝对工程结构的影响，该实际工程采取的措施是在结构地裂缝处设置宽度为 100mm 的沉降缝，使结构在地裂缝两侧成为完全独立的两部分。地裂缝只会使两侧结构产生错台，而地裂缝两侧的结构互不影响，通过干挂石材的装饰处理可以消除错台对建筑外观的影响。目前，该结构经受住了四川汶川、雅安地震和青海玉树地震的考验，震后该实际结构并没有任何损坏迹象，如图 8-7 所示。

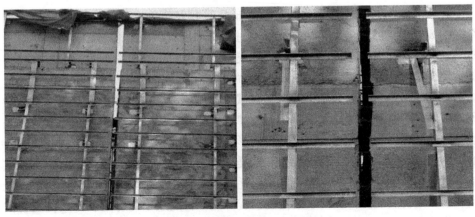

图 8-7　建筑物外立面干挂石材

该结构自 2006 年 9 月投入使用以来，地裂缝两侧沉降差在上述 3 次地震后的实测值也只有约 6mm，对正常使用没有任何影响。实践表明：对跨越活动性较弱或趋于稳定的地裂缝的结构，设置沉降缝是非常有效的措施。

表 8-1 是该结构完工后所在场地的地裂缝两侧结构差异沉降量实测值。将 2000～2005 年该处地裂缝活动量 3.1mm/a 和表 8-1 中的数据进行对比分析，可以发现该处地裂缝活动量自 2000 年后呈现逐年减缓并趋于稳定的趋势。

地裂缝两侧结构差异沉降量实测值（mm）　　　　　表 8-1

2007 年	2008 年	2009 年	2010 年	2011 年	2012 年
2.1	1.7	0.5	0.5	0.6	0.6

此外，为了防治在地裂缝环境下地震对结构的破坏，可以在结构基础部分装入耗能装置来消散地裂缝活动和地震作用产生的能量。通常当跨地裂缝结构受到地震作用时，随着结构侧向变形的增大，结构体中的耗能装置会率先进入非弹性状态，产生较大的阻尼，大量消耗地震能量，使主体结构本身不出现明显的非弹性状态。此时，跨地裂缝结构耗能装置的耗能能力的大小不仅直接关系到跨地裂缝结构在地震作用下的安全性，而且关系到在地裂缝活动期内结构的安全，是跨地裂缝结构灾害控制中极为重要的参数。而耗能装置阻尼大小的确定还需要进一步的研究。

8.2　跨地裂缝带支撑钢筋混凝土框架结构抗震性能试验研究

为研究跨地裂缝结构在地震作用下的灾害控制措施，以一个跨越西安 f_4 地裂缝的 5 层钢筋混凝土框架结构为研究对象，采用有限元软件 ABAQUS 建立了地裂缝场地土和上部结构共同作用计算模型。通过对不同布置形式下带支撑结构的数值分析对比，确定了较优的支撑布置方案，设计完成了一个缩尺比为 1：15 的跨地裂缝带钢支撑框架结构的振动台试验，得到了带支撑结构在不同地震激励下的破坏形态、动力特性和动力响应规律。研究表明：地裂缝的存在增大了跨地裂缝结构的动力响应，且上盘对结构的影响大于下盘；支撑提高了跨地裂缝结构的抗侧刚度，减小了结构在地裂缝和地震共同作用下的动力响应；同时，支撑在结构破坏前发生屈服，其屈服变形不仅耗散了地震能量，降低了结构损伤，而且实现了多道抗震设防，提高了结构的抗震性能。研究成果为跨地裂缝结构灾害控制提供了科学依据。

8.2.1　数值模型建立

采用 ABAQUS 有限元软件分析了跨地裂缝无支撑结构的动力反应规律，找出了跨地裂缝结构在地震作用下的薄弱位置；接着设计了 3 种支撑布置方案，通过对比不同布置方案下各带支撑结构与无支撑结构的时程分析结果，确定试验采用的支撑布置形式。

1. SSI 体系有限元模型的建立

在 ABAQUS 建模中，梁、柱均用梁单元模拟，板采用壳单元模拟，地裂缝土层采用实体单元模拟。假定地震作用时上部结构与地裂缝土层间不发生滑移，在土-结构界面采用节点耦合连接。模型土体厚度为 22.5m，根据地震波速和网格划分的要求，并考虑到地裂缝有一定的倾角，各土层之间还有错层，因此，网格划分自地裂缝处向两侧土体由密到疏，地表附近的单元网格尺寸大于底层。考虑土与结构共同作用（SSI）的有限元模型如图 8-8 所示。

采用双线性强化弹塑性模型模拟钢支撑，其本构关系如图 8-9 所示。支撑与结构之间的接触设置为铰接。

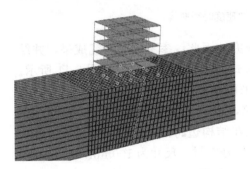

图 8-8　土与结构共同作用有限元模型

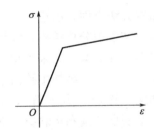

图 8-9　支撑的本构关系

2. 地震波的选择

依据结构所处场地类别，并考虑地震波频谱特性对结构的影响，选择江油波、El Centro 波和兰州波作为在土体模型底部沿垂直地裂缝方向输入的激励。其中，兰州波为人工波，另外两种为天然波。3 种波的加速度时程曲线如图 8-10 所示。

8.2.2　钢支撑的方案设计

1. 支撑方案设计

布置钢支撑的目的是提高跨地裂缝结构在地震作用下的抗震性能，而支撑与主体框架结构刚度应具有合理的匹配关系，才能较好地起到减震的作用；设置过多的支撑不仅减震效果有限而且增加结构成本。而针对跨地裂缝结构支撑

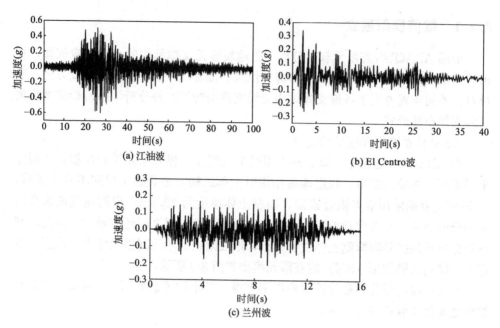

(a) 江油波

(b) El Centro波

(c) 兰州波

图 8-10　输入波的加速度时程曲线

布置方法方面，已进行了一些探索性的研究。因此，参考已有研究成果，并结合本文模拟分析结果，设计了不同支撑形式的 3 种布置方案，如图 8-11 所示。方案一和方案三均采用单斜撑，方案二采用单斜撑和 X 形支撑混合布置。其中，方案一在结构中跨沿全高布置单斜撑，边跨 2～5 层隔层布置；方案二在结构中跨 2～5 层布置 X 形支撑；方案三在结构边跨沿全高布置单斜撑；3 种方案底层均满布单斜撑。支撑采用 Q235 型号钢材，尺寸为 100mm×100mm×5mm。

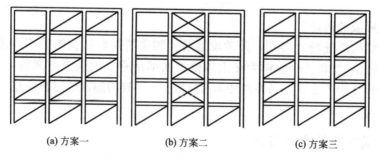

(a) 方案一　　　　(b) 方案二　　　　(c) 方案三

图 8-11　钢支撑的不同布置形式

2.试验支撑布置方案的确定

为了评价钢支撑对跨地裂缝结构位移反应的控制效果，进行了跨地裂缝有无支撑结构位移反应对比分析。图 8-12 为江油波 3 种地震强度（峰值加速度分别

为 $0.1g$、$0.2g$ 和 $0.4g$）作用下，跨地裂缝 3 种带支撑与不设支撑结构的层间位移包络图。不同地震波在峰值加速度为 $0.4g$ 作用下带支撑结构层间位移角如表 8-2 所示，带支撑结构最大层间位移值及减震率如表 8-3 所示。其中，①～③分别代表方案一、二、三；江油波、El Centro 波和兰州波编号分别为 JY、El 和 LZ；JY-0.1 表示江油波作用下输入峰值加速度为 $0.1g$ 的工况。

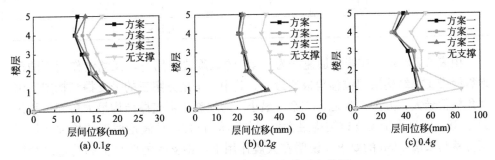

图 8-12 跨地裂缝结构层间位移包络图

由图 8-12 可知，相同输入峰值加速度作用下带支撑结构与无支撑结构相比，层间位移沿楼层变化的差值均出现不同程度的减小；尤其是底层的变化趋势最为明显，说明带支撑结构刚度沿楼层分布较未带支撑结构更加均匀。随着输入峰值加速度的增大，带支撑框架结构的层间位移减小程度也增大。

在 $0.1g$ 江油波作用下，采用方案一的结构层间位移明显小于采用其他两种方案的结构位移；在 $0.2g$ 和 $0.4g$ 作用下，采用不同支撑方案的结构反应差异并不大，结构的最大层间位移均出现在底层，且明显小于无支撑结构。其中，采用方案一的带支撑结构层间位移最小。

跨地裂缝带支撑结构层间位移角 表 8-2

工况	楼层	①	②	③
JY-0.4	5 层	1/94	1/103	1/88
	4 层	1/116	1/126	1/115
	3 层	1/86	1/76	1/79
	2 层	1/78	1/76	1/75
	1 层	1/74	1/73	1/68
El-0.4	5 层	1/113	1/106	1/111
	4 层	1/134	1/125	1/130
	3 层	1/106	1/103	1/109
	2 层	1/88	1/94	1/89
	1 层	1/76	1/74	1/77

续表

工况	楼层	①	②	③
LZ-0.4	5层	1/136	1/138	1/135
	4层	1/155	1/160	1/152
	3层	1/133	1/129	1/135
	2层	1/130	1/127	1/133
	1层	1/115	1/108	1/112

　　由表 8-2 可知，在峰值加速度为 0.4g 的地震波作用下，江油波作用下的跨地裂缝带支撑结构层间位移角极值最大。其中，采用方案三的带支撑结构层间位移角极值最大，方案二次之，方案一最小。跨地裂缝带支撑结构最大层间位移角为 1/68，明显小于无支撑结构最大层间位移角 1/42，且满足框架结构弹塑性层间位移角限值 1/50 的要求。说明在大震作用下，钢支撑能明显提高跨地裂缝结构的抗震安全性。

结构最大层间位移反应及减震率 表 8-3

工况	无支撑	最大层间位移(mm)			减震率(%)		
		①	②	③	①	②	③
JY-0.1	25.15	17.89	19.46	17.79	28.9	22.6	29.3
JY-0.2	47.67	33.83	34.73	34.83	29.0	27.1	26.9
JY-0.4	84.98	48.88	49.54	52.83	42.5	41.7	37.8
El-0.1	24.32	18.89	21.42	19.44	22.3	11.9	20.0
El-0.2	46.98	26.72	29.66	28.38	43.1	36.9	39.6
El-0.4	71.12	47.54	48.82	46.73	33.2	31.4	34.3
LZ-0.1	21.36	14.98	17.51	15.99	29.9	18.0	25.1
LZ-0.2	30.81	22.49	22.95	24.93	27.0	25.5	19.1
LZ-0.4	58.7	31.21	33.45	32.11	46.8	43.0	45.3

　　注：减震率＝（无支撑结构最大层间位移－带支撑结构最大层间位移）/无支撑结构最大层间位移×100%

　　由表 8-3 可知，在峰值加速度为 0.1g 的地震波作用下，带支撑结构与无支撑结构的位移反应已经有明显差别，这是因为地裂缝的存在增大了跨地裂缝结构的地震反应，使无支撑结构在小震作用下就发生了塑性变形，而带支撑结构中的钢支撑小震时已经开始进入工作耗能。对比不同工况下结构的减震率可知，除个别工况外，采用方案一的带支撑结构减震率最大，减震效果最好。

8.2.3　振动台试验设计

1.带支撑结构模型设计与制作

考虑模型土箱的平面尺寸及振动台承载能力的限制，采用1∶15的缩尺比例设计了上部结构模型。同时，依据数值分析结果，采用方案一作为试验的支撑布置方案，如图8-13所示。其中，根据强度代换确定缩尺模型中支撑均采用Q235扁钢，尺寸为20mm×3mm。跨地裂缝带支撑结构试验模型如图8-14所示。

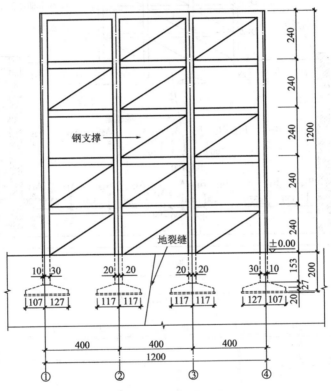

图 8-13　模型立面图

2.测点布置和量测

试验采用加速度传感器、位移传感器、应变传感器等量测上部结构、基础和地基土体的动力反应。其中，试验加速度传感器和位移传感器测点布置如图8-15所示；应变传感器布置在结构柱纵筋上，测点布置如图8-16所示。

图 8-14　试验模型实物图

3. 试验方案

试验沿用未加支撑跨地裂缝结构振动台试验方案。

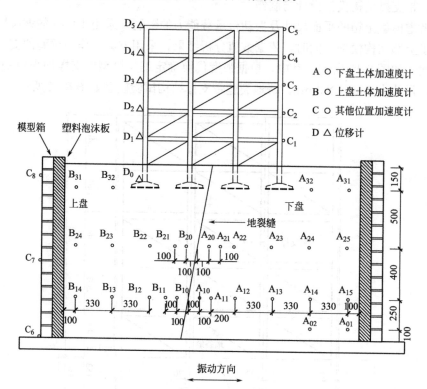

图 8-15 测点剖面布置图

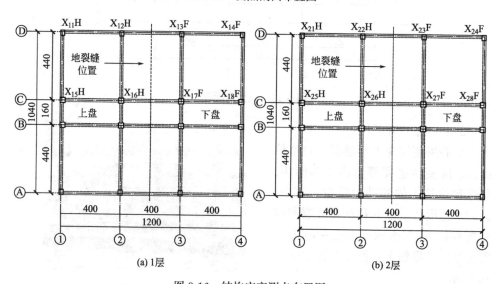

(a) 1层   (b) 2层

图 8-16 结构应变测点布置图

8.2.4 试验结果及其分析

1. 试验现象及破坏过程

图 8-17 为跨地裂缝带支撑结构模型，结构裂缝开展情况如图 8-18 所示。模型损伤与裂缝发展情况如下：（1）输入峰值加速度为 0.1g 的地震波激励后，上部结构轻微晃动，未出现明显可见裂缝。（2）输入峰值加速度为 0.2g 的地震波激励后，上部结构 4 层板出现细小的横向裂缝，并沿着梁长度方向延伸（图 8-18a）；支撑开始出现变形。（3）输入峰值加速度为 0.4g 的地震波激励后，上部结构晃动明显，板裂缝出现的区域逐渐增大；底层中跨梁端出现

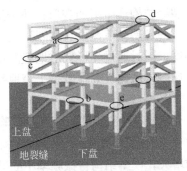

图 8-17 跨地裂缝带支撑结构
模型图

裂缝，并沿梁高度方向发展（图 8-18b）。（4）输入峰值加速度为 0.6g 的地震波激励后，结构已有裂缝的宽度逐渐增大，裂缝处混凝土剥离；3 层边跨梁端出现裂缝，并逐渐沿梁高度方向发展（图 8-18c）；部分支撑产生了较大变形，布置在底层跨中的支撑已经屈服。（5）输入峰值加速度为 0.8g 的地震波激励后，梁端裂缝不断开展并出现新的裂缝，5 层柱顶位置和底层角柱处出现横向裂缝（图 8-18d～e）；多数支撑产生了较大变形，并发生屈服。（6）输入峰值加速度为 1.2g

(a) 4层板出现细微裂缝

(b) 中跨梁端裂缝发展

(c) 边跨梁端裂缝发展

(d) 顶层柱顶裂缝发展

(e) 底层角柱裂缝发展

(f) 梁柱节点裂缝贯通

图 8-18 结构模型裂缝开展情况图

的地震波激励后，多数梁柱节点裂缝已经贯通（图 8-18f），结构完全破坏。

通过观察试验现象发现，地裂缝场地在地震作用下会出现竖向沉降差，使跨地裂缝结构产生附加变形；处于地裂缝场地上盘的结构构件开裂时间早于下盘，且裂缝发展较下盘更为剧烈。在地裂缝和地震共同作用下，支撑为结构提供抗侧刚度，同时通过变形耗散地震能量，减小了结构位移反应，并先于结构破坏前发生屈服，从而有效地减缓了跨地裂缝结构的裂缝发展，提升了结构的抗震性能。

2. 模型结构自振频率

表 8-4 给出了试验前及各试验工况后的模型结构自振频率 f 的变化情况，其中 f_0 为试验开始前所测得的结构自振频率。由表 8-4 可知，随输入峰值加速度的增大，模型结构自振频率不断减小。说明模型结构的刚度在不断退化，损伤在不断累积。在输入峰值加速度为 $0.1g$（折合原型结构为 $0.05g$）的地震波后，模型结构自振频率只下降了 1%，说明支撑的设置使结构在小震下不发生明显的刚度退化；随着输入峰值加速度的增大，带支撑结构的刚度退化缓慢；当试验结束后，自振频率下降至试验前的 44%，结构完全破坏。

模型结构自振频率 表 8-4

输入峰值加速度(g)	f(Hz)	f/f_0
试验前	21.94	100%
0.1	21.75	99%
0.2	19.77	90%
0.3	17.16	78%
0.4	15.54	70%
0.6	11.87	54%
0.8	11.15	50%
1.2	9.65	44%

3. 模型结构加速度对比分析

表 8-5 给出了在江油波作用下，试验和有限元模型模拟的结构各层加速度放大系数对比情况。其中，加速度放大系数定义为该层加速度最大值与输入峰值加速度之比。

试验与有限元模型结构加速度放大系数对比 表 8-5

输入峰值加速度		1层	2层	3层	4层	5层
0.1g	试验	2.68	3.75	4.47	5.21	5.81
	有限元	2.47	3.52	4.02	5.01	5.51

续表

输入峰值加速度		1 层	2 层	3 层	4 层	5 层
0.2g	试验	2.51	3.34	3.82	4.21	4.65
	有限元	2.06	3.03	3.46	3.76	4.20
0.4g	试验	1.48	1.83	2.05	2.50	2.81
	有限元	1.21	1.75	1.78	2.31	2.56

由表 8-5 可知，随着输入峰值加速度的增大，结构的加速度放大系数不断减小。当输入峰值加速度较小时，结构加速度放大系数下降较缓，其原因是钢支撑提升了跨地裂缝结构的抗侧刚度并消耗了地震能量；当输入峰值加速度达到 0.4g 时，结构加速度放大系数下降较快。此时，支撑已经屈服，结构损伤加重导致其刚度迅速衰减。

此外，试验结果和有限元分析结果吻合良好，说明试验数据和有限元数据具有较好的一致性。

4. 模型结构位移分析

表 8-6 给出了模型结构在不同输入峰值加速度的地震波作用下各层最大层间位移角。由表 8-6 可知，模型结构在 0.8g（折合原型结构为 0.4g）的输入峰值加速度作用下，最大层间位移角为 1/51，小于现行《建筑抗震设计规范》规定的弹塑性变形限值 1/50，满足"大震不倒"的抗震设计要求；在 1.2g（折合原型结构为 0.6g）的输入峰值加速度作用下，最大层间位移角达到 1/24，超过了弹塑性变形限值。这表明增设钢支撑有效地降低了跨地裂缝结构的位移反应。

模型各层最大层间位移角　　　　　　　　　　　表 8-6

楼层	输入峰值加速度(g)						
	0.1	0.2	0.3	0.4	0.6	0.8	1.2
5 层	1/800	1/387	1/187	1/116	1/85	1/65	1/31
4 层	1/611	1/461	1/177	1/134	1/134	1/80	1/35
3 层	1/423	1/229	1/142	1/89	1/72	1/56	1/27
2 层	1/208	1/166	1/84	1/84	1/67	1/53	1/24
1 层	1/263	1/198	1/109	1/101	1/63	1/51	1/28

5. 模型结构纵筋应变分析

图 8-19 给出了模型结构在不同输入峰值加速度的地震波作用下 1 层和 2 层各测点的纵筋峰值应变随加载等级变化的包络图。14 号镀锌铁丝屈服应变值为 ±1400με，在图 8-19 中已由虚线标明。

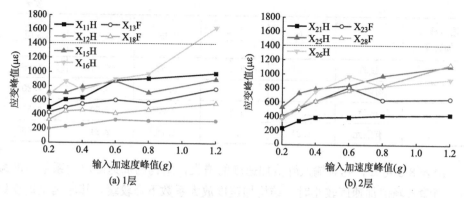

图 8-19　结构 1、2 层测点峰值应变

由图 8-19 可知，结构 1 层和 2 层不同测点的纵筋峰值应变随着输入峰值加速度的增大，其整体呈增大的趋势，且靠近地裂缝两侧较近的测点应变峰值大于远离地裂缝的测点应变峰值。

当输入峰值加速度较小时，各测点的峰值应变随着输入峰值加速度增大而变化的幅度较小，且远小于屈服应变；当输入峰值加速度增大至 $0.8g$ 后，各测点的峰值应变增大的速率较快；当输入峰值加速度增大至 $1.2g$ 时，靠近地裂缝处于上盘的结构 1 层测点 X_{16} 峰值应变达到了 $1628\mu\varepsilon$，已超过其屈服应变，此时柱的纵筋屈服。这表明钢支撑结构提升了跨地裂缝结构的抗震性能，使其在大震作用下也不发生严重破坏。

8.3　本章结论

本章以西安地区某跨越活动性较弱（垂直沉降量小于 $5mm/a$）地裂缝的实际框架-剪力墙结构为研究背景，结合工程实例，进行了高烈度多维多点地震作用和一致激励地震作用下的非线性时程分析。同时，以跨地裂缝带支撑框架结构为研究对象，通过数值模拟和振动台试验，进行了跨地裂缝结构灾害控制措施的研究，得到以下主要结论：

（1）多维多点地震作用对实际跨地裂缝结构的影响明显比一致激励地震作用和不考虑地裂缝作用下的要强烈，尤其是位于地裂缝处的 6 根框架梁和结构底层底部、顶层顶部的部分剪力墙在多维多点地震作用下均已进入塑性发展阶段。

（2）通过数值模拟分析可知，地裂缝的存在增大了跨地裂缝结构的地震反应；底层是跨地裂缝结构的薄弱位置，设计支撑布置方案时应重点提高跨地裂缝结构的底层刚度。

（3）通过数值模拟分析可知，增设钢支撑的结构层间位移沿楼层变化差异较小，结构刚度沿楼层分布比较均匀；通过比较不同支撑布置方案对层间位移的控制效果，选择了其中的较优方案作为试验支撑布置方案。

（4）试验结果表明，地裂缝场地在地震作用下会出现竖向沉降差，使跨地裂缝结构产生附加变形；处于地裂缝场地上盘的框架结构构件开裂时间早于下盘，且裂缝发展也比下盘剧烈。

（5）在小震作用下，支撑主要为跨地裂缝结构提供抗侧刚度，减小在地裂缝和地震共同作用下结构的动力反应；大震作用下，主要通过变形耗散地震能量，降低结构损伤，有效提高跨地裂缝结构的抗震性能。

（6）对跨越活动性较弱或趋于稳定的地裂缝的结构，采取设置沉降缝的方法可以有效地减轻地裂缝活动和地震作用对该类跨地裂缝建筑物的破坏。同时，研究表明，在跨地裂缝结构中布置支撑是一种有效的灾害控制措施。钢支撑先于结构破坏前发生屈服，使跨地裂缝结构得到了有效保护，实现了多道抗震设防的目的。

（7）本节施加的地裂缝沉降位移量是按 2000 年后的最大年活动量考虑的，这是十分保守的。可以预测：该跨地裂缝结构实际工程在 50 年设计使用年限内，遭受相当于 8 度地区罕遇烈度地震作用时不会倒塌。

第9章

结 论

本文以黄土地基土与跨地裂缝结构为主要研究对象，探讨了在复杂环境下土-结构共同作用的损伤机理、动力非线性、恢复力特性、破坏行为，得到以下结论：

1. 以西安 f_4 地裂缝（丈八路-幸福北路地裂缝）为研究对象，开展了地裂缝场地土体模型的振动台试验，并采用 ABAQUS 有限元软件分别建立地裂缝场地和无地裂缝场地多尺度数值计算模型，重点研究了地裂缝场地土体的地震破坏特征及地震动参数分布规律，得出以下主要结论：

（1）地裂缝在试验开始前处于闭合状态，地表未见出露。随着输入地震动峰值加速度的增大，地表主裂缝由于张拉应力集中出现局部开裂、扩展、贯通，并伴随裂缝内混合物不断涌出，最大开裂宽度达到 5mm；同时在地裂缝周围出现 45°斜向的次生裂缝，并向地裂缝两侧逐渐扩展延伸，上盘区域的次生裂缝数量较多，长度和宽度较大，比下盘破坏更为严重。由于土层的构造特性，古土壤层的下盘土体向上盘土体侵入，主裂缝走向发生明显偏移。

（2）相比地裂缝下盘土体，上盘土体的加速度变化频率较快、地震动强度参数（PGA、PGV、PGD 等）较大、能量释放率和释放量较大，在邻近地裂缝处尤为明显，表现出"上、下盘效应"；随着断层距的增加，地震动强度参数、卓越频率逐渐减小，呈现衰减规律；同时，上、下盘地裂缝处记录的地震波时程存在相位差，表现出非一致性。

（3）在输入地震动峰值加速度相同的情况下，地裂缝场地土体在地表波（江油波和 El Centro 波）作用下的动力响应比基岩波（Cape Mendocino 波）作用下的动力响应大，说明含低频成分较多的地震波引起土体的动力响应更大；土体介质对地震波有选择性地过滤，随土层厚度的增加，低频成分放大，高频成分减小。

（4）根据试验得到的白噪声扫频曲线，借助 MATLAB 软件中自带的传递函数，得到了不同加载等级下模型土体的第一阶自振频率和阻尼比，通过对比发现：随着地震动强度的不断增大，试验模型的第一阶自振频率在不断减小，而阻尼比却在不断增大。此现象说明土体在地震荷载作用下发生了强度损伤，表现出了显著的非线性特性。

（5）研究结果表明，在地震作用下，靠近地裂缝两侧土体的损伤程度最为严重，距地裂缝越远，损伤程度越小，而且上盘土体的损伤程度要大于下盘对称位置处的，地表土体的损伤程度最为严重。随着地震强度的增大，模型土体损伤程度呈现增大趋势，损伤指数增大幅度逐渐放缓。

（6）研究结果表明，土层结构包括土层厚度、地裂缝倾角、土层错层和台地级数均对场地土体的加速度响应影响较大。按下盘构造分层的土体的加速度响应＞按上盘构造分层的土体的加速度响应＞不分层土体的加速度响应。地裂缝倾角度数的不同造成地震波在土体介质内传播路径不同，倾角越大，地表峰值加速度越大，"上、下盘效应"越明显，80°倾角的土体模型的加速度响应＞70°倾角的土体模型的加速度响应＞60°倾角的土体模型的加速度响应；70°和80°裂缝倾角的土体模型均表现出放大效应，而60°倾角的土体模型起到了减震作用。土层错层对加速度响应的影响仅在地裂缝处较明显，对于加速度影响范围并无影响。

（7）不同地震波作用下，不同结构形式的普通场地和地裂缝场地均表现出对地震波的放大作用，而且地裂缝场地的动力响应表现出了形似"八"字形的上下盘效应，且峰值加速度从地裂缝处向模型两侧递减。此外，上盘影响带宽度大于下盘影响带宽度，上盘为11.0m，下盘为9.0m。

2.在总结了国内外研究现状的基础上，针对西安地区土质和土层的特性，进行了黄土地基高层建筑桩-土共同作用数值模拟及动力反应研究，取得主要结论如下：

（1）本文对湿陷性黄土上部结构-桩-土共同作用下地基的各种计算模型的适用条件、场地的地基特性进行了分析，找出了适合共同作用下的地基模型，探讨了湿陷性黄土地基土模量与深度变化关系，针对桩基承载力计算方法存在的问题，提出了湿陷性黄土在共同作用下桩基承载力实用计算公式。分析结果表明，桩-土复合基础承载力的确定方法要充分考虑柱基础和桩对上下端阻力的加强作用、基础下柱身上部侧摩阻力的削弱作用、桩间土在受荷过程中的滞后作用等3个特性。在不做低桩式群桩试验的条件下，在湿陷性黄土地基上，可按本文推荐的以桩帽着地的单桩试验为对比的群桩效率系数的方法进行计算确定。

（2）通过对高层建筑上部结构与桩-土共同作用的受力行为的进一步分析，定量地说明了上部结构荷载在共同作用下形成重分布，荷载向边柱集中，形成"深梁"；同时给出了共同作用结构内力呈双曲线分布的具体表达式，提出了黄土地区上部结构参与共同作用高度的确定方法；利用差分法求出了基础梁产生的弯矩与剪力的表达式。其无论是在静力分析的定性规律上还是在其定量数值上均得到了与黄土地基测试结果具有较好一致性的结果，为黄土地基高层结构设计提供了依据。

（3）用俞茂宏教授提出的统一强度理论，采用$b=1/2$时的一种新的模型来模拟湿陷性黄土地基上部结构-桩-土共同作用地基的非线性，同时在桩-土接触面上设置接触单元模拟桩-土间的接触非线性。工程算例结果表明，强震作用下，湿陷性黄土-桩间的非线性对群柱基础的动力相互作用以及上部结构均有较明显的影响；湿陷性黄土桩-土间的非线性相互作用，将使上部结构的位移反应较线性情况有较明显的增长；层间剪力要比线性体系的层间剪力要大，群桩桩顶的最大弯矩明显大于线性计算结果。考虑湿陷性黄土-桩的非线性相互作用将使上部结构的位移反应及层间剪力比线性体系产生的结果大，并且考虑共同作用后，结构的动力特性也发生变化，加速度、位移随着地基土软弱程度的增加反映出越来越接近"K"字形的特征。它随着地基土软弱程度的增加，其特征更加明显。

（4）算例分析结果表明：考虑共同作用时，应特别注意上部结构刚度影响产生的次内力。设计时应增加角柱、边柱荷载，增大值约在常规设计的30%。从层次上讲，结合西安等地区的黄土地区群桩基础沉降与软土地区相比较小这一特点，考虑共同作用时，要特别注意第2层和较低层的楼面梁。这是因为底层柱脚处产生的相对位移和转角使底层和2、3层的柱子与横梁首先受到影响，产生较大的内力，因此在设计过程中，要使其计算内力加强。

3. 以跨越西安 f_4 地裂缝的框架结构为研究对象，通过振动台试验分析了不同工况下地裂缝场地和跨地裂缝结构的动力反应规律，得到以下结论：

（1）随着地震峰值的逐级加大，上部结构陆续出现梁柱节点竖向裂缝、柱顶横向裂缝、板边裂缝，结构的损伤不断加剧。地震加载对地裂缝上盘的动力响应高于下盘，使同种裂缝在上盘位置出现时间早于下盘。

（2）试验结果表明地裂缝对土体加速度有放大效应，土层加速度最大值出现在地裂缝上盘某处，从该处向两侧逐步衰减，上盘的衰减速度大于下盘。

（3）试验结果表明地裂缝场地对框架结构的动力响应有较大影响，且上盘影响大于下盘。结构的破坏与地震波的类型和强度有关。

（4）通过数值模拟对各个工况下的层间位移角进行对比分析，结果表明结构大部分构件处于上盘是跨地裂缝结构在地震作用下的最不利位置。

（5）不同地震波作用下结构中跨（跨越地裂缝）处梁的塑性耗能分配最小。不同跨梁塑性耗能高度分配比整体变化趋势较相近。上、下盘靠近地裂缝处柱的塑性耗能大于远离地裂缝处柱的塑性耗能。不同地震波作用下，上、下盘各列柱的塑性耗能高度分配比由底层向顶层逐渐减小，顶层柱塑性耗能分配比最小，底层最大。

（6）地裂缝处梁阻尼耗能纵向分配比最小，阻尼耗能最少。不同跨梁的阻尼耗能高度分配比变化趋势相近，结构底层的阻尼耗能分配比最小，结构顶层的阻尼耗能分配比最大。

4. 以跨地裂缝框架结构缩尺振动台试验为依据，运用有限元法建立了跨地裂缝结构模型，分析了非一致性地震激励作用下跨越差异沉降地裂缝框架结构动力响应，得到结论如下：

（1）跨地裂缝框架结构的破坏形态与输入地震波的频谱特性有关。

（2）地裂缝对框架结构产生不利影响。地裂缝对结构加速度和位移影响相同，由于地裂缝两侧土体约束减弱，其加速度和层间位移大于普通场地。

（3）地裂缝上下盘垂直沉降对上部框架结构影响程度不可忽略。当输入峰值加速度相同时，随着地裂缝两侧沉降增加，框架结构各层峰值加速度、位移及位移角均增加；当地裂缝两侧差异沉降相同时，随着峰值加速度增大，差异沉降对加速度及位移影响逐渐减弱。

（4）地裂缝上下盘不均匀沉降、地裂缝距离和结构楼层高度均会影响结构梁、柱塑性耗能分配比和阻尼耗能分配比。

（5）地震与差异沉降地裂缝场地的共同作用，对结构安全威胁较大，因此对跨地裂缝结构要采取一定的技术措施保证结构的安全。

5.以5层跨地裂缝框架结构为研究对象，基于振动台试验结果，采用基于整体法和加权系数法的地震损伤模型对模型结构进行损伤评估分析；运用数值方法分别建立了跨地裂缝结构模型和处于无地裂缝场地结构模型，研究地裂缝对结构构件损伤分布和结构整体损伤影响，可以得到以下结论：

（1）在地震损伤模型方面，本文选取已有的模型来直接进行比较分析，同时根据研究的内容，在现有模型的基础上，提出修正的地震损伤量化模型，为进行地裂缝场地上结构的损伤研究工作提供必要条件。

（2）根据损伤指数计算结果，得出对应的模型结构破坏等级；通过对比破坏等级与振动台试验现象，证明了基于加权系数法的地震损伤模型能够有效评价跨地裂缝结构的地震损伤状态。

（3）地裂缝的存在改变了原有结构的损伤指数分布规律，跨地裂缝结构各层梁柱构件的损伤程度与构件所处地裂缝场地的位置有关。跨地裂缝结构梁、柱构件的损伤指数大小表现出明显的上、下盘规律，即距离地裂缝相同距离处，位于地裂缝上盘的梁柱构件损伤指数大于下盘梁柱构件。

（4）通过对不同工况下整体结构损伤进行分析，发现跨地裂缝结构的底层损伤贡献值远大于其他楼层，底层是跨地裂缝结构的薄弱层。在相同峰值加速度作用下，跨地裂缝结构损伤值大于无地裂缝场地结构，说明地裂缝的存在加剧了结构的损伤破坏。

6.通过对非一致性地震激励下跨地裂缝无支撑结构和不同布置形式的带支撑结构进行的数值分析对比，找出了跨地裂缝结构的薄弱位置，确定了合理的支撑布置方案，并以此为依据设计并完成了一个缩尺比为1∶15的跨地裂缝带支撑结构振动台试验，分析了不同工况下跨地裂缝带支撑结构的抗震性能，得到了该结构在不同地震激励下的破坏形态、动力特性和动力响应规律，提出了跨地裂缝结构灾变行为的控制对策。得到以下结论：

（1）跨地裂缝结构构件损伤程度与其所处地裂缝场地位置有关，地裂缝的存在增大了跨地裂缝结构的地震反应。

（2）对跨地裂缝结构进行支撑布置时，应重点提高结构底层的刚度。同时，将支撑设置在跨地裂缝结构构件上，对结构位移控制效果明显。

（3）在小震作用下，支撑主要为跨地裂缝结构提供抗侧刚度，减小在地裂缝和地震共同作用下结构的动力反应；大震作用下，主要通过变形耗散地震能量，降低结构损伤，有效提高了跨地裂缝结构的抗震性能。

（4）研究表明，本文提出的跨地裂缝结构布置的支撑方案是一种有效的灾害控制措施。该布置方案下的支撑先于结构破坏前发生屈服，使跨地裂缝结构得到了有效保护，实现了多道抗震设防。

参考文献

[1] 日本建筑学会.地震荷重-地震动の预测と建筑应答 [M].1992.

[2] 李易，叶列平，陆新征.基于能量方法的 RC 框架结构连续倒塌抗力需求分析 I：梁机制 [J].建筑结构学报，2011，32（11）：1-8.

[3] 董建国.高层建筑地基基础——共同作用理论与实践 [M].上海：同济大学出版社，1997.

[4] 董志远.结构与介质相互作用理论及其应用 [M].南京：河海大学出版社，1993.

[5] 熊仲明，俞茂宏，赵鸿铁.高层建筑上部结构-桩-土共同作用特性的分析与研究 [J].工业建筑，2002，32（12）：1-4.

[6] 熊仲明，赵鸿铁.框架结构在桩-土共同作用下的内力计算分析 [J].西安建筑科技大学学报（自然科学版），1999，31（3）：288-291.

[7] 熊仲明.高层建筑上部结构-桩-土共同作用研究进展及展望 [J].第四届青年科学家论坛文集，1992.12.

[8] 瑶仰平.西安地区桩基静荷载试验资料汇编 [M].西安：陕西科学技术出版社，1999.

[9] 岸田英明.Penzien 型模型，构造物と地盘と动の相互作用シソポヅウム [J].日本建筑学会，1985，85.

[10] AIJ. Seismic loading-state of the art and future developments [J]. 1987.

[11] BSSC (1997). NEHRP recommended provisions for seismic regulation for new buildings [R]. Federal Emergency Management，Washington D. C, 1997 [C].

[12] 熊仲明，赵鸿铁.地震作用下桩-土共同作用对上部结构的影响分析 [J].西安建筑科技大学学报（自然科学版），1999，31（1）：46-49.

[13] 熊仲明，赵鸿铁.边界元特解样条函数在上部结构-桩-土共同作用下的应用 [C].第十一届全国结构工程学术会议，长沙，2002.

[14] 熊仲明，赵鸿铁.高层建筑-桩-土共同作用地震反应分析 [J].世界地震工程，2002，18（2）：99-104.

[15] XIONG Z M, ZHAO H T. An Analysis and study of interaction behavior among high-rise building superstructure pile-rate foundation and soil in loess area [J]. The Seventh International Symposium on Structural Engineering for Yong Experts (ISSEYE)，2002，138-142.

[16] 邓世荣.地震荷载下土-桩相互作用的动力反应分析 [D].西安：西安建筑科技大学，1990.

[17] 熊仲明.高层建筑上部结构与桩筏基础和地基共同作用受力行为的分析与研究 [D].西安：西安建筑科技大学，2000.

[18] 齐良锋.高层建筑桩筏基础共同工作原位测试及理论分析 [D].西安：西安建筑科技大学，2002.

[19] 门玉明，石玉玲.西安地裂缝研究中的若干重要科学问题 [J].地球科学与环境学报，

2008, 30 (2): 66-70.

[20] 武强, 陈佩佩. 地裂缝灾害研究现状与展望 [J]. 中国地质灾害与防治学报, 2003, 14 (1): 22-27.

[21] 彭建兵, 范文, 李喜安, 王庆良, 冯希杰, 张骏, 李新生, 卢全中, 黄强兵, 马润勇. 汾渭盆地地裂缝成因研究中的若干关键问题 [J]. 工程地质学报, 2007, 15 (4): 433-440.

[22] 李新生, 王静, 王万平, 王朋朋, 宋彦辉, 李忠生, 张福忠, 彭建兵, 李喜安. 西安地铁二号线沿线地裂缝特征、危害及对策 [J]. 工程地质学报, 2007, 15 (4): 463-468.

[23] BRONSON K F, MALAPATI A, BOOKER J D, SCANLON B R, HUDNALL W H, SCHUBERT A M. Residual soil nitrate in irrigated Southern High Plains cotton fields and Ogallala groundwater nitrate [J]. Journal of Soil & Water Conservation, 2009, 64 (2): 98-104.

[24] GATES J, EDMUNDS W, MA J, SCANLON B. Estimating groundwater recharge in a cold desert environment in northern China using chloride [J]. Hydrogeology Journal, 2008, 16 (5): 893-910.

[25] 黄强兵, 彭建兵, 闫金凯, 陈立伟. 地裂缝活动对土体应力与变形影响的试验研究 [J]. 岩土力学, 2009, 30 (4): 903-908.

[26] 焦珣, 苏小四, 于军. 苏锡常地裂缝危险性分区 [J]. 吉林大学学报 (地), 2009, 39 (1): 144-148+164.

[27] 王景明. 地裂缝及其灾害的理论与应用 [M]. 西安: 陕西科学技术出版社, 2000.

[28] 孙绍平, 韩阳. 生命线地震工程研究评述 [J]. 土木工程学报, 2003, 36 (5): 97-104.

[29] HOLZER T L. Ground failure induced by ground water withdrawal from unconsolidated sediments [J]. Geological Society of America Reviews in Engineering Geology, 1984, (6): 67-105.

[30] 王国波. 软土地铁车站结构三维地震响应计算理论与方法的研究 [D]. 上海: 同济大学, 2007.

[31] 付鹏程, 王刚, 张建民. 地铁地下结构在轴向传播剪切波作用下反应的简化计算方法 [J]. 地震工程与工程振动, 2004, 24 (3): 44-50.

[32] 季倩倩. 地铁车站结构振动台模型试验研究 [D]. 上海: 同济大学, 2002.

[33] 刘晶波, 李彬, 谷音. 地铁盾构隧道地震反应分析 [J]. 清华大学学报 (自然科学版), 2005, 45 (6): 757-760.

[34] 董鹏, 周健. 土与结构相互作用下的地下建筑物动力可靠性分析 [J]. 建筑结构学报, 2004, 25 (2): 125-130.

[35] 刘妮娜, 门玉明, 刘洋. 地震动力作用下土-地铁隧道模型分析 [J]. 地球科学与环境学报, 2009, 31 (3): 79-82.

[36] 韩超. 强震作用下圆形隧道响应及设计方法研究 [D]. 杭州: 浙江大学, 2011.

[37] 刘妮娜. 地裂缝环境下的地铁隧道-地层地震动力相互作用研究 [D]. 西安: 长安大学, 2010.

[38] 熊田芳, 邵生俊, 王天明, 高志宏. 西安地铁正交地裂缝隧道的模型试验研究 [J]. 岩土

力学，2016，31（1）：179-186.

[39] 陈立伟. 地裂缝扩展机理研究 [D]. 西安：长安大学，2007.

[40] GRAIZER V，KALKAN E. Response of pendulums to complex input ground motion [J]. Soil Dynamics & Earthquake Engineering，2007，28（8）：621-631.

[41] TAKEWAKI I. Earthquake input energy to two buildings connected by viscous dampers [J]. Journal of Structural Engineering，2007.

[42] JANKOWSKI R. Analytical expression between the impact damping ratio and the coefficient of restitution in the non-linear viscoelastic model of structural pounding [J]. Earthquake Engineering & Structural Dynamics，2010，35（4）：517-524.

[43] 王亚勇. 关于设计反应谱、时程法和能量方法的探讨 [J]. 建筑结构学报，2000，21（1）：21-28.

[44] 缪志伟，叶列平. 钢筋混凝土框架-联肢剪力墙结构的地震能量分布研究 [J]. 工程力学，2010，27（2）：130-141.

[45] MEYEHOF G G. Some recent foundation research and its application to design [J]. Structural Engineer，1953，31（6）：151-167.

[46] CHAMECKI S. Structural rigidity in calculating settlements [J]. Journal of the Soil Mechanics & Foundations Division，1956.

[47] GROSSHOF H. Influence of flexural rigidity of superstructure on the distribution of contact pressure and bending moments of an elastic combined footing [J]. Proc 6th ICSMFE, London，1957，300-306.

[48] SOMMER H. A method for the calculation of settlements，contact pressures，and bending moments in a foundation including the influence of the flexural rigidity of the superstructure [C]. Soil Mech&Fdn Eng Conf Proc /Canada，1965.

[49] ZEINKEIWICZ O C，CHEUNG Y K. Plates and tanks on elastic foundation an application of finite element method [J]. Solids and Struct，1965，（1）：451-461.

[50] PRZEMIENICKI J S. Theory of matrix structural analysis [M]. 1968.

[51] HADDADIN M J. Mats and combined footing analysis by the finte element methods [J]. ProcACI，1971，68（12）：945-949.

[52] CUNHA R P，POULOSE H G，SMALL J C. Investigation of design alternatives for a piled raft case history [J]. Journal of Geotechnical and Geoenvironmented Engineering，2001，127（8）：635-641.

[53] MINDLIN D R. Force at a point in the interior of a semi-infinite solid [J]. Journal of Physics，1936，7（5）：1.

[54] NOGAMI T. Flexural responses of grouped piles under dynamic loading [J]. Earthquake Engineering & Structural Dynamics，1985，13（3）：321-336.

[55] YUN C B，KIM D K，KIM J M. Analytical frequency-dependent infinite elements for soil-structure interaction analysis in two-dimensional medium [J]. Engineering Structures，2000，22（3）：258-271.

[56] SZCZESIAK T，WEBER B，BACHMANN H. Nonuniform earthquake input for arch

dam-foundation interaction [J]. Soil Dynamics and Earthquake Engineering G-Southamption, 1999, (18): 487-493.

[57] YAZDCHI M, KHALILI N, VALIAPPAN S. Dynamic soil-structure interaction analysis via coupled finite-element boundary-element method [J]. Soil Dynamics and Earthquake Engineering, 1999, 18 (7): 499-517.

[58] JIN B, LIU H. Exact solution for horizontal displacement at center of the surface of an elastic half space under horizontal impulsive punch loading [J]. Soil Dynamics and Earthquake Engineering, 1999, 18 (7): 495-498.

[59] AHMAD S, RUPANI A K. Horizontal impedance of square foundation in layered soil [J]. Soil Dynamics & Earthquake Engineering, 1999, 18 (1): 59-69.

[60] KITADA Y, HIROTANI T, IGUCHI M. Models test on dynamic structure-structure interaction of nuclear power plant buildings [J]. Nuclear Engineering & Design, 1999, 192 (2-3): 205-216.

[61] 吕西林, 陈跃庆. 高层建筑结构-地基动力相互作用效果的振动台试验对比研究 [J]. 地震工程与工程振动, 2002, 22 (2): 43-49.

[62] (德) 摩尔 O. 摩尔工程力学论文选选辑 [M]. 上海: 上海科学技术出版社, 1966.

[63] PANDE G N, ZIENKIEWICZ O C. Some useful forms of isotropic yield surfaces for soil and rock mechanics [M]. Gudehus Finite Elemens in Geomechanics, London, 1997.

[64] CHEN W F, BALADI G Y. Soil Plasticity: Theory and implementation [J]. Amsterdam: Elsevier Science Pub, 1985, 24 (3): 214-220.

[65] 葛修润. 岩石力学的理论与实践 [M]. 北京: 水利出版社, 1981.

[66] 李世辉. 隧道支护设计新论——典型类比分析法应用和理论 [M]. 北京: 科学出版社, 1999.

[67] 俞茂宏. 工程强度理论 [M]. 北京: 高等教育出版社, 1999.

[68] 俞茂宏. 双剪理论及其应用 [M]. 北京: 科学出版社, 1998.

[69] 俞茂宏. 混凝土强度理论及其应用 [M]. 北京: 高等教育出版社, 2002.

[70] 俞茂宏. 岩土类材料的统一强度理论及其应用 [J]. 岩土工程学报, 1994, 16 (2): 1-10.

[71] 徐秀华, 李永祥. 地裂缝损坏房屋加固处理实例 [J]. 西安建筑科技大学学报 (自然科学版), 1996, 16 (2): 229-231.

[72] 潘春娟. 西安地裂缝工程灾害机理模式及防治对策研究 [D]. 西安: 长安大学, 2008.

[73] 范文, 邓龙胜, 彭建兵, 黄强兵, 曹琰波. 地铁隧道穿越地裂缝带的物理模型试验研究 [J]. 岩石力学与工程学报, 2008, 27 (9): 1917.

[74] 黄强兵, 彭建兵, 樊红卫, 杨沛敏, 门玉明. 西安地裂缝对地铁隧道的危害及防治措施研究 [J]. 岩土工程学报, 2009, 31 (5): 781-788.

[75] 石玉玲. 地裂缝作用下桥梁与房屋基础灾变机理模型试验研究 [D]. 西安: 长安大学, 2011.

[76] 郭西锐, 江英. 地裂缝上内廊式框架结构计算分析 [J]. 防灾科技学院学报, 2014, 16 (2): 19-25.

[77] JIA L H，MING M Y，XIA C L. A model test on buried pipeline crossing Xi'an ground fissures [J]. Geohunan International Conference，2011，100-108.

[78] PENG J B，CHEN L W，HUANG Q W，MEN Y M，FAN W. Physical simulation of ground fissures triggered by underground fault activity [J]. Engineering Geology，2013，155（1）：19-30.

[79] 贺凯，彭建兵，黄强兵，吴明. 近距离平行通过地裂缝的地铁隧道模拟试验研究 [J]. 岩石力学与工程学报，2014，33（2）：4086-4095.

[80] 王琼，郭恩栋，杨丹，王再荣. 走滑断层位移作用下山岭隧道非线性反应分析 [J]. 地震工程与工程振动，2010，30（2）：121-124.

[81] 袁立群，门玉明，彭玲云，李凯玲. 地铁隧道-地层动力相互作用模型试验参数设计 [J]. 防灾减灾工程学报，2014，34（2）：180-184.

[82] 杨觅，门玉明，贾朋娟. 地铁动荷载作用下隧道-地裂缝-地层的三维动力响应 [J]. 灾害学，2015，30（3）：64-69.

[83] 熊仲明，王军良. 西安地区某跨地裂缝建筑物的计算和分析 [J]. 建筑结构，2011，41（10）：79-83.

[84] 熊仲明，韦俊，龚宇森，于皓皓. 高烈度多维多点地震作用下某跨越地裂缝框剪结构的地震响应分析 [J]. 西安建筑科技大学学报（自然科学版），2015，47（3）：309-315.

[85] 熊仲明，陈轩，高鹏翔. 在高烈度地震作用下跨越地裂缝框架结构的动力响应模拟研究 [J]. 西安建筑科技大学学报（自然科学版），2016，48（6）：783-789.

[86] LIU N N，HUANG Q B. Experimental study of a segmented metro tunnel in a ground fissure area [J]. Soil Dynamics & Earthquake Engineering，2017，100（1）：410-416.

[87] 陕西省建设厅、陕西省质量技术监督局. 西安地裂缝场地勘察与工程设计规程 DBJ 61-6-2006 [S]. 2006.

[88] 西北综合勘测设计研究院. 唐延路地下人防工程岩土工程地勘报告 [R]. 西安，1998.

[89] 中国建筑西北设计研究院. 陕西省信息大厦设计资料 [R]. 西安，1998.

[90] 王松涛，曹资. 现代抗震设计方法 [M]. 北京：中国建筑工业出版社，1997.

[91] 刘晶波，谷音，杜义欣. 一致粘弹性人工边界及粘弹性边界单元 [J]. 岩土工程学报，2006，28（9）：1070-1075.

[92] 中华人民共和国住房和城乡建设部，中华人民共和国国家质量监督检验检疫总局. 建筑抗震设计规范 GB 50011—2010 [S]. 北京：中国建筑工业出版社，2011.

[93] 李忠生，刘芳，高铎文，李新生. 西安地裂缝变形带中的剪切波速测试分析 [J]. 水文地质工程地质，2008，35（6）：95-98.

[94] 李新生，王万平，王静，李忠生，张福忠. 西安地裂缝两盘地层岩土物理力学性质研究 [J]. 水文地质工程地质，2008，35（2）：58-61.

[95] 胡志平，赵振荣，朱启东，马玉平. 西安某地裂缝两侧黄土物理力学性质试验 [J]. 地球科学与环境学报，2009，31（1）：85-88.

[96] 石明. 西安地裂缝发育现状及剖面结构特征 [D]. 西安：长安大学，2009.

[97] 中华人民共和国住房和城乡建设部. 建筑地基基础设计规范 GB 50007—2010 [S]. 北京：中国建筑工业出版社，2010.

[98] BOMMER J J, UDIAS A, CEPEDA J. A new digital accelerograph network for El Salvador [J]. Seismological Research Letters, 1997, 68 (3): 426-436.

[99] 王德才. 基于能量分析的地震动输入选择及能量谱研究 [D]. 合肥: 合肥工业大学, 2010.

[100] RATHJE E M, ABRAHAMSON N A, BRAY J D. Simplified Frequency Content Estimates of Earthquake Ground Motions [J]. Journal of Highway and Transportation Researchand Development, English Edition, 1998, 124 (2): 150.

[101] 徐炳伟, 姜忻良. 大型复杂结构-桩-土振动台模型试验土箱设计 [J]. 天津大学学报 (自然科学与工程技术版), 2010, 43 (10): 912-918.

[102] 楼梦麟, 王文剑, 朱彤, 马恒春. 土-结构体系振动台模型试验中土层边界影响问题 [J]. 地震工程与工程振动, 2000, 20 (4): 30-36.

[103] 林皋, 朱彤, 林蓓. 结构动力模型试验的相似技巧 [J]. 大连理工大学学报, 2000, 40 (1): 1-8.

[104] 康帅, 楼梦麟, 殷琳. 不同地震波输入机制下的结构振动台模型试验 [J]. 同济大学学报 (自然科学版), 2011, 39 (9): 1273-1279.

[105] 熊仲明, 张朝, 陈轩. 地震作用下地裂缝场地地震动参数试验研究 [J]. 岩土力学, 2019, 40 (2): 7-14.

[106] 慕焕东. 地裂缝场地地震放大效应研究 [D]. 西安: 长安大学, 2014.

[107] 孙列. 基于希尔伯特-黄变换 (HHT) 的地震作用结构损伤识别 [D]. 杭州: 浙江大学, 2007.

[108] 何立志. 希尔伯特-黄变换及其在结构损伤识别中的应用 [D]. 北京: 北京工业大学, 2006.

[109] 付晓. 框架锚索及框架锚索——抗滑桩加固岩质边坡的动力特性研究 [D]. 成都: 西南交通大学, 2017.

[110] 单德山, 周筱航, 杨景超, 李乔. 结合地震易损性分析的桥梁地震损伤识别 [J]. 振动与冲击, 2017, 36 (16): 195-201.

[111] 曹礼聪, 张建经, 刘飞成. 含倾斜强风化带及局部边坡复杂场地的动力响应及破坏模式研究 [J]. 岩石力学与工程学报, 2017, 36 (9): 2238-2250.

[112] 范刚, 张建经, 付晓, 王志佳, 田华. 含软弱夹层顺层岩质边坡动力破坏模式的能量判识方法研究 [J]. 岩土工程学报, 2016, 38 (5): 959-966.

[113] 刘汉香, 许强, 朱星, 周小棚, 刘文德. 含软弱夹层斜坡地震动力响应过程的边际谱特征研究 [J]. 岩土力学, 2019, 40 (4): 1387-1396.

[114] HUANG T L, LOU M L, CHEN H P, WANG N B. Response to discussion of "An orthogonal Hilbert-Huang transform and its application in the spectral representation of earthquake accelerograms" [J]. Soil Dynamics and Earthquake Engineering, 2018.

[115] DONG Y F, LI Y M, XIAO M K, LAI M. Analysis of earthquake ground motions using an improved Hilbert-Huang transform [J]. Soil Dynamics & Earthquake Engineering, 2008, 28 (1): 7-19.

[116] WEI Y C, LEE C J, HUNG W Y. Application of Hilbert-Huang Transform to Charac-

terize Soil Liquefaction and Quay Wall Seismic Responses Modeled in Centrifuge Shaking-Table Tests [J]. Soil Dynamics and Earthquake Engineering, 2010, 30 (7): 614-629.

[117] 熊仲明, 王艺博, 龚宇森, 张朝. 地震作用下地裂缝场地的动力响应研究 [J]. 西安建筑科技大学学报 (自然科学版), 2016, 48 (3): 309-315.

[118] 刘妮娜, 黄强兵, 门玉明, 彭建兵. 地震荷载作用下地裂缝场地动力响应试验研究 [J]. 岩石力学与工程学报, 2014, 33 (5): 1024-1031.

[119] 胡志平, 王启耀, 罗丽娟. "Y"形地裂缝场地主次裂缝地震响应差异的振动台试验 [J]. 土木工程学报, 2014, 47 (11): 98-107.

[120] 蒋崇文, 易伟建, 庞于涛. 地震动强度指标与大跨度刚构桥梁损伤的相关性 [J]. 中国公路学报, 2016, 29 (29): 97-102.

[121] 韩建平, 周伟, 李慧. 基于汶川地震数据的地震动强度指标与中长周期 SDOF 体系最大响应相关性 [J]. 工程力学, 2011, 28 (10): 185-196.

[122] 安栋, 屈铁军. 砌体结构有限元模型在结构地震响应中的应用 [J]. 地震工程与工程振动, 2014, 34 (31): 123-130.

[123] 王秀英, 聂高众, 张玲. 汶川地震触发崩滑与 Arias 强度关系研究 [J]. 应用基础与工程科学学报, 2010, 18 (4): 112-123.

[124] 史晓军, 陈隽, 李杰. 层状双向剪切模型箱的设计及振动台试验验证 [J]. 地下空间与工程学报, 2009, 5 (2): 254-261.

[125] 郝敏, 谢礼立, 李伟. 基于砌体结构破坏损伤的地震烈度物理标准研究 [J]. 地震工程与工程振动, 2007, 27 (5): 27-32.

[126] RIDDELL R, EERI A M. On ground motion intensity indices [J]. Earthquake Spectra, 2007, 23 (1): 147-173.

[127] AKKAR S, ÖZEN Ö. Effect of peak ground velocity on deformation demands for SDOF systems [J]. Earthquake Engineering & Structural Dynamics, 2005, 34 (13): 1551-1571.

[128] NEUMANN F. A broad formula for estimating earthquake forces on oscillators [C]. Gakujutsu, Bunken, Fukyu Kaieds Proceedings of the 2nd World Conference on Earthquake Engineering. Tokyo. 1960.

[129] HARP E L, WILSON R C. Shaking intensity thresholds for rock falls and slides: Evidence from the Whittier Narrows and Superstition Hills earthquake strong motion records [J]. Bulletin of the Seismological Society of America, 1995, 85 (6): 1739-1757.

[130] ARIAS A. A measure of earthquake intensity——Seismic design for nuclear power plants [M]. Cambridge: Massachusetts Institute of Technology (MIT) Press, 1970.

[131] HOUSNER G W. Spectrum intensities of strong motion earthquakes [C]. Proc of 1952 Symposium on Earthquake and Blast Effects on Structures. Earthquake Engineering Research Institute. 1952.

[132] RATHJE E M, FARAJ F, RUSSELL S, BRAY J D. Empirical relationships for frequency content parameters of earthquake ground motions [J]. Earthquake Spectra,

2004，20（1）：119-144.

[133] 廖振鹏，刘晶波. 波动有限元模拟的基本问题 [J]. 中国科学：化学生命科学地学，1992，(8)：874-882.

[134] 刘晶波，吕彦东. 结构-地基动力相互作用问题分析的一种直接方法 [J]. 土木工程学报，1998，31（3）：56-65.

[135] 戚玉亮，大塚久哲. ABAQUS 动力无限元人工边界研究 [J]. 岩土力学，2014，35（10）：3007-3012.

[136] 费康，张建伟. ABAQUS 在岩土工程中的应用 [M]. 北京：中国水利水电出版社，2013.

[137] MANZARI M T，NOUR M A. On implicit integration of bounding surface plasticity models [J]. Computers & Structures，1997，63（3）：385-395.

[138] 洪敏康. 打入式预制桩钢筋混凝土桩竖向承载力参数的统计分析 [J]. 岩土工程学报，1993，15（1）：53-59.

[139] 蒋彭年. 土的本构关系 [M]. 北京：科学出版社，1982.

[140] 黄文熙. 土的工程性质 [M]. 北京：中国水利水电出版社，1983.

[141] 屈智炯. 土的塑性力学 [M]. 成都：成都科技大学出版社，1987.

[142] 孙永丽. 黄土中群桩承台-桩-土共同作用的分析 [D]. 西安：西安建筑科技大学，1993.

[143] 赵明华. 土力学与基础工程 [M]. 武汉：武汉工业大学出版社，2003.

[144] WINTERKORM H. Foundation Engineering Hand book [M]. 北京：中国建筑工业出版社，1983.

[145] 刘金砺. 柱基础设计与计算 [M]. 北京：中国建筑工业出版社，1990.

[146] MARTIN G R，FINN W. Fundamentals for liquefaction under circle loading [J]. Internationl Journal of Geotechnical Engineering. ASCE，1975，6.

[147] 孙更生，郑大同. 软土地基与地下工程 [M]. 北京：中国建筑工业出版社，1989.

[148] 华东水利学院力学教研室. 土原理与计算手册 [M]. 北京：中国水利水电出版社，1984.

[149] 张耀年. 福州大直径灌注桩的荷载传递性能 [J]. 岩土工程学报，1990，12（5）：84-90.

[150] 高大钊，李镜培. 桩基承载力参数估计的随机场模型 [C]. 中国土木工程学会桥梁及结构工程学会结构可靠度委员会全国第三届学术交流会议，1992.

[151] 陈强化，洪毓康，高大钊. 静力触探估算打入桩竖向承载力系数 [J]. 岩土工程学报，1992，14（3）：30-39.

[152] 高大钊，奠道垛. 上海软土工程性质的概率统计特征 [C]. 中国土木工程学会第四届土力学及基础工程学术会议论文选集，1983.

[153] WANG G Y，YOU G，SHI B，QIU Z L，LI H Y，Tuck M. Earth fissures in Jiangsu Province，China and geological investigation of Hetang earth fissure [J]. Environmental Earth Sciences，2010，60（1）：35-43.

[154] 张国强. 湿陷性黄土地区高层建筑上部结构与桩梁基础和地基共同作用研究 [D]. 西安：西安建筑科技大学，2000.

[155] 姚仰平，张保印，张国强，张炜.黄土地区高层框剪结构-桩筏-地基的共同工作 [J].
岩土工程学报，2001，23（3）：324-329.

[156] 姚仰平，高永贵，韩昌.西安地区桩基静载荷试验资料汇编 [M].西安：陕西科学技术
出版社，1999.

[157] 周传营.西安地区高层建筑群桩基础工作性状的测试、研究和计算 [D].西安：西安建
筑科技大学，1999.

[158] 华南理工大学，等.地基及基础 [M].北京：中国建筑工业出版社，1991.

[159] BASILE F. Non-linear analysis of pile groups [J]. ICE Proceedings of the Institution of
Civil Engineers-Geotechnical Engineering, 1999, 137（2）：105-115.

[160] 费鸿庆，王燕.黄土地基中超长钻孔灌注桩工程性状研究 [J].岩土工程学报，2004，
22（5）：576-580.

[161] 陆培俊.高层建筑结构-桩-土共同工作空间分析 [J].岩土工程学报，1993，15（6）：
59-70.

[162] 邢心魁.黄土地基中旋挖成孔灌注桩荷载传递规律及沉降特性研究 [D].西安：西安建
筑科技大学，2000.

[163] 杨敏，张俊峰.软土地区桩基础沉降计算实用方法和公式 [J].建筑结构，1998，14
（7）：43-48.

[164] 张保良，赵锡宏，姜洪伟.上部结构-筏-桩-地基共同作用分析 [J].建筑结构学报，
1997，18（2）：72-78.

[165] 徐攸在，刘兴满.桩的动测新技术 [M].北京：中国建筑工业出版社，1989.

[166] 熊仲明，王清敏，丰定国，姚谦峰.基础滑移隔震房屋的计算研究 [J].土木工程学报，
1995，28（5）：21-31.

[167] WANG G Y, YOU G G, SHI B, WU S L, WU J Q. Large differential land subsidence
and earth fissures in Jiangyin, China [J]. Environmental Earth Sciences, 2010, 61
（5）：1085-1093.

[168] 丁大钧.高层建筑中上部结构与箱基共同作用 [J].建筑结构，1995，（6）：4-12.

[169] 陈清军，姜文辉，楼梦麟.群桩基础三维非线性地震反应分析 [J].振动与冲击，2003，
22（3）：98-101.

[170] 俞茂宏，曾文兵.工程结构分析新理论及其应用 [J].工程力学，1994，11（1）：9-20.

[171] FAH C W. Limit analysis and soil plasticity [J]. Elsevier, 1975.

[172] FAH C W. Constitutive modeling in soil mechanics [J]. Mechanics of Engineering Mate-
rials CS and Gallagher RHetc, 1984, 91-102.

[173] YU M H, YANG S Y. Unifiedelasto-pltastice associated and non-associatedconstitutive
model and its engineering application [J]. Computers and Structures, 1999, 71：
627-636.

[174] YU M H, HE L N. A new model and theory on yield and failure of materials under
complex stress state [J]. Oxford：PergamonPress, Mechanical Behaviors of Materials,
1991, （3）：841-846.

[175] 杨松岩，俞茂宏，范寿昌.饱和和非饱和介质的弹塑性损伤模型 [J].力学学报，2000，

32（2）：198-206.

[176] GEZETAS G，FAN K，KAYNIA A. Dynamic response of pile groups with different configurations [J]. Soile Dyn And Earthq Eng，1993，12（4）：239-257.

[177] 吕西林，蒋欢军. 建筑结构抗震研究的若干进展 [J]. 同济大学学报（自然科学版），2004，32（10）：27-33.

[178] WILLIAMS M S，BLAKEBOROUGH A. Laboratory testing of structures under dynamic loads：An introductory review [J]. Philosophical Transactions：Mathematical, Physical and Engineering Sciences，2001，359：1651-1669.

[179] 赵鹏飞，王亚勇，程绍革. 一种新型的结构抗震试验方法 [J]. 工程抗震与加固改造，2005，27（6）：41-44.

[180] 肖岩，胡庆，郭玉荣，易伟建，朱平生. 结构拟动力远程协同试验网络平台的开发研究 [J]. 建筑结构学报，2005，26（3）：122-129.

[181] NAKASHIMA M，KATO H，TAKAOKA E. Development of real time pseudo dynamic testing [J]. Earthquake Engineering & Structural Dynamics，1992，21（1）：79-92.

[182] DIMIG J，SHIELD C. Effective force testing：A method of seismic simulation for structural testing [J]. Journal of Structural Engineering，1999，125（9）：1028-1037.

[183] 中国建筑科学研究院. PKPM 结构软件若干常见问题剖析 [M]. 北京：中国建筑工业出版社，2009.

[184] 中华人民共和国住房和城乡建设部，中华人民共和国国家质量监督检验检疫总局. 建筑抗震设计规范 GB 50011—2010（2016 年版）[S]. 北京：中国建筑工业出版社，2016.

[185] 熊仲明，霍晓鹏，苏妮娜. 一种新型基础滑移隔震框架结构体系的理论分析与研究 [J]. 振动与冲击，2008，27（10）：124-129＋143＋197.

[186] 何志坚. 滑移隔震框架结构模型设计与分析 [D]. 西安：西安建筑科技大学，2013.

[187] 熊仲明，俞茂宏，王清敏，丰定国，税浩旭，税国斌. 基础滑移隔震房屋结构设计与工程应用的理论研究 [J]. 振动与冲击，2008，22（3）：52-56＋90＋108-109.

[188] 李敏，李宏男. 建筑钢筋动态试验及本构模型 [J]. 土木工程学报，2010，43（4）：70-75.

[189] HOEHLER M S，STANTON J F. Simple Phenomenological model for reinforcing steel under arbitrary load [J]. Journal of Structural Engineering，2006，132（7）：1061-1069.

[190] RESTREPO P J I，DODD L L. Varibles affecting cyclic behavior of reinforcing steel [J]. Journal of Structural Engineering，1994，120（11）：3178-3196.

[191] 沈德建，吕西林. 模型试验的微粒混凝土力学性能试验研究 [J]. 土木工程学报，2010，43（10）：14-21.

[192] ZHENG D，BIN L Q. An explanation for rate effect of concrete strength based on fracture toughness including free water viscosity [J]. Engineering Fracture Mechanics，2004，71（16-17）：2319-2327.

[193] 杨政，廖红建，楼康禺. 微粒混凝土受压应力应变全曲线试验研究 [J]. 工程力学，

2002，19（2）：90-94.

[194] 张皓.材料应变率效应对钢筋混凝土框-剪结构地震反应的影响［D］.大连：大连理工大学，2012.

[195] 刘天适.在钢筋混凝土结构小比例动力模型实验中利用人工质量满足重力相似条件［J］.华北理工大学学报（自然科学版），1997，19（2）：81-84.

[196] 廖光明，吕西林.钢筋混凝土结构动力相似关系研究［J］.四川建筑科学研究，1989，（3）：37-45+11.

[197] 鲁亮，吕西林.振动台模型试验中一种消除重力失真效应的动力相似关系研究［J］.结构工程师，2001，（4）：46-49.

[198] 蔡国平，孙峰，黄金枝，王超.MTMD控制结构地震反应的特性研究［J］.工程力学，2000，17（3）：55-59.

[199] LI C X. Optimum multiple tuned mass dampers for structures under the ground acceleration based on DDMF and ADMF［J］. Earthquake Engineering & Structural Dynamics，2002，31（4）：897-919.

[200] 涂文戈，邹银生.MTMD减震结构体系的频域分析［J］.工程力学，2003，20（3）：78-88.

[201] 彭建兵，陈立伟，黄强兵，门玉明，范文，闫金凯，李珂，姬永尚，石玉玲.地裂缝破裂扩展的大型物理模拟试验研究［J］.地球物理学报，2008，51（6）：1826-1834.

[202] 中华人民共和国建设部.建筑地震破坏等级划分标准（建抗字第377号）.1990.

[203] 陈国兴，王志华，左熹，杜修力，韩晓健.振动台试验叠层剪切型土箱的研制［J］.岩土工程学报，2010，32（1）：95-103.

[204] 伍小平，孙利民，胡世德，范立础.振动台试验用层状剪切变形土箱的研制［J］.同济大学学报（自然科学版），2002，30（7）：781-785.

[205] MATSUDA T，GOTO S Y. Studies on experimental technique of shaking table test for geotechnical problem［C］. Proceedings of the 9th World Conference Earthquake Engineering，1998.

[206] 吕红山，赵凤新.适用于中国场地分类的地震动反应谱放大系数［J］.地震学报，2007，29（1）：69-78+116.

[207] 李小军，彭青，刘文忠.设计地震动参数确定中的场地影响考虑［J］.世界地震工程，2001，17（4）：34-41.

[208] AMBRASEYS N N，DOUGLAS J. Near-field horizontal and vertical earthquake ground motions［J］. Soil Dynamics & Earthquake Engineering，2003，23（1）：1-18.

[209] BERESNEV I A，ATKINSON G M，JOHNSON P A，FIELD E H. Stochastic finite-fault modeling of ground motions from the 1994 Northridge, California, earthquake. II. Widespread nonlinear response at soil sites［J］. Bulletin of the Seismological Society of America，1999，88（6）：1402-1410.

[210] 袁丽侠.场地土对地震波的放大效应［J］.世界地震工程，2003，19（1）：114-121.

[211] 刘洁平.高层建筑土-结构相互作用地震反应分析研究［D］.北京：中国地震局工程力学研究所，2009.

[212] 熊仲明，张朝，霍晓鹏. 地裂缝场地加速度响应振动台试验研究 [J]. 岩土工程学报，2018，40（3）：520-526.

[213] PENG J B，XU J S，MA R Y，WANG F Y. Characteristics and mechanism of the Longyao ground fissure on North China Plain，China [J]. Engineering Geology，2016，214：136-146.

[214] 朱炳寅. 建筑抗震设计规范理解与应用 [M]. 北京：中国建筑工业出版社，2011.

[215] 方小丹，魏琏. 关于建筑结构抗震设计若干问题的讨论 [J]. 建筑结构学报，2011，32（12）：46-51.

[216] 鲁风勇，李爱群. 地震影响系数的数值对比研究 [J]. 建筑结构，2015，45（4）：9-13.

[217] 潘旦光，高莉莉，靳国豪，李小翠. 结构-土-结构体系动力特性的模型实验 [J]. 工程科学学报，2014，36（12）：156-164.

[218] 高艳华，宋俊磊，潘旦光，吴顺川. 相邻建筑物结构-土-结构动力相互作用研究进展 [J]. 科技导报，2015，33（24）：106-113.

[219] YAHYAI M，MIRTAHERI M，MAHOUTIAN M. Soil structure interaction between two adjacent buildings under earthquake load [J]. American Journal of Engineering and Applied Sciences，2008，1（2）：121-125.

[220] SADEGH N，HASSAN P. SSI and SSSI effects in seismic analysis of twin buildings：discrete model concept [J]. Statyba，2012，18（6）：890-898.

[221] 潘旦光，豆丽萍. 两相邻建筑"结构-土-结构体系"的动力特性 [J]. 土木建筑与环境工程，2014，36（3）：92-98.

[222] 姜忻良，黄艳，丁学成. 相邻建筑物-桩基-土相互作用 [J]. 土木工程学报，1995，28（5）：33-39.

[223] PADRÓN L A，AZNÁREZ J J，MAESO O. 3-D boundary element-finite element method for the dynamic analysis of piled buildings [J]. Engineering Analysis with Boundary Elements，2011，35（3）：465-477.

[224] ALDAIKH H，ALEXANDER N A，IBRAIM E，KNAPPETT J. Shake table testing of the dynamic interaction between two and three adjacent buildings（SSSI）[J]. Soil Dynamics & Earthquake Engineering，2016，89：219-232.

[225] 王淮峰，楼梦麟，陈希，翟永梅. 建筑群结构-土-结构相互作用的影响参数研究 [J]. 同济大学学报（自然科学版），2013，41（4）：510-514.

[226] 蒋丽忠，陈伟娜，董立冬. 组合框架结构柱和梁板间耗能分配规律分析 [J]. 动力学与控制学报，2008，6（4）：67-73.

[227] PARK Y J，ANG A H S. Mechanistic Seismic Damage Model for Reinforced Concrete [J]. Journal of Structural Engineering，1985，111（4）：722-739.

[228] 牛荻涛，任利杰. 改进的钢筋混凝土结构双参数地震破坏模型 [J]. 地震工程与工程振动，1996，16（4）：44-54.

[229] 王东升，冯启民，王国新. 考虑低周疲劳寿命的改进 Park-Ang 地震损伤模型 [J]. 土木工程学报，2004，37（11）：41-49.

[230] 王东升，司炳君，艾庆华，孙治国. 改进的 Park-Ang 地震损伤模型及其比较 [J]. 工程

抗震与加固改造，2005，27（1）：144-150.

[231] 陈林之，蒋欢军，吕西林.修正的钢筋混凝土结构 Park-Ang 损伤模型 [J].同济大学学报（自然科学版），2010，38（8）：5-9.

[232] JIANG H J，CHEN L Z，CHEN Q. Seismic damage assessment and performance levels of reinforced concrete members [J]. Procedia Engineering 2011，14：939-945.

[233] 付国，刘伯权，邢国华.基于有效耗能的改进 Park-Ang 双参数损伤模型及其计算研究 [J].工程力学，2013，30（7）：84-90.

[234] 欧进萍，何政，吴斌，邱法维.钢筋混凝土结构基于地震损伤性能的设计 [J].地震工程与工程振动，1999，19（1）：21-30.

[235] 史庆轩，熊仲明，李菊芳.框架结构滞回耗能在结构层间分配的计算分析 [J].西安建筑科技大学学报（自然科学版），2005，37（2）：174-178.

[236] GU XIANG LIN，YAN S Z. Damage analysis on reinforced concrete structures under earthquake series [C]. Proceedings of ICCBE-Ⅶ. Seoul，Korea. 1997.

[237] GHOBARAH A，ABOU-ELFATH H，BIDDAH A. Response-based damage assessment of structures [J]. Earthquake Engineering & Structural Dynamics，2015，28（1）：79-104.

[238] 吴波，欧进萍.钢筋混凝土结构在主余震作用下的反应与损伤分析 [J].建筑结构学报，1993，14（5）：46-54.

[239] 欧进萍，何政，龙旭，吴斌，邹向阳.振戎中学食堂楼耗能减震分析与设计（Ⅱ）——能力谱法与地震损伤性能控制设计 [J].地震工程与工程振动，2001，21（1）：115-122.

[240] 熊仲明，韦俊，陈轩，张朝，程攀.跨越地裂缝框架结构振动台试验及数值模拟研究 [J].工程力学，2018，35（5）：223-231.

[241] 赵武胜，陈卫忠，郑朋强，于建新.地下工程数值计算中地震动输入方法选择及实现 [J].岩石力学与工程学报，2013，32（8）：1579-1587.

[242] 曹海韵，潘鹏，叶列平.基于推覆分析混凝土框架摇摆墙结构抗震性能研究 [J].振动与冲击，2011，30（11）：240-244.